講座 文明と環境

梅原 猛　伊東俊太郎　安田喜憲
総編集

第1巻

地球と文明の周期

新装版

小泉　格
安田喜憲
編集

朝倉書店

.... 総編集 ....

梅原　猛
国際日本文化研究センター顧問

伊東俊太郎
東京大学名誉教授

安田喜憲
国際日本文化研究センター教授

講座［文明と環境］
刊行のことば

　1991年から93年まで，われわれは文部省重点領域研究「地球環境の変動と文明の盛衰」（略称「文明と環境」領域代表者　伊東俊太郎）を行った．それは22の班に分かれて研究会をしばしば催すほかに，研究成果の発表を東京や京都ばかりか，いろいろな都市で全15回にわたって公開講演会の形で行った．これは，文部省の科学研究費による研究としてはまことに異例なことであるが，この「文明と環境」という問題は決して学者だけの問題ではなく，未来の人類の生存そのものに関わる問題であり，日本人が誰でも関心をもたなければならない問題であるからである．

　公開講演会は大変成功であったが，学問的成果もすばらしいものがあった．一つには，文科系と理科系の学者が初めて同じテーブルを囲んで議論するという，新しい研究の方法を実現したのである．環境の問題は決して自然科学だけの問題ではなく，実は文明の問題でもあり，人文科学の問題でもあるのである．そして環境破壊という21世紀の最大問題を解決するには，どうしても自然科学者と人文科学者の密接な連携が必要なのである．このような連携は日本の学問においてはまだ十分ではないが，それは新しい文明を作る，あるべき連携の芽を生むことになったのではないかと思う．

　重点領域研究「文明と環境」は研究者にとっては学問の革命であったが，この研究の成果を代表する本著を読まれる方々にとってもまた学問の革命になることを期待している．

　この朝倉書店刊行の全15巻の講座は，環境破壊とその対策についての百科事典の役割をすることができると思っている．本講座の刊行に尽力された朝倉書店編集部各位に厚くお礼申し上げる．

梅　原　　　猛
伊　東　俊太郎
安　田　喜　憲

第1巻　執筆者 (執筆順)

＊小泉　　格	北海道大学大学院理学研究科教授・理学博士
松井　孝典	東京大学大学院理学系研究科助教授・理学博士
桜井　邦朋	神奈川大学工学部物理学科教授・理学博士
林田　　明	同志社大学理工学研究所教授・理学博士
新妻　信明	静岡大学理学部地球科学科教授・理学博士
多田　隆治	東京大学大学院理学系研究科助教授・理学博士
福澤　仁之	東京都立大学理学部地理学科助教授・理学博士
落合　浩志	石油公団・理学修士
岡村　　眞	高知大学理学部地学科教授・理学博士
松岡　裕美	高知大学理学部地学科・学術博士
町田　　洋	東京都立大学理学部地理学科教授・理学博士
川上　紳一	岐阜大学教育学部生物地学科助教授・理学博士
成瀬　敏郎	兵庫教育大学学校教育学部教授・文学博士
池谷　元伺	大阪大学理学部宇宙地球科学科教授・工学博士
西村　弥亜	東海大学海洋学部海洋科学科教授・理学博士
三田村緒佐武	大阪教育大学教育学部教養学科助教授・理学博士
三好　教夫	岡山理科大学理学部基礎理学科教授・理学博士
鹿島　　薫	九州大学理学部地球惑星科学科助教授・理学博士
植村　善博	佛教大学文学部史学科助教授・文学修士
渡邉　興亞	国立極地研究所北極圏環境研究センター教授・理学博士
神山　孝吉	国立極地研究所研究系助教授・理学博士
藤井　理行	国立極地研究所研究系教授・理学博士
北川　浩之	国際日本文化研究センター・理学修士
＊安田　喜憲	国際日本文化研究センター教授・理学博士
岸根　卓郎	佛教大学社会学部社会学科教授・農学博士

＊は第1巻の編集者

目　次

総論　地球環境と文明の周期性 ────────────（小泉　格）*1*
　はじめに　*1*
　周期的変動とは何か　*4*
　太陽活動の周期　*5*
　火山活動の周期性　*7*
　地球圏の周期性　*8*
　文明の周期性　*9*

Ｉ．宇宙の周期性

1．宇宙の歴史から何を学ぶか ────────────（松井孝典）*14*
　はじめに　*14*
　地球史とは　*15*
　地球史からみた現代とは　*18*
　なぜ分化するのか　*19*
　地球の未来と銀河系の物質循環　*20*
　宇宙も生命も分化する　*22*
　分化論の視点からみた人間圏の未来　*23*

2．気候変動を支配した太陽活動 ────────────（桜井邦朋）*26*
　太陽活動の変動からみた太陽放射　*27*
　太陽活動の変動に伴う地球気候の変動　*29*
　小氷河期の時代の太陽活動　*33*
　太陽活動と地球環境　*36*

3. 地磁気の変動と地球環境 ——————————（林田　明）39
　　変動する地球磁場　39
　　地磁気の逆転と生物　42
　　地磁気は気候を制御するか　43
　　環境に支配される磁化　47
　　生物のつくる磁石　49

コラム：ミランコビッチ時計 ——————————（新妻信明）53

II. 深海底に記録された周期性

4. 日本近海の海流系は脈動していた ——————————（小泉　格）62
　　はじめに　62
　　海洋環境の変動　63
　　海洋環境の周期性　67
　　周期的変動の原因　73
　　近未来の気候予測解析　74
　　あとがき　75

5. 日本海堆積物のリズムが語る環境変動 ——————————（多田隆治）78
　　日本海の底を掘削する　78
　　縞を対比する　81
　　縞に時間目盛りを振る　82
　　縞の意味を考える　85
　　縞から環境変動を読む　88
　　環境変動のメカニズムを探る　89
　　日本海第四紀堆積物の堆積リズムがもつ周期性　92

6. 気候変動に周期性をもたらすものがあった——インド洋やオーストラリア大陸の温暖・湿潤化をもたらした海洋循環の変動
　　——————————（福澤仁之・落合浩志）95

目次　　　　　　　　　　　　v

はじめに　*95*
ジャワ島沖の堆積物柱状試料とその分析方法　*97*
有孔虫の酸素同位体比に基づく酸素同位体ステージ区分　*98*
P3コアの粘土鉱物組成とオーストラリア大陸の乾湿変動　*99*
ジャワP3コアの有機物組成変化からみた熱塩ベルトコンベアの消長　*100*
気候変動の周期性について　*102*
おわりに　*103*

コラム：堆積物を採る——新しい堆積物採取法の開発と運用手順
　　　———————————————（岡村　眞・松岡裕美）*105*
堆積物採取の目的と方法　*105*
地震の化石を掘る——地震長期予測を目的とした採泥システム（長尺ピストンコアラーの製作と運用）　*106*
湖の環境変動を診る：高分解能環境解析に向けて——コアリング筏の製作と福井県水月湖　*110*
地盤の変動をみる——バイブロコアラーの製作と陸域地盤の研究に向けて　*111*
おわりに　*113*

III．火山・地震活動・風成塵の周期性

7．爆発的火山活動の頻度・周期性と気候変化——————（町田　洋）*116*
はじめに　*116*
地球史の中で第四紀は火山活動が活発な時代か　*117*
噴火規模と頻度　*118*
第四紀気候変化-海面変化と火山活動　*122*
ヤンガードリアス期や小氷期における急速な気候変化の原因と火山活動　*125*
あとがき　*126*

8．西南日本の被害地震発生のリズム——————（川上紳一）*128*
地震の発生場所はどこか　*129*

歴史時代の大地震からみた周期性　*132*
遺跡の地震跡は語る　*136*
室戸岬の隆起段丘に記録された約1000年の周期性　*137*
湖底堆積物は語る　*138*
被害地震発生に周期性はあるか　*143*

9. **風成塵が記録する気候変動と文明**　――――――（成 瀬 敏 郎）　*145*
風　成　塵　*145*
氷河レスと砂漠レス　*146*
風成塵が記録する気候変動　*148*
古代文明を支えた砂漠の恵み　*150*
最　後　に　*152*

コラム：電子スピン共鳴年代測定　――――――――（池 谷 元 伺）　*155*
時の流れの追跡　*155*
ESR年代測定の原理　*155*
地球上物質から太陽系物質へ　*158*

Ⅳ．湖沼に記録された周期性

10. **有機分子が記録する環境変動を読む**　－（西 村 弥 亜・三田村緒佐武）　*162*
はじめに――情報記録装置としての湖　*162*
有機分子と環境情報　*163*
降雨・降雪量の変動を記録する高分子脂肪酸　*164*
情報解読の問題点　*165*
湖水域の変動を知る　*167*
高分子脂肪酸が記録する環境変動　*170*
三方湖集水域の環境変動の概要　*172*
過去約13万年間における降水量の変動の特徴　*178*
三方湖柱状堆積物から得られた結果の古環境学的意味　*180*
おわりに――降水と文明　*180*

11. 化石花粉が語る植生変遷とその周期性 ────────（三好教夫）182

 はじめに　*182*
 湿地堆積物　*184*
 植生の変遷　*185*
 植生変遷の周期性　*190*

12. 珪藻が語る湖の環境変遷──珪藻分析による古環境の復元
 ────────────────────────（鹿島　薫）*199*

 湖，われわれの母なる環境　*199*
 ロングタームモニタリング　*199*
 珪藻──生物と環境の深遠な関係　*200*
 宍道湖，太古の湖そしてヤマトシジミ　*202*
 三方湖，地震，消えては現れる湖　*204*
 トルコ，塩の湖　*206*
 ま と め　*208*

コラム：湖底地形を探る ─────────────（植村善博）*209*

 湖の多様性と湖底地形の特色　*209*
 湖底の調査法　*210*
 三方五湖の湖底地形　*211*
 琵琶湖の形成と湖盆の変遷　*213*

V. 同位体に記録された周期性

13. 氷の中の周期性 ──────（渡邉興亞・神山孝吉・藤井理行）*216*

 氷床コアから解読された気候変動の記録　*216*
 氷床雪氷層に保存される気候・環境シグナル　*218*
 氷コアシグナルの周期性の形成過程　*222*
 エアロゾル起源の物質が示すシグナルとその周期性　*225*
 氷床に記録された地球環境と気候の変動　*230*

14. 年輪に刻まれた太陽活動の周期性 ――――――――（北川浩之）235
　はじめに　235
　木の年輪の ^{14}C と太陽活動度　236
　太陽活動の周期性　238
　太陽活動と気候変動　240
　21世紀の地球環境　242
　おわりに　244

VI. 文明興亡の周期性

15. 地球のリズムと文明の周期性 ――――――――（安田喜憲）248
　気候脈動説　248
　危機に進歩した歴史　249
　現代という時代の位置づけ　254
　発展の中に衰亡の兆　256

コラム：人類文明に秘められた宇宙の法則 ―――――（岸根卓郎）258
　文明の周期交代は宇宙法則による――文明時計説　258
　文明にも遺伝子がある――文明遺伝子説　261
　文明にも耐用年数がある――文明寿命説　262

あ と が き ――――――――――――――――――――― 264
索　　　引 ――――――――――――――――――――― 266

中扉写真：桜井邦朋（Ⅰ），多田隆治（Ⅱ），田嶋写真所（Ⅲ），
安田喜憲（Ⅳ，Ⅵ），渡邉興亞（Ⅴ）

総論　地球環境と文明の周期性

小　泉　　格

はじめに

　地球表層の環境は，大気圏・水圏・地圏・生物圏から成る地球圏のフィードバック系に，非フィードバック系の太陽と火山活動の影響が加わった非平衡系の非線形システムである．地球を熱機関としてみると，地球は46億年前の誕生以来太陽放射による外部エネルギーと火山噴火による内部エネルギーの両方によって駆動されてきた（第1章参照）．

　地球表層で，現在，観測されるさまざまな自然環境は，遠い過去から現在まで連続してきた時間の経過の中で起こったさまざまな事件が積み重なった結果である．地球環境は，したがって，すでに起こった事件に左右され，次に起こる事件に大きな影響を及ぼしている．地球環境の変動史を知ることは，自然環境の現在の位置づけ，近未来の変動予測，そして環境変動の機構を解明するために不可欠

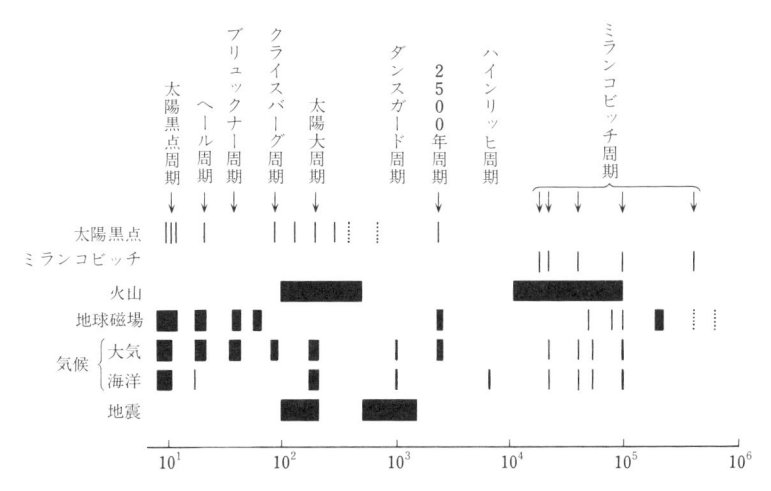

図 1　地球リズムの 10^1〜10^6 年周期（川上・金折・大野，1992．一部改作）

である．

　時間の経過に伴う事件の配列は，時系列と呼ばれ，いくつかの方法で解析される．地球の自然環境には，突発的な事件と同じように，非周期や準周期作用などさまざまなタイプの周期的繰り返しの変動があり，その時間は広い範囲に及んでいる．

　地球史にみられるすべてのリズムの周期構造や時間軸上での相関からさまざまな変動の間の因果関係や相互作用の機構を明らかにして，ダイナミックに変動する地球惑星進化の総合的モデルを構築するアラユルリズム計画を実施するに当たり，川上ら（1992）は気候変動・地球磁場変動・海水準変動など地球史のさまざまなリズムの時系列解析を行っている．そのうちで，文明の盛衰と関連してくるのは，10^1～10^6 年の時間スケールにおける周期的変動である（図1）．

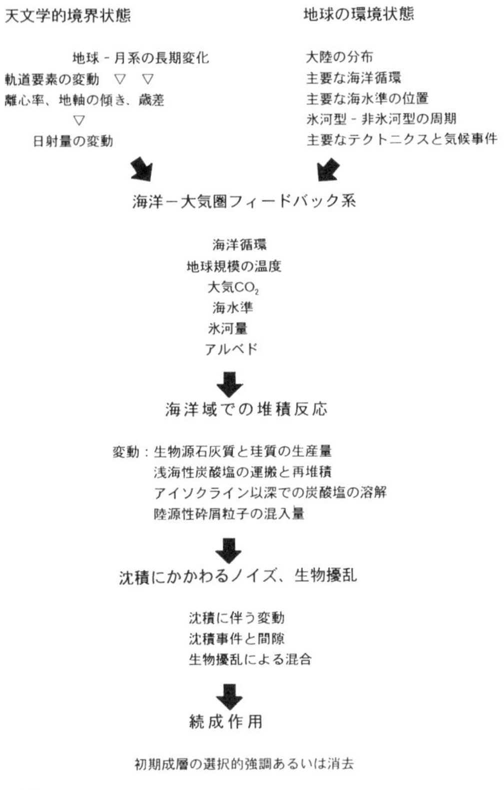

　時間の流れや環境要素の温度・降水量などは抽象的な概念でしかないので，そのままの状態では地球の歴史の中には残らない．人間が自然環境を現象として記録した古文書や数値として物理的・化学的に表現した測器観測時代の記録以外には，とくに先史時代において，具体的実在としての堆積物（岩）や氷床や岩石が唯一の記録者である．

　堆積物や氷床，樹木の年輪などに記録されている地球圏の環境変動は，各圏における環境要素ごとにふつう復元されるが，フィードバック系における相互

天文学的境界状態
　　地球‐月系の長期変化
　　軌道要素の変動　▽
　　離心率，地軸の傾き，歳差
　　日射量の変動

地球の環境状態
　　大陸の分布
　　主要な海洋循環
　　主要な海水準の位置
　　氷河型‐非氷河型の周期
　　主要なテクトニクスと気候事件

↓　　　↓

海洋‐大気圏フィードバック系

海洋循環
地球規模の温度
大気 CO_2
海水準
氷河量
アルベド

↓

海洋域での堆積反応

変動：生物源石灰質と珪質の生産量
　　　浅海性炭酸塩の運搬と再堆積
　　　アイソクライン以深での炭酸塩の溶解
　　　陸源性砕屑粒子の混入量

↓

沈積にかかわるノイズ，生物擾乱

沈積に伴う変動
沈積事件と間隙
生物擾乱による混合

↓

続　成　作　用

初期成層の選択的強調あるいは消去

図 2　さまざまなパラメータの重ね合わせによる周期的成層構造の生成にかかわる模式図（Einsele and Ricken, 1991 による）

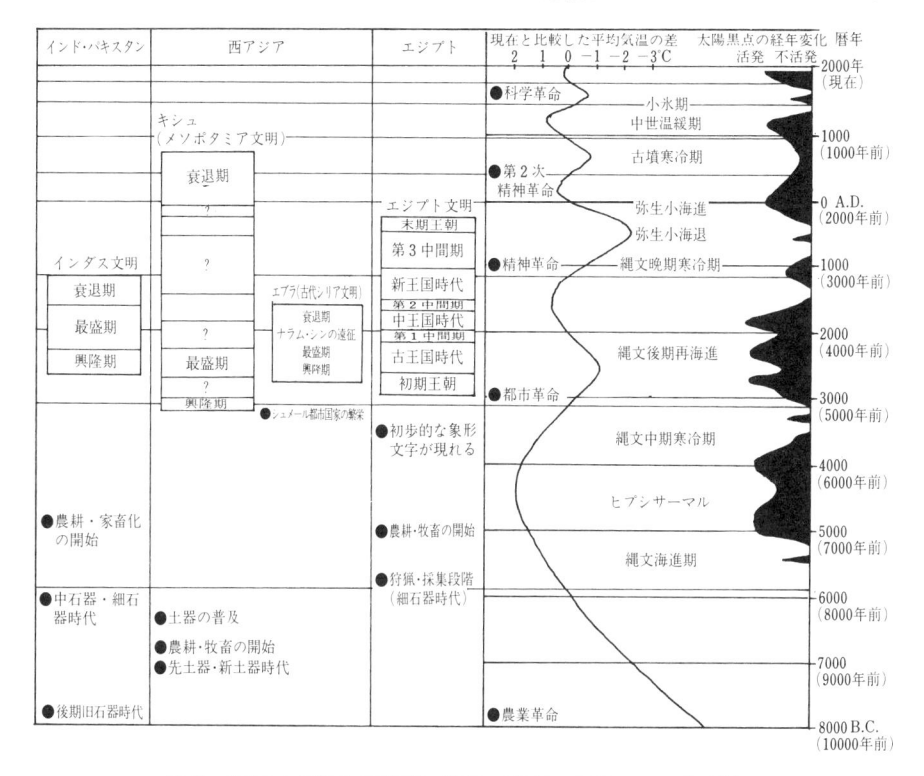

図3 文明と人類革命の周期性（安田，1990b；Eddy，1981を改作）

作用やそれに外力が加わった非平衡系の究明が注目されている．天文学的外力としては，太陽活動の黒点周期や地球軌道要素のミランコビッチ周期などが代表的である．とりわけ，ミランコビッチ周期は，さまざまな地球圏のフィードバック系で増幅されて，堆積記録に転写されている（図2）．

人間を含めた生物は，地球環境が内在している多様な周期的変動の影響を受けながら進化してきたので，生体は多くの生理機能に固有の生物リズムをもっている．このような生体の時空的集合体の一部である人類の歴史が人類史であり，人類が環境-気候変動に対して新しい技術革新の方法をもって抵抗することが文明であるとすれば，地球環境-気候の周期的変動の影響を受けて，文明が700年から800年の周期で盛衰を繰り返しているという歴史観が生まれてくる（伊東ら，1991）のは，充分に納得のできることである．最近，自然科学の分野では，太陽

活動，気候変動，氷河の消長，大気・海洋の変動などの自然環境が1500年から2000年の周期で変動していることがかなり確実となってきている（図3；第Ⅵ編参照）．

周期的変動とは何か

周期性の解析　時間の経過に従って事件を配列したものを"時系列"と呼び，いくつかの方法で解析される．たとえば，平均値・傾向性・周期性・偶発性などであり，予測も解析の大事な目的の1つである．

　一般に，1つの平均値を挟んで，その上下にある極大値と極小値の間をなめらかに変化する状態を"振動（oscillation）"，2つ以上のやや安定した平均値群の間をつぎつぎと移り変わる状態を"ぐらつき（vacillation）"という．これら2種類の変化の反復・繰り返しがリズム（rhythm）であり，それらが規則的である場合を周期的変動（periodicity）と呼ぶ（浅井，1988）．

　時系例データの解析には，伝統的な2つの方法がある（田中，1990）．第1の方法は，スペクトル解析によるものであり，代表的手法として高速フーリエ変換（FFT）がある．第2の方法は，自己回帰・移動平均模型に基礎を置くものであり，ARIMAモデルが代表的手法である．しかしながら，これらの時系列データ解析法には，さまざまな原理的欠点が指摘されている．すなわち，前者ではスペクトルの分解能と安定性が悪く，かつ短いデータの処理が困難であること．後者には，解析すべき元の時系列データと計算値との残差を白色雑音とする仮定あるいは制約を当初から導入しているという難点がある．

　諏訪トラスト㈲が開発・市販した汎用時系列データ解析システム・ソフトウェア MemCalc 1000 はこれらの欠点を解決している．MemCalc 1000 の第1の特徴は，時系列データを基底変動成分とゆらぎ成分に分離し，それぞれについて周波数領域と時間領域の両領域における解析を整合的に行っている．第2は，周波数領域において，最大エントロピー法（MEM）によるスペクトル解析を行った後，時間領域において MEM パワースペクトル密度のピークの個数とその周期値を用いて最小2乗フィッティング（LSF）解析を行うことである．第3は，原時系列データの時間軸上の挙動を再現して，予測曲線をえがくことができる（第4章参照）．

周期的変動の時間スケール　地球の自然環境は絶えず変動している．短い時間スケールでは"傾向"とみなされる変化も，長い時間スケールでみると"ゆらぎ"

となる場合が多い．したがって，変動をどの程度の時間スケールで考察するのかを，あらかじめ明確にして測定値の数などを決めておく必要がある．

たとえば，世界気象機関（WMO）は，気候変化の時間スケールを次のように区分している（浅井，1988）．1) 10年程度の変化は気候変化とはいわず，対象外とする．2) 最近数十～数百年の変化は，経年変化（secular change）という．それは，気象測器を使った観測資料によって確かめられるので，測器観測時代と呼ぶ．3) 数百～数千年は，人間による記録—古文書・年代記・日記など—がある期間なので，歴史時代と呼ぶ．4) 数千～数万年は，最後の氷期が終わった以降ということで，後氷期，あるいは完新世と呼ぶ．5) 数万～100万年を更新世，あるいは第四紀という．

3)と4)の期間における自然環境は，樹木の年輪，極域の氷床（第13章参照）や堆積物に記録されている．とくに使用頻度の多い堆積物は，風化・侵食・運搬・沈積作用による砕屑粒子，火山活動による火山灰，生物の遺骸による（微）化石などから主に構成されるので，それらの構成要素に当時の自然環境が反映されている．したがって，堆積物が形成された当時の自然環境は，堆積物の粒度・鉱物・化学・微化石の組成，地球化学的および地球物理的手法による全地学的分析によって復元することができる（第II，IV編参照）．

歴史時代や地質時代における自然環境の変動を解析する場合には，測定間隔と年代精度が問題となる（第III編のコラム参照）．周期的変動が予測される場合には，測定値の不足から生じる架空的な周期的変動（エリアシング）を避けるために，1周期の変動の中に少なくとも2つ以上の測定値が必要である．過去の環境変動を連続的に記録している，乱れが少なく，堆積速度の速い堆積物を使って，高時間分解能で変動を読み取ることが大事である．

太陽活動の周期
太陽黒点数の変動周期
太陽活動を表示する相対黒点数（ウォルフ数）の変動が，18世紀以降約11年の周期であることは，気候変動との関係から有名である（第2章参照）．太陽活動が活発化し，太陽表面に爆発（フレア）や磁気嵐が起こったとき，太陽黒点数は極大となり，太陽エネルギーの放射量の増大することが知られている．太陽磁場は，地球磁場と同じように黒点周期の11年間はある一定の方向で帯磁しているが，次の11年間では磁極が逆転して，22年の変動周期（ヘ

ール周期）となっている．このような太陽活動は，地球磁場にも影響を及ぼすので，オーロラの発生率と関連している．したがって，歴史時代における太陽活動の変動は，太陽黒点の観察とオーロラの出現記録から復元されている．

太陽黒点数の変動から推定される太陽には，もっと長い周期のものがある．80～90年周期はグライスバーク周期，200年周期は太陽大周期と呼ばれる．これらの周期で太陽の視半径が変動している証拠がみつかっている．太陽エネルギーの放射量が変動すれば，それに応じて地球表層における光エネルギー量も変動することになり，人間の活動や文明の盛衰にも影響を及ぼすことになる．

太陽活動のもっと長い変動周期は，主に樹木の年輪中に蓄積された放射性炭素 ^{14}C 量の変動から推定される（第14章参照）．放射性炭素 ^{14}C は，宇宙線が大気中の分子に衝突して生じるので，太陽活動の活発な時期にはフレアによる荷電粒子の照射が宇宙線の照射を押さえるために，放射性炭素 ^{14}C の生成が抑制されることになる．木の年輪中の放射性炭素 ^{14}C 蓄積量から推定した太陽活動が衰退していた極小期—1645～1715年のマウンダー極小期，1460～1550年のシュペーラー極小期，1300年ごろのウォルフ極小期—には，太陽黒点群もオーロラの記録もほとんどなかったことがわかっている．これらは，太陽活動の200年周期と2300年周期の変動を反映したものであると考えられている．

ミランコビッチの変動周期　1941年にセルビアの天文学者ミランコビッチ (Milankovitch, M.) は，気候が地球軌道要素の周期的変化から起こる地表上の日射量の変動によって影響されることを示唆した（第Ⅰ編のコラム参照）．これは，地球公転軌道の離心率の変化，地球の自転軸の傾きの変化，および地球自転軸の歳差運動による分点の位置の変化である．それらの周期は1.9万年から41万年までの範囲内にあり，それらの移動する相の重なり合いが氷河時代の氷期（寒冷期）と間氷期（温暖期）を形成するという考えである．

地球軌道の離心率は0～0.068の間で変化しており，そのために9.5, 10, 12, 41万年の周期をもつ平均10万年と41万年の準周期性が生じる．現在の軌道離心率は0.017で小さくなりつつある．これは，地球軌道がほとんど円であり，季節間の差が小さく，温暖期に向かっていることを示しているが，太陽の遠近による年間の平均日射量はわずか0.3％，気温にして0.2～0.3℃しか変化しない．しかし，地球の自転軸の傾きの変化が歳差運動と連動して，大きな季節変化を引き起こして，ひいては気候変化を引き起こすと考えられる．

地球の公転面に対する自転軸の傾きは，22.1～24.5°の間を2.9万年と5.4万年の成分をもつ4.1万年の主要な周期性で変化している．現在，自転軸の傾きは23.4°で減少しつつある．これは，太陽の日射が地球に均一に拡がり，季節差が小さくなることを示している．

　自転軸は月や太陽・木星などが地球の膨らみに及ぼす引力のために，1.9万年と2.3万年の周期をもつ平均2.17万年の準周期性で"みそすり運動"をしている．この運動は地球の自転軸の回転方向と逆向きの右回り（時計回り）である．地球は，また，軌道上を左回りに近日点は速く，遠日点はゆっくりと回るので，自転軸のみそすり運動と合わさって，気候上重要な春分点は軌道上を2.1万年で1周することになる．現在，地球は遠日点に接近するとき北半球で夏が始まるので，地球全体の日射量は冬より7％少ない．すなわち，寒い夏を迎えており，寒冷期になっている．

　気候変動に関するミランコビッチ周期の軌道説を支持する多くの具体的なデータが深海底堆積物中の有孔虫殻の酸素同位体比，炭酸塩量，微化石の種組成などの分析結果から提供されてきた．なかでも，酸素同位体比は，全地球の氷河量と連動しており，地球軌道要素の変化が気候システムにおける主要な成分の反応となって増幅されることを示している．たとえば，北大西洋では2.3万年の歳差周期が中緯度域における大陸氷床へ湿気のフィードバック効果をもたらし，4.1万年の自転軸の傾き周期は高緯度域の海氷に温度のフィードバック効果を引き起こし，そしてすべての氷河が離心率の周期と一致する10万年で変動していること（Ruddiman and McIntyre, 1984）がその例である．

火山活動の周期性

　大規模な火山活動が，人間の歴史を変え，文明の盛衰に大きな影響を及ぼしてきた例としては，エーゲ海のミノア文明を崩壊させるきっかけとなったサントリーニ火山の大噴火がよく知られている（第7章参照）．

　火山活動は，爆発的な噴火に伴う火砕流や降下火山灰ばかりでなく，成層圏に放出された二酸化硫黄のエアロゾルが日射を散乱させ，地表への太陽放射を減少させるので，噴火後の2～3年間，あるいはそれ以上にわたって全地球規模の気温低下が生じる．

　最近，数世紀に起こった火山噴火度指数（VEI）が4（噴出物総量＝$0.1 km^3$）

以上の大噴火は，10年間に5回以上発生しており，VEIが5以上の発生頻度は平均0.5～1.5回以上である．この程度の噴火は，1回につき10^8kgオーダーのエアロゾルを放出すると推定されるので，気候への影響は大きいと判断される（町田，1994）．

320地点以上におよぶDSDPコアにおける火山灰層の産出頻度を調べたケネットとサネル（Kennett and Thunell, 1975）は，この200万年間と1200万～1400万年前に，酸性の火山活動が活発化し，それが地球規模の寒冷化（氷河時代の始まり）と同時期であることを示した．最近，南イタリアの地中海中部における過去19万年間の海底堆積物を用いて，火山灰の産出頻度と化学組成が地球軌道要素の歳差運動周期に相当する2.3万年周期で変動していることを明らかにした（Paterne *et al.*, 1990）．

日本列島とその周辺海域においては，伊豆大島三原山が145年の活動周期をもつこと（中村，1989）以外には，まだ充分に解明されていないようである．

地球圏の周期性

地球圏を構成する各層の内部では対流運動を主体とした，また層間では複雑な物質的・熱的相互作用が非線形システムに特有な周期的変動を呈している．その時間幅は，地球磁場変動の約1秒の周期から太陽系銀河の公転周期である約19億年周期までに及ぶが，文明の盛衰と関連してくる時間スケールは，10^1～10^6年の範囲である（図1）．

地球磁場の変動 地球の非双極子磁場は，太陽磁場変動によって誘起されて変動するので，11年周期の太陽黒点-磁場変動，22年周期の太陽磁場の極性反転変化などに対応した周期性が認められる．そのほか，30年，60(66)年，および90年周期の永年変化や2200年周期の非双極子磁場の西方移動がある（第3章参照）．

大気・海洋-気候変動 太平洋赤道東部（ペルー沖）における異常に高い海水温現象（エルニーニョ）のうち，大規模なエルニーニョイベントの発生周期は，8～10年である．日本近海では，黒潮の蛇行に8～10年と18年の周期的変動が知られている（川上ら，1992）．

35年周期はブリュックナー周期と呼ばれ，1890年にドイツの地理学者・気候学者ブリュックナー（Brückner, E.）が約35年周期の気候変動のいくつかの例—カスピ海の水位変動，世界中46カ所の湖水位変動，全地球上321カ所の雨量の永年

変化，気温変化など—を発表したことによる（町田ら，1981）．

　赤道熱帯域における過去 120 年間の表層海水温と太陽黒点数の変動を太陽黒点周期の 11 年で移動平均化すると，両者に共通したグライスバーク周期と呼ばれる 80～90 年の周期性が検出される（Reid, 1987）．この周期性によれば，1955～60 年に極大値が認められたので，今世紀末には太陽放射量が極大値より約 1％ 減少した極小値を迎えることになる．

　グリーンランドのキャンプセンチュリーとダイスリーの氷床コアで，酸素同位体比が 5 万 5000 年と 2 万 5000 年の間（海底堆積物コア中の有孔虫殻による酸素同位体比ステージ 3 に相当）で，1000 年と 100 年の単位で周期的に激しく変動していることをダンスガード-エッシャー周期という．同じような現象が大西洋北部の海底堆積物コアの 6 万から 1 万年の間において 5 回のピークをもつ漂流岩屑量の周期的変動に認められ，これをハインリッヒ周期と呼んでいる．

地震の活動周期　　全地球的規模の地震は，太平洋周辺（環太平洋地震帯）と東南アジアから中近東を経て地中海に至る帯状の地域（ユーラシア地震帯）の深部に集中して起こっている．これ以外に，深海底の海嶺系やトランスフォーム断層に沿って浅発性の地震が発生している．これらの地震発生地帯はいずれもプレート境界と呼ばれるところである．

　日本列島は，太平洋プレートとフィリピン海プレートが沈み込む収斂型のプレート境界に位置しており，地震活動が活発な地域である．歴史的に大きな被害をもたらした海溝沿いのスラスト性地震の再来周期は 100～200 年，内陸の活断層活動に伴う地震の再来周期は約 1000 年と見積もられている（川上ら 1992）．地震発生の周期性は，プレート運動に対して上部地殻が非線形的に応答して生じるが，地域的な構造運動に連動して起こる地震も知られている（第 8 章参照）．

文明の周期性

　文明が気候変動の影響を受けて，周期的に盛衰することは，これまで多くの人々が指摘してきた（鈴木，1978；伊東，1985；安田，1990 a など）．とくに伊東（1985）は，人類文明の発達を 5 つの段階—人類革命・農業革命・都市革命・精神革命・科学革命—でとらえている．これらの改革期は，図 3 をみると，いずれも気候が寒冷化する時期に当たっており，生活環境が悪化したときである（第Ⅵ編参照）．しかし，環境が人類の生存を拒絶するほど激しく変化したのは，地球上の限られ

た時期と場所であった．こうした環境の変化に対し，創造的な技術革新の方法をもって対応したところでのみ，文明の改革は成し遂げられてきた（伊東，1994）．

最初の文明が成立した都市革命期以降，改革期が1500〜2000年の間隔で周期的に起こっていることがわかる．現在も，また，過去におけるこうした試練の時期と類似した条件を備えており，伊東（1994）は現代の改革期を環境革命と名づけている．この時期は，改革期の周期性（図3）からみれば，これまでになく異常に早い．これは，環境と人間の関係が従来と入れ替わったことによると考えられる．

都市革命が始まる5000年前ごろには，北半球の寒帯前線帯（ポーラーフロント）が南下して，赤道西風域が縮小することによって，寒冷化と乾燥化が始まった．この寒冷化・乾燥化によって民族移動が起こったことは，鈴木（1990）が説くところであり，たとえばリビア砂漠の遊牧民がナイル川へ大規模に移動し，安い労働力あるいは奴隷として使われて5000年前にエジプトの古代文明が始まったとしている．灌漑による大規模農耕を促進して社会的余剰を生み出す過程においてさまざまな社会的規制や統治体制がつくられていった．伊東（1994）は都市革命の根底には定住農耕民による農耕的基盤があることを強調している．

精神革命は，2800年前から2400年前にかけてイスラエル，ギリシア，インド，中国などで同時多発的に興った．気候の寒冷化は3500年前ごろから始まるが，もっとも寒冷となったのは3000年から2500年前までの期間である．この寒冷期を鈴木（1990）は鉄器時代初期の寒期と名づけている．5000年前の寒冷化気候で興った古代の四大文明は，1500〜2000年後の寒冷化気候で事実上崩壊する．定住農耕民の文化を基盤とする都市文明の中に，遊牧民が寒冷化気候により移動し，混合することによって思想の合理化を促したと伊東（1994）は説いている．

1500年前ごろの寒冷期は，古墳寒冷期と呼ばれている（Sakaguchi, 1982）．鈴木（1990）はこの時代に起こった歴史上重要な事件であるゲルマン民族の大移動をもとに民族移動の寒期を提唱している．気候の悪化による厳冬と旱魃・飢餓・疫病のために流民が増加するとともに社会不安が深刻化した．社会的な恐怖と不安をやわらげたのがキリスト教や仏教であった．イスラムの勃興，西ヨーロッパ世界のキリスト教化，中国の仏教化を伊東（1994）は第2次精神革命と呼んでいる．

科学革命は，17世紀の西ヨーロッパで興った近代科学が18世紀後半に起こった産業革命と結びついて，今日の科学技術文明にまで到達する．この科学革命の時代は，小氷期と呼ばれる気候が悪化した時代であり，農業生産力は低下し，ペ

ストや疫病が蔓延した．科学革命の第2期として，産業革命は第2小氷期に起こっており，環境‒気候的悪化の中で，何らかの新しい技術改革を試みなければならなかった．

環境革命は，次の2点において，従来の改革期と根本的に異なっている（伊東，1994）．第1は，人間の自然破壊と人間活動が放出する廃棄物が地球の自己浄化能力を超えてしまい，人間自身をも滅ぼす危険性をもつに至っていることである．第2は，今日の環境問題が全地球的なものであること．従来のように，地域的な文明の危機という規模ではなく，地球そのものが危機であるということである．

追　　記

本巻刊行後，以下の周期性に関連する諸事実の解明が進展したので，追記する．

最終氷期における数百年ないし数千年の時間内で起こる突然かつ急激な気候変動（ダンスガード‒エッシャー周期）の実体が明らかになりつつある．十数年の間に北半球高緯度域の気温が10℃以上上昇し，温暖な環境が数十年ないし数百年継続し，その後の百数十年間に再び気温が下降して元の状態に戻るという周期が数百年ないし数千年の周期で繰り返した事実がグリーンランドの大陸氷床のみならず半球規模の海底堆積物にまで記録されている．

一方，最終氷期の北大西洋高緯度域では，大陸氷床の拡大・崩壊によって大量の氷山が流出して海底堆積物中に氷漂岩屑層を7000年ないし1万数百年の周期（ハインリッヒ・イベント）より高周期のダンスガード‒エッシャー周期に連動して広範囲にもたらした．

さらに，北大西洋の表層海水温は，ダンスガード‒エッシャー周期がいくつか集合して温度変化の振幅が徐々に弱まる鋸歯状の変動（ボンド周期）を形成し，各ボンド周期がハインリッヒ・イベントで終了している．

ダンスガード‒エッシャー周期の温暖期にアジア・モンスーンは強化され，アジア大陸内部では湿潤化したことが知られている．グリーンランド氷床コア中の気泡に含まれるメタンの濃度は温暖期に上昇し，寒冷期に低下している．この変動の原因は低緯度域の湿地面積の変化にあるとしている．

現在までのところ，ダンスガード‒エッシャー周期を引き起こした大気循環の変動は太陽活動の変動が有力な原因の1つとして考えられる．

文　献

1) 浅井富雄：気候変動——異常気象・長期変動の謎を探る——, 202 p., 東京堂出版, 1988.
2) Eddy, J. A.: Climate and the role of the sun. In: Climate and History (Rotberg, R. I. and Rabb, T. K. (Eds.)), pp. 145-167, Princeton Univ. Press, New Jersey, 1981.
3) Einsele, G. and Ricken, W.: Limestone—marl alternation—an overview. In: Cycles and Events in Stratigraphy, pp. 23-47, Springer-Verlag, Berlin, 1991.
4) 伊東俊太郎：比較文明, 260 p., UP選書243, 東京大学出版会, 1985.
5) 伊東俊太郎：文明の変遷と地球環境の変動. 学術月報, **47**(1), 31-36, 1994.
6) 伊東俊太郎・金関 恕・川西宏幸・小泉 格・速水 融・安田喜憲：座談会 文明の盛衰と気候変動. 季刊 文明と環境, **0**, 9-17, 1991.
7) 川上紳一・金折祐司・大野照文：地球のリズムと多圏相互作用——地球惑星進化解明のためのアラユルリズム計画——. 岩鉱, **87**(10), 393-411, 1992.
8) Kennett, J. P. and Thunell, R. C.: Global increase in Quaternary explosive volcanism. *Science*, **187**, 497-503, 1975.
9) 町田 洋：地球環境変動に及ぼす大規模火山噴火の役割. 学術月報, **47**(2), 40-45, 1994.
10) 町田 貞・貝塚爽平・佐藤 正編：地形学辞典, 784 p., 二宮書店, 1981.
11) 中村一明：火山とプレートテクトニクス, 323 p., 東京大学出版会, 1989.
12) Paterne, M., Labeyrie, J., Guichard, F., Mazaud, A. and Maitre, F.: Fluctuations of the Campanian explosive volcanic activity (South Italy) during the past 190,000 years, as determined by marine tephrochronology. *Earth Planet. Sci. Lett.*, **98**, 166-174, 1990.
13) Reid, G. C.: Influence of solar variability on global sea surface temperature. *Nature*, **329**, 142-143, 1987.
14) Ruddiman, W. F. and McIntyre, A.: Ice-age thermal response and climatic role of the surface Atlantic Ocean, 40°N to 63°N. *Geol. Soc. Am. Bull.*, **95**, 381-396, 1984.
15) Sakaguchi, Y.: Climatic variability during the Holocene epoch in Japan and its causes. *Bull. Dept. Geogr. Univ. Tokyo*, **14**, 1-27, 1982.
16) 鈴木秀夫：森林の思想・砂漠の思想, 222 p., NHKブックス312, 日本放送出版協会, 1978.
17) 鈴木秀夫：気候の変化が言葉を変えた, 216 p., NHKブックス607, 日本放送出版協会, 1990.
18) 田中幸雄：汎用時系列データ解析システム"MemCalc"とその応用. 生物リズムの構造——MemCalcによる生物時系列データの解析——(高橋延昭・高山昭男・大友詔雄編), pp. 19-39, 富士書院, 1990.
19) 安田喜憲：気候と文明の盛衰, 368 p., 朝倉書店, 1990 a.
20) 安田喜憲：環境考古学が探る人類の未来. ニュートン, **12**, 62-67, 1990 b.

I
宇宙の周期性

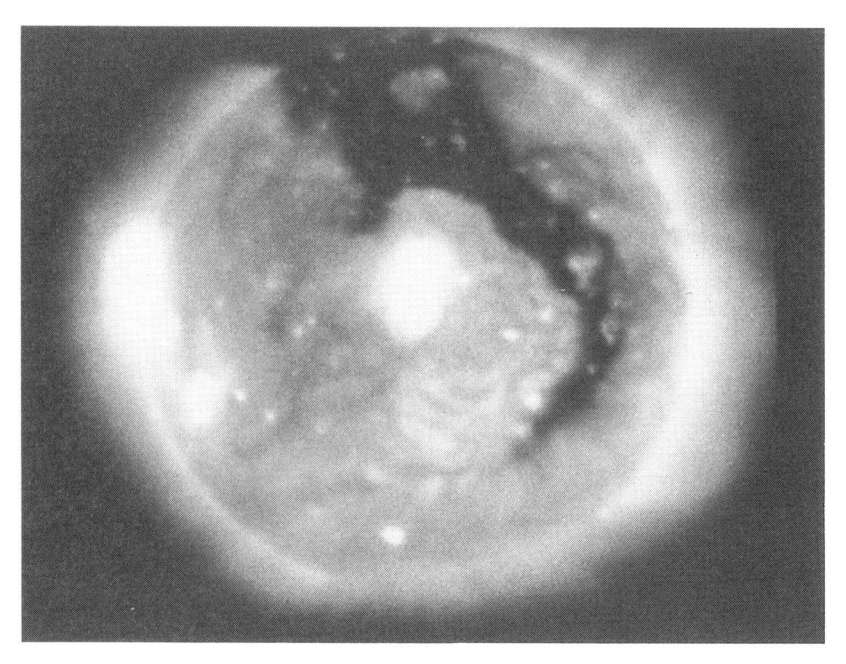

スカイラブにより撮影された太陽の軟X線像
光球面上空に広がるコロナは,約100万Kの超高温の状態にあるので,軟X線で輝いているが,時に50万Kほどの低温域が形成されることがある.図中の暗い部分がそれで,コロナホールと呼ばれている.このコロナの外延部が太陽風となって宇宙空間へ吹き出していく.

1. 宇宙の歴史から何を学ぶか

松 井 孝 典

はじめに

　いろいろな意味でヒトの知性のレベルがどの程度かを考えてみたい．叡知とか創造力とかわれわれは無限の知的能力をもつかのように形容されることが多い．はたしてそうだろうか？

　創造とは無から有を生ずることを意味する．このような意味では少なくとも科学には創造はない．"ある"ものを論じるのが科学だからである．"ない"ものを論じる宗教とはこの1点で明確に異なる．あるとかないとかいっても目にみえるとかみえないとかいう問題ではない．"みえる"というのは単にわれわれが，太陽のまわりを回る地球という惑星の上に生まれた生命であることの結果にすぎないからである．もし太陽が可視光域でその放射のほとんどを行わなかったら，われわれは"みる"という機能を現在のような形ではもちえない．あるかないかは観測できるか否かというようなことにかかわるのだが，この問題を論じるのが本稿の主題ではないのでこの件についてはこの辺でとどめておく．

　要するにヒトがその創造力を発揮したのは科学ではなく宗教であり芸術ではないだろうか．それでは科学とは何ぞやといえば自然を知るということになる．現在の自然観によれば自然とは，ビッグバン以来の宇宙の歴史的産物である．すなわち自然を知るとは，ビッグバン以来の宇宙の歴史を知ることにほかならない．科学とは自然というビッグバン以来の宇宙の歴史が記録された古文書を読み解く作業にほかならない．物理学や化学の法則とは，自然に生じるさまざまな現象の因果関係を簡潔明瞭な形で表現したもので，無から有を生じるようにヒトが創造したものではない．

　人文科学や社会科学がヒトの歴史を解読しそこにヒトの営みの普遍性を探る学問とすれば，自然科学とはヒトの代わりにそれと宇宙を置き換えただけのことである．技術とは宇宙という時空スケールで生じる現象とその因果関係を，ヒトの

営みの時空スケールに効率化することといえる．科学技術が反自然かのように語られることが多いがそれは，科学とか技術の本質がどこにあるかを知らないことから生じている誤解に基づくことが多い．問題があるとすれば，われわれがまだ自然をほとんど理解していないこと，すなわち自然の理解の現状を社会にきちんと説明していない科学者の側にあるのかもしれない．

　人文科学も社会科学も自然科学も，歴史を学ぶという意味では共通性を有する．このように考えるとわれわれの知識体系は，ヒトと宇宙の歴史そのものにほかならないことがわかる．われわれはすでにヒトの歴史からは多くのことを学んでいる．しかし宇宙の歴史から学ぶという発想はこれまであまりなかったのではなかろうか．問題は宇宙の歴史から何を学ぶかである．本小論では宇宙・地球・生命の歴史を貫く普遍的な過程とは何かについて探り，それに基づいて現代とはいかなる時代か，21世紀に向けて何が問題なのかを分析する．

地球史とは

　われわれは地球の上に生存する．地球は宇宙と生命をつなぐ場でもある．そこで初めに地球史とは何なのかについて述べる．結論を先に述べれば地球史とは，異なる物質圏が分化する過程にほかならない．であるとすると，約1万年前，農耕・牧畜を始めた人類は，そのときから地球史のうえでもまったく新しい段階（人間圏の分化）に入ったということになる．

　現在の地球は中心から外側に向けて，内核・外核・下部マントル・上部マントル・海洋地殻・大陸地殻・海（水圏）・大気（気圏）・磁気圏と，異なる物質圏が重さの順に成層構造をなすような構造を有する．加えて2種の地殻，海，大気にまたがって生物が存在する（図1.1）．この生物の存在を，地球という惑星のエネルギー散逸過程に伴う物質循環という視点から位置づけると，生物圏とでも称せられるべき，独自の物質滞留時間を有する物質圏として定義できる．これは地球を地球システムとしてみる立場である．生物圏を含め個々の物質圏はそれぞれその内部にそのスケールによって異なるさまざまなエネルギー散逸過程とそれに伴う物質循環を有する．それらは地球全体のシステムのエネルギーの流れ，物質循環と連結し，現在のような地球システムが機能している．

　物質圏と称しているものは地球システムという言い方でいえば，サブシステムともいえる．新たな物質圏の分化とは地球システムにとって新たなサブシステム

が加わることを意味し,その結果としてそれ以前のエネルギー散逸過程とか物質循環は変化する.したがって新たな物質圏の分化とともに,その物質圏が安定な存在なら地球システムはそれ以前とは異なる新たな安定状態へと移行する.

このような意味で地球史をいくつかの段階(フェーズ)に分けることができる.第1のフェーズは原始大気,マグマの海,コアの分化の時代で,これは地球が形成されるその途中のときに当たる.第2のフェーズは原始大気から海が分化するときで,これは地球の大きさがほぼ現在の大きさに達するときである.いずれも今から約46億年前のことである.

第3のフェーズは海洋地殻から大陸地殻が分化するときで,これはいつ始まったか定かではないが,現在の地球に残されている記録(最古の岩石など)から判断すれば,少なくとも40億年くらい前以前にさかのぼる.生命が誕生したのは大陸の形成と同じころという地質学的証拠も残されているが,前に述べたような意味での生物圏の分化は,大気中に酸素がたまり始めた20億年くらい前と定義でき

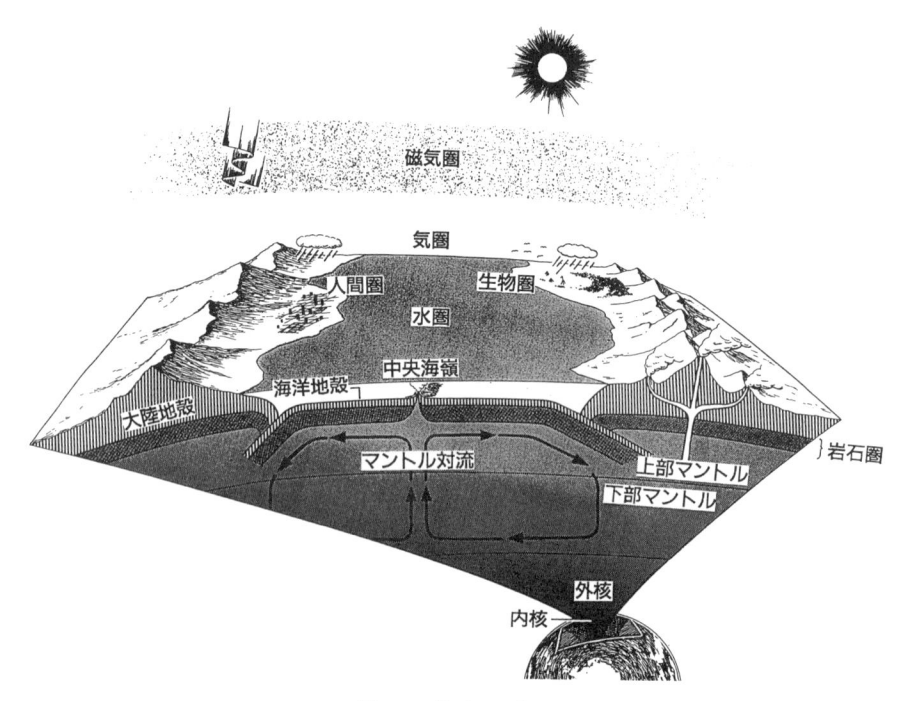

図 1.1 地球システム

る．これが第4のフェーズの始まりである．ただしその時期に関してはその地質記録の解釈をめぐって論争があり，まだ確定しているわけではない．

　いずれにせよ初め均質だった原始地球から気化しやすい物質が抜け出し大気として地表を覆ったり，あるいは岩石より重い鉄ニッケル合金が沈んでコアを形成したように，あるいは水蒸気を主成分とする原始大気から水が落ち海となり，また一方でマグマの海が分化して海洋地殻の原形ともいえる原始地殻が生まれ，それが水を含んだ形で地下にもぐると再び融け固化する際，大陸地殻を構成する主要な岩石（花崗岩）が分化したのが，地球の歴史である．このように均質だった状態から異なる物質が生じる過程を一般に分化と呼ぶ．しかし新たに分化した物質圏がその当時の地球の与えられる外的条件のもとで，地球システムのサブシステムとして安定かどうかはその時点で保証されているわけではない．新しい物質圏が分化することによって当然のことながらそれ以前の物質循環に擾乱が生じる．上に述べたそれぞれのフェーズは，結果として新たに分化した物質圏をサブシステムとして取り込み，安定な地球システムを実現したからこそ現在に至るまで存在し，地球史の1フェーズとして定義できる．それがなぜ安定かというような因果関係を論じるのは専門的になりすぎるのでここでは省略する．

　理解を助けるためにただ1つだけその例を大陸地殻の分化にみてみよう．大陸地殻が分化する以前の地球システムの，とくに表層付近のサブシステムは海と大気，そして原始海洋地殻である．この場合，海の中の元素構成や化合物・イオンの量などは，原始海洋地殻である海底の侵食や，原始海洋地殻が形成される際の熱水交換反応などで決まる．このような海水組成に対し大気-海洋間の物質交換の平衡状態が決まり，大気組成が決まる．その大気組成で現在のそれと顕著に異なるのは二酸化炭素量である．なおもちろん酸素は存在しない．大量の二酸化炭素（数気圧程度）がこのころの大気中には含まれる．

　大陸地殻が分化すると，大陸地殻は海洋地殻より軽いのでマントルの上に氷山のように浮かび，海上にその地表を曝す．その結果，雨が降るなどを通じて大陸地殻は風化・侵食され，多様な物質が海に流れ込む．その結果，海の組成は上に述べた場合から大きく変化する．その結果，大気組成も変化する．具体的にいえば大気中の二酸化炭素量は激減し，その分海底に石灰岩が堆積し，大陸に付加する．

　大陸が生まれ大気中から二酸化炭素が除去されるメカニズムが生まれたこと

は，じつは地球システムにとって重要な意味をもっている．後に述べるように星は誕生から死に至る過程で輝きを増し，したがって地球システムにとっての外的条件である太陽からの入射光が，地球史を通じて一方的に増大する．このような場合，もし大気中の二酸化炭素量が高い濃度レベルで安定していると，太陽光度の増加とともに地表温度が上昇し，原始大気からいったんは凝縮して海になった水が蒸発して大気中に戻り，その暴走的な温室効果によって海が蒸発し失われてしまうからである．これは実際に金星に起こったと考えられる過程である．この場合地球は生命を育む星にはなりえない．

このようにして新しい物質圏の分化は地球システムの構成を変え，サブシステム間の物質循環が変化して新たな安定状態へと移行する．生物圏の分化という事件が，光合成生物の異常増殖とその地中への埋没の結果大気中の酸素濃度の増加をもたらし，その結果として定義されるのも同様の事情による．

地球史からみた現代とは

人類は約1万年前農耕・牧畜を始めた．それ以前の数百万年にも及ぶ狩猟・採集というライフスタイルから農耕・牧畜というライフスタイルへの転換は，それ自体文明史論的にもエポックメイキングであり，それをそのような視点で分析することも可能だろう．しかし実はこのライフスタイルの転換は，前節で述べた地球の分化という歴史を考えた場合，もっと本質的な意味をもっている．

狩猟・採集というライフスタイルは基本的には動物のそれである．したがって人類がサルから分かれて誕生したといっても，食物連鎖の頂点に立つか否かというようなことを別にすれば特別変わったものでなく，生物圏の中に閉じた形で位置づけられる．したがって地球システムとしては，人類がたとえ500万年以上も昔にサルから分かれたといっても変化するわけではない．これは生命の誕生が即，生物圏の誕生というわけではないのと，事情は同じである．

農耕・牧畜というライフスタイルは地球システムの中の物質循環という視点からみると狩猟・採集とはまったく異なる．要するにみずからの生存にとって都合のよい人工の生態系を導入することで，その結果としてそれ以前の地球システムのエネルギーの流れ，物質循環に擾乱をもたらす．それは単に森林を伐採し農耕地に変えるといったことだけではなく，たとえば肥料を外国から輸入したりして物質の移動をもたらしたり，地下水を利用したりといったことまで考えればその

意味がより深く理解できよう．もちろん産業革命や近代高等技術文明などにより地球を利用するというライフスタイルは，より大規模で徹底したものになっている．鉱物資源やエネルギー資源の発掘と利用は，地球システムの物質移動という視点でみると，もはや擾乱といった程度ではない．

これは地球システムの中に人間圏と称されるべき新たなサブシステムが追加されたことを意味する．これはまた，これまでの地球史のうえで海洋が分化したり，大陸地殻が分化したり，生物圏が分化したりという事件と，質的にはまったく同様にとらえることができる．したがって地球史というスケールで現代を定義すると，人間圏の分化という新しいフェーズに入ったということになる．ただしこのフェーズは，これまでの新たな物質圏の分化が次の新たな地球システムの安定状態をもたらし，したがってその物質圏が地球システムの中で安定な存在である，というようなことが保証されているわけではないことに注意する必要がある．

なぜ分化するのか

これまでの地球史をみると地球はつぎつぎと分化し，より多くのサブシステムをもつ地球システムへと変化してきている．このような歴史をみる限り，歴史の発展の方向性は分化することにあるようにみえる．なぜだろうか？ 結論をいえば地球が冷えるからである．

地球は誕生した当時，火の玉のように融けていた．それは無数の微小天体（微惑星）が集まって地球が形成されるという形成過程自体が，多量のエネルギーを解放する過程であることによる．そのエネルギーの総量は地球システムを熱機関としてみたとき，その熱源の大半を占める．したがって地球の歴史を熱機関としてみれば，内部の熱をどのようにして宇宙空間へ棄てて冷えていくかを記述することになる．

冷えることが新しい物質圏を生むことは容易に理解できよう．たとえば原始大気が冷えて海が，マグマの海が冷えて原始地殻が，あるいは地球内部で唯一溶融状態にある外核が冷えて内核が成長することなどを考えてみればよい．外核からの内核の分化が磁場を生み出し，それが結果として地球を太陽風から守る磁気圏の形成につながっている．

地表付近ではその冷え方がもっと複雑である．これは地表温度が，大気の温室効果という地球システムの内部条件だけで決まるのではなく，太陽光度という外

的条件によって決められるからである．地球の場合，大陸が太陽光度の変化という外的条件の変化に対する地球システムの応答において，その外的変化による地表温度の変化を相殺し，さらにはマイナスにするような負のフィードバック機構を生み出した．このことが海の存続において決定的に重要な意味をもっている．その結果地表温度は太陽光度が増加するものの，冷却したからである．

地表温度が上昇せず低下したことが，地表付近の地球システムの構成に，海・生物圏・人間圏というようなサブシステムがつぎつぎと追加されることを可能にしている．

地球の未来と銀河系の物質循環

地球は冷却・分化し，その結果現在のような多数のサブシステムから成る地球システムが形成された．地球の未来は，今後とも冷却し続けられるか，冷却しないまでも現在より温暖化しないか，によっている．その熱源を考えると，地球内部はこれからも冷え続けていく．問題は地表付近について冷えるか否かである．

地表温度は太陽からの入射光とその結果暖められた地表からの熱放射が均り合う形で決まる．大気組成が変化しないなら熱放射を通じて宇宙空間へ棄てられるエネルギー量は変わらない．したがって地表温度は太陽からの入射光で決まることになる．太陽という星の進化に地球の未来はかかっている．

太陽は宇宙スケールではありふれた星の1つである．他の星と同様，主として水素とヘリウムのガスから成り，その質量が十分大きいため中心部は押しつぶされ，原子核反応が起こっている．4個の水素原子核（陽子）は融合し2個の陽子と2個の中性子から成るヘリウムが合成される．その際2個の陽電子と2個のニュートリノを放出してエネルギーを解放する．このエネルギーが太陽の表面まで運ばれ宇宙空間へ放射され，失われている．これが太陽からの光である．

太陽くらいの質量の星ではこの水素の燃焼は100億年くらい続く．太陽系は誕生してから46億年くらいしかたっていないから，太陽はまだあと50億年くらいは現在のように燃え続ける．しかしその燃え方は時の経過とともによくなる．内部に燃えかすであるヘリウムがたまり，より高温・高圧状態になるため，水素の燃え方がよくなるためである．

中心の水素が燃え尽きるころ，太陽の中心核はより小さく収縮しその外側にある水素の外層は膨張し，現在に比べると50倍以上も大きくなる．この段階に至る

と星は，現在の太陽のような普通の星から低温であるがより明るい赤色巨星という段階の星になる．赤色巨星の内部では中心核の収縮につれてより高温・高圧状態になり，その結果今度は水素の燃えかすであったヘリウムが燃えるようになる．

2個のヘリウム原子核が衝突すると4個の中性子と4個の陽子から成るベリリウムが形成され，それにヘリウムが衝突すると炭素が形成される．炭素にもう1つのヘリウムが融合すると酸素になる．この赤色巨星段階は数百万年しか続かない．最終的にはこの原子核燃焼は不安定になり，太陽はその外層を星間空間へ流出させその一生を終える．あとには白色矮星が残る．

地球の未来はこの太陽の進化によっている．太陽光度の上昇とともについには地表温度が上昇し，そして赤色巨星段階に至ると，地球はその強烈な放射にあぶられ，星そのものが蒸発してガスになる．すなわち地球はこれから，これまで冷却し，その結果分化した物質圏をつぎつぎと消失し，最終的には地球や太陽，他の惑星が形成されるもとであった，星間のガス雲の状態に戻る．

初めに消失するのは人間圏，次いで生物圏である．生物圏の消失がなぜ起こるかというと，地球システムは太陽光度の上昇とともに，大気中の二酸化炭素量を減らし地表温度を一定に保とうとするメカニズムが作用する結果，大気中の二酸化炭素量が減少し光合成生物が生存しえなくなることによる．現在の1/10のレベルの二酸化炭素量ではもはや光合成生物は生存しえないという．光合成生物が生存しえなければ生物圏の食物連鎖は崩れ，現在のような生物圏は存続しえない．

そして太陽光度の上昇が続けば地表温度もついに上昇に転じ，海が蒸発してなくなる．生物圏の消失までに数億年，海の蒸発までに10億年というオーダーの時間がかかるが，人間圏はこんなオーダーの時間スケールより，ずっと短かいタイムスケールで消失する．地球システムの中で人間圏が安定なサブシステムとして存在することはまだ何も保証されていないからである．

星の一生はその質量によって異なり，太陽より重い星の場合はもっと寿命が短かく，その一生の終わり方もより激しくなる．たとえば太陽質量の20倍の星は太陽の2万倍も明るく，すなわち水素を1000倍も速く消費し，1000万年くらいで赤色巨星段階に達する．重い星では中心核の温度・圧力もより高くなるので，原子核の燃焼も酸素の合成を越えて続く．炭素は核融合してネオンやマグネシウムに，酸素はケイ素や硫黄を合成し，ケイ素はさらに核燃焼し鉄になる．このようにして鉄までのすべての元素が合成される．

鉄より重い元素は超新星爆発を通じて合成される．重い星の中心核はみずからの重さを核燃焼を通じて支えきれず，崩壊する．崩壊とともに外層物質も中心に落ち込むが，固い中心核ではね返され，星間空間へ放出される．これが超新星爆発である．このような爆発は，太陽のような質量の星が一生を終えた残りかすである白色矮星に，周囲にたまった星間雲ガスが流れ込んで起こったりもする．

いずれにせよこのようにして銀河系内部では，物質が星と星間雲を交互につぎつぎと生み出すような形で循環し，しだいにその元素組成をより重い元素に富むような方向に変化していく．それが太陽系のような惑星，あるいはその地表での生命体の誕生を可能にしていることになる．

宇宙も生命も分化する

冷却し，分化し，多様性が生み出されるという地球史は，宇宙でも生命でも同様にみられる．宇宙が膨張していることはすでに揺るぎない観測事実であるが，このことは逆に過去にさかのぼると宇宙は1点に凝縮してしまうことを意味する．それは想像を超えた高温・高圧の火の玉状態であり，ビッグバンと呼ばれる．

ビッグバンのその瞬間宇宙には物質もエネルギーも区別がなく，力も融合した状態にある．要するにまったくの均質な状態にある．膨張とともに宇宙は冷え始める．ビッグバンから10^{-44}秒後，宇宙の温度は10^{32}Kで重力が分かれ，10^{-35}秒後温度は10^{28}Kで強い相互作用と呼ばれる力が分かれ，10^{-10}秒後温度は10^{15}Kで電磁気力と弱い相互作用の力が分かれる．10^{-7}秒後温度は10^{14}K，この段階に至って物質の究極の構成単位であるクォークがつくられる．といってもわれわれにはほとんどなじみのない状態であるが，冷えるにつれ物質が分化したり，力が分化したりということはその後の変化と共通している．

われわれになじみ深い元素合成の時代が始まるのはビッグバンから10^2秒後のことで，このときでも宇宙の温度は10^{10}Kである．太陽のような星の中心部の温度が10^7K程度であるから，まだとてつもない高温状態にある．われわれが物質と呼ぶようなものが登場するのは10^{13}秒後である．このとき宇宙は晴れ上がり，10^{15}秒後銀河や星の形成が始まる．この段階でも宇宙の温度はまだ10^3Kもある．そして現在は10^{17}秒後，温度は3Kである．

ビッグバンから数秒間の元素合成の時代，水素・ヘリウムとほんの少量のベリリウム・リチウムの合成までしか進まなかったことが，現在のわれわれの存在を

可能にしている．すなわち星が輝く材料物質が十分に供給され，銀河系の中で星の誕生と死というサイクルを通じ，より多様な物質が分化できる条件が用意されたからである．星間雲の中でさまざまな分子が，そして惑星系の上でより多様な物質が分化し，生命が生まれた．われわれはたまたまそのような段階にある宇宙にいて，それを観測している．

生命が分化するという表現は聞き慣れないかもしれない．普通は生命は進化するというからである．地球環境が生命の誕生と生存に適しているという意味では，生物もまた分化するというべきであることを以下で簡単に述べよう．要するに環境が変化しなければ，生物の多様性も生じないからである．環境が画一的なら，それにもっとも適した生物がただ1種その環境を占めるだけだからである．

地球環境がどのように変化したかについてはすでに述べた．高温だった原始の海が冷え，大気中に酸素がたまりオゾン層ができ，陸上が生命の生存環境として登場すると，海にいた生命は新しい環境である陸上へと進出する．そのことが現在の生物種の多様性を生んだ．環境の分化が生命の分化をもたらしている．

たとえば現在の海と原始の海を比較すると，原始の海と似た環境が現在の海にも残されている．中央海嶺と呼ばれる，マントルにあいた地殻の裂け目のような場所では，熔岩の流出に伴い200℃を超える高温の熱水が循環し，熱水噴出孔と呼ばれるような地形を生じている．このような場所こそ原始の海に近い．その付近に存在する生態系は，われわれの見慣れたいわゆる生態系とはまったく異なる代射システムをもっている．それは生命の材料物質を合成するにも適した環境である．

原始の海が冷え多様な環境が生まれ，その結果新しい環境に適応するために生物が新しい形態・機能を獲得・生成するという過程は，確かに古生物の時代的変化の比較という意味では，進化しているかのようにみえる．しかしその素過程は宇宙・地球の時間変化の特徴である分化にある．

分化論の視点からみた人間圏の未来

宇宙も地球も生命も，ダイナミズムを生み出している原因は分化することにある．そしてそれが物理的には冷却ということを通じて実現していることを述べた．ただし冷却するといっても一様に冷えることではない．ビッグバンの状態には程遠いとはいえ，今も星の内部にはビッグバンの状態に近い高温状態が維持され，

一方では宇宙の温度は3Kまで低下している.全体として確かに冷えているが,局所的な高温と低温との間の温度差はむしろ拡大している.

このことは地球についても同様である.原始の海が残っている一方で海の大部分は0℃近い低温にある.また陸上での地表環境をみればもっと低温な場所もある.全体として冷えつつあるが,その高温の部分と低温の部分との温度差は拡大している.このことが分化を促し,地球システムや銀河系・宇宙システム,そして生物圏内のサブシステムに,多様性とダイナミズムを生んでいる.

以上のような視点を分化論と呼ぶことにしよう.そのような視点から現在何が問題か最後に少し考えてみる.すなわち,人間圏という新たに分化したサブシステムの内部システムをどう構築するか,そして地球システムの中でのその安定性を考えることである.

この場合次の3つのことが問題点としてあげられる.1つは人間圏のサイズに関する問題である.地球システムの中で人間圏が,新たに分化した物質圏として安定な地球システムのサブシステムを構成しうるのか否か,このことはまだほかのサブシステムのように歴史的に保証されているわけではない.どのようなサイズの人間圏が地球システムの中で安定かどうかを検討しなくてはならない.人間圏のサイズとしてはいろいろな指標が考えられるが,そのもっともわかりやすいものは人口である.たとえば食料というようなものでその上限を推定すると,その生活レベルが現在のアメリカ程度とすると,100億人が1つの目安となる.ただしその状態が維持されるのは~100年のオーダーであり,これが10億人なら~1000年となる.

第2の問題は難民の問題である.政治的・経済的・宗教的さまざまな意味での難民が,文明のそれぞれの発展段階で発生したであろうことが予想される.そのころの地球には国境がなく,難民には移動しうる多くの新天地があった.成熟した段階に達した文明からの難民が新天地において,次なる新しい文明を誕生・発展させ人間圏を拡大してきたと考えられる.現在の問題は難民の行くべき新天地が存在しないことである.人間圏にとってニューフロンティアがどこにあるのかを考えなければならない.新天地・ニューフロンティア・新しい環境,どれも同じ意味であるが,陸上に出た生命はそれが宿命かのように絶えずニューフロンティアを求めて分化してきたことを考えると,われわれもまたニューフロンティアを,どこかに求める必要がある.

第3の問題は現在の世界システム（人間圏の内部システム）の向かいつつある方向性である．現在の世界の方向性は均質化を求めるところにある．経済システム・倫理観，あらゆるものが，アメリカ的，近代の西欧合理主義，キリスト教的なものに統合されようとしている．これは分化の方向性と反する．均質化は自然界では死を意味する．均質化を求める方向は人間圏内部のダイナミズムを喪失させる方向である．

　これらの問題に関して今後具体的に検討していくことが21世紀の人間圏を設計するうえで必要になる．現在のまま21世紀を迎えれば，人類は生き延びられるにしても人間圏が崩壊することは予想されるのだから．

文　　献

1) 松井孝典：地球・宇宙そして人間，302 p., 徳間書店，1987．
2) 松井孝典：地球 46億年の孤独，247 p., 徳間書店，1989．
3) 松井孝典：地球：誕生と進化の謎，222 p., 講談社，1990．
4) 松井孝典：地球進化探訪記，116 p., 岩波書店，1994．

2. 気候変動を支配した太陽活動

桜 井 邦 朋

　地球環境は，絶えず流入してくる太陽エネルギーによって維持されている．このエネルギーの大部分は輻射で，太陽の光球から放射されている．この光球の表面層は一様ではなく，黒点群とそれに伴う種々の現象が発生する領域でもある．黒点群の発生する頻度は時間的に変わっていくが，約11年で繰り返す周期性を示すのが著しい傾向である．この周期性変動は，太陽活動の本質を規定するものと現在考えられている．太陽放射やコロナ中で発生する擾乱現象にも，同じ周期性の変動の存在が知られている．

　今述べたことから明らかなように，太陽は静かな天体ではなく，黒点群など光球面上に観測される現象についてみると，常に変動していることがわかる．光球の外側に広がるコロナの外延部は，太陽の重力場の作用を振り切って，太陽系の空間に向かって絶えず流出していっており，太陽風と呼ばれる高速のプラズマ流を形成している．このプラズマ流は，大部分が陽子と電子とから成る電気的に中性な超音速の流れで，地球の公転軌道付近でその密度は約10個/cm^3，その平均速度は毎秒約450 kmである．この流れは，地球の周辺に広がる地球磁気に出会ったとき電磁的な偏向力を受けて，この磁気の勢力圏を形成する．この勢力圏は磁気圏と呼ばれているが，これにより，私たちほかの生命が生を営む生命圏を含む地球環境が，太陽風に直接曝されることから保護されているのである．このようにして，地球表面とその近くの大気から成る地球環境は，太陽エネルギーによって主に維持されることになる．

　太陽のコロナ中で発生する擾乱現象は，時に地球の磁気圏の構造に大きな変動を引き起こす．これらは一過性の現象なので，地球の気候にはほとんど影響しない．だが，太陽の明るさにみられる長期的な変動は，地球環境に流入する太陽エネルギーの時間変動を伴うので，地球の気候条件に変動をもたらす．とくに，太陽放射における紫外部の強度変動は大きいので，地球の上層大気の構造が大きく

変わり,結果として,気候の変動を生じさせることもあると推測されている.太陽の明るさ自体の変動も,その幅は小さいながら,気候にみられる約11年の周期性変動を引き起こしているものと思われる.

本章では,黒点群の消長にかかわる太陽活動の長期変動から推測される地球気候の変動に対する証拠を中心に考察することとする.

太陽活動の変動からみた太陽放射

太陽の光球面には,黒点群がしばしば発生する.その発生頻度は,現在では,約11年の周期で変化することがわかっている.黒点群の発生頻度にみられるこの消長は,太陽の活動状況の変動を示すものと考えられているので,この発生頻度は太陽活動の指標を表すものとしてしばしば取り上げられてきている.相対黒点数と呼ばれる指標が考案されており,その年平均値について,1900年以後の期間に対し年代順に示すと図2.1が得られる.

最近になって,人工衛星による太陽放射強度の連続観測の結果が得られるようになっており,太陽活動とこの放射強度との関連について,直接知ることができるようになった(たとえば,Willson and Hudson, 1991).観測結果によると,この放射強度は図2.2に示すように,太陽活動の変動に伴って変わっており,太陽活動の極小期に,この強度は極小となることが明らかである.

このような観測結果は,1980年以降について得られているだけなので,太陽活動と太陽放射強度との両変動が,正の相関関係をもって長期にわたって起こっているのかについての確証とはならないかもしれない.だが,太陽活動が極小に向かうにつれて,この放射強度が減小していき,太陽活動の極小期に極小に達し,それより後には,増加の傾向を示している.このことは,太陽放射強度が太陽活動の変動に対し,正相関の関係を保ちながら変化していることを示しているのだと考えられる.

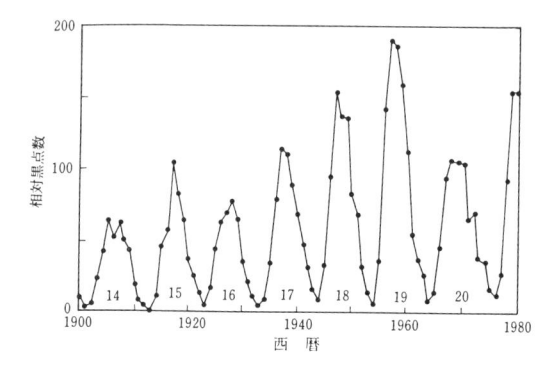

図2.1 1900年以後における太陽活動の時間的推移
黒点群の消長に対する指標として考案された相対黒点数の年平均値が,年ごとに示されている.

このことを考慮して，太陽放射強度が，長期的にみてどのように変化してきたかについて見積もると，この強度も図2.1に示した結果と同様に，約11年の周期性変動を示していたはずであるとの結果が得られる（Foukal and Lean, 1990）．このような試みは，すでに何人かの研究者によってなされており，1%以下と小さいながら，太陽放射強度は約11年の周期性をもつ変動をしているものと推定されている．この放射の大部分は可視光領域から成るが，紫外部の放射強度は，先にみた11年周期変動の中で，2～3倍といった大きな変動を示す．そのため，地球大気の成層圏から上層の大気の構造は，約11年の周期で大きく変動しているものと思われる．

　実際，図2.2に示した観測結果をもたらしたアメリカの人工衛星SMM（ソーラーマックス）は，太陽活動が著しく増加した1989年秋には，高温化して膨張した上層大気による抵抗のために失速して，大気圏に突入して燃えてしまった．また，日本の科学衛星ぎんがは，1カ月ほどの間に約100kmもその飛行高度が下がったのが観測されている．紫外線はオゾン層の形成にとって重要な役割を果たす放射なので，オゾン層におけるオゾン量にも，太陽活動の変動に伴う変動が起こっているものと推測される．

　成層圏より上の高度に広がる大気層の太陽活動に伴う変動は，成層圏下の対流圏における大気の運動にも影響し，長期的にみれば，気候の変動をも引き起こす

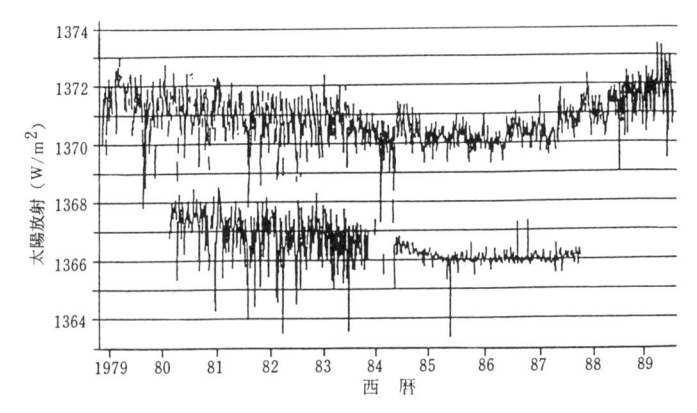

図 2.2 2つの科学衛星 SMM（ソーラーマックス）（下）およびニンバス（上）の観測から得られた太陽放射強度の経年変化
光球面上の黒点群の消長に伴って，この放射強度は変化していく，太陽活動の長期変動と正の相関関係にあることがわかる．

原因となっているものと思われる．太陽活動は約11年の周期で変動しているので，太陽活動の1つの極小期から次のそれに至る期間を，1つの太陽活動サイクルというふうに考えているが，最近の相次ぐ2回の太陽活動サイクル，つまり，約22年の期間についてみると，地球の気候条件は，太陽活動の変動にある程度までコントロールされているようにみえるのである．

太陽活動の変動に伴う地球気候の変動

太陽活動の指標として採用されている相対黒点数の年平均値は，図2.1に示したように，約11年の周期をもって変動している．この周期，つまり，太陽活動サイクルの長短がどのように変わってきたかについてみると，18世紀半ば以降では，図2.3に示すようになっている(Kelly and Wigley, 1992)．太陽活動の活発なサイクルでは，一般的にいって，周期が短くなる傾向がある．20世紀に入ってから後の傾向をみると，図2.1に示した結果に呼応するように，太陽活動の低かった期間では全体的にみて，太陽活動サイクルの周期が長くなっていることが明らかである．

太陽活動の活発さと太陽放射強度との間には，小さいながら，正の相関関係が認められるので，地球環境へ流入する太陽エネルギー量にも，図2.1および2.3から予想されるような長期変動が存在するものと思われる．このことは，太陽活動の長期変動と地球環境の状況を示す何らかの物理的なパラメータの変動の間に，ある種の正の相関関係があることを予想させる．このパラメータとして，大西洋中央部の平均海水面温度を取り上げてみると，実際には，図2.4に示すようになっており，この予想が正しいことを証明している(Reid, 1987)．20世紀に入ってより後は，一般的な傾向として，図2.1または2.3から推測されるように，太陽活動は活発化する傾向を示し

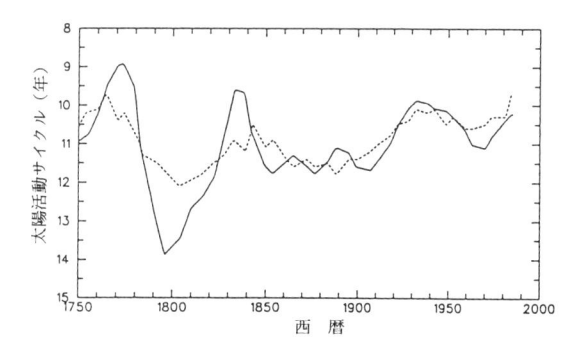

図2.3 太陽活動サイクルの長さの長期変動 (Kelly and Wigley, 1992)
このサイクルの決め方による2つの結果が示されているが，両者の間に大きな相違は認められない．

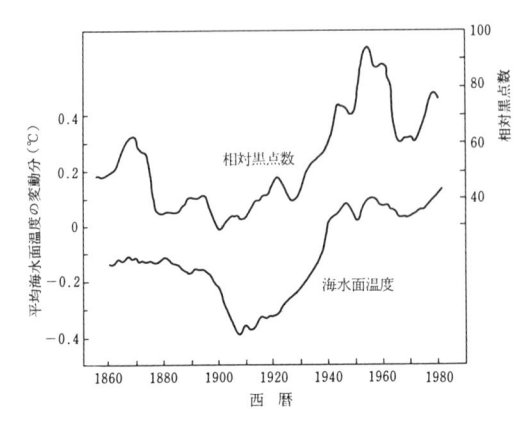

図 2.4 太陽活動の長期変動とそれに対応した大西洋中部における平均海水温（表面層）の長期変動 (Reid, 1987)

太陽活動については、5サイクルにわたる移動平均の結果が示されている．

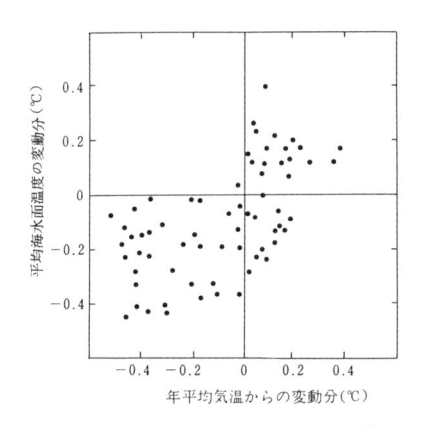

図 2.5 図2.4に示した大西洋中部における平均海水面温度とハワイで観測された平均気温の両変動分の間にみられる関係 (Sakurai, 1989)

ている．それに伴って、この平均海水面温度も、一般的な傾向として、増加する傾向を示すのである．

この平均海水面温度の変動と、現在までに得られている地球赤道域の平均気温（ハワイで得られた）の長期変動とを比較すると、図2.5に示すような結果が得られる(Sakurai, 1989)．よく知られているように、海洋は地球気候の変動に対する強力な緩衝作用を示す媒体であるから、気温の変動に対して、海水温の変動はすぐに対応して生じはしないが、ある限界を超えると、両者の間には正の相関関係が生じてくることがわかる（たとえば、桜井、1993）．つまり、地球環境の温暖化、あるいは、寒冷化は、海洋および大気について、同時に進むようになる．だが、この図2.5からも推測されるように、気候が寒冷化の傾向にあるときには、海水は強力な緩衝作用を示すのである．

太陽活動サイクルの平均的な周期は11年である．だが、太陽活動には、このほかに振幅は小さいが、いくつかの異なった周期性を示す変動の存在が、観測から知られている．太陽の自転に伴う周期的な太陽活動の変動を別とすると、153日程度で回帰する周期変動の存在が、太陽フレアの発生頻度に対し

て知られている．太陽フレアとは，黒点群の時間的・空間的な変動に伴って生じる黒点磁場の不安定性から誘発される1種の爆発現象である．大きなフレアの場合には，太陽宇宙線と呼ばれる高エネルギー粒子の発生をしばしば伴うことが知られている．これらの粒子は，地球の大気圏内に侵入したとき，オゾン層を破壊することがある（たとえば，桜井，1990）．

太陽活動には，約26カ月の周期で変動する成分の存在も知られている．太陽放射の中の紫外部の放射には，この周期変動成分があるので，オゾン層の生成にも影響を及ぼし，オゾン密度変動にも，約26カ月の周期性が観測されることになる．太陽放射による対流圏大気の加熱効果は，赤道上の風系にも影響し，図2.6に示すような約26カ月の周期性変動を引き起こしている．これに伴って，中緯度帯に位置する日本の気象状態にも影響が生じ，同様の周期性変動が気温のうえに現れることになる（図2.6）．

気象状況にみられるこの約26カ月で生じる周期性変動は，準2年周期振動（QBO）として知られているが，この振動を引き起こす原因は，太陽活動にみられる約26カ月の周期性変動からみて，太陽に起因するものと推測されるのである．最近になって，春咲き植物のいくつかの種類について，それらの開花期がいつかが調べられているが，それによると，だいたい1年おきに早くなっていたことが明らかにされている（山本，1989）．太陽活動サイクルにみられる約11年の周期性変動から予想されることだが，これらの植物の開花期の早晩は，太陽活動の活発さに対し，ほぼ逆相関の関係となっていることも明らかにされている．しかしながら，このような傾向は，夏咲きの植物にはほとんどみられないのである．し

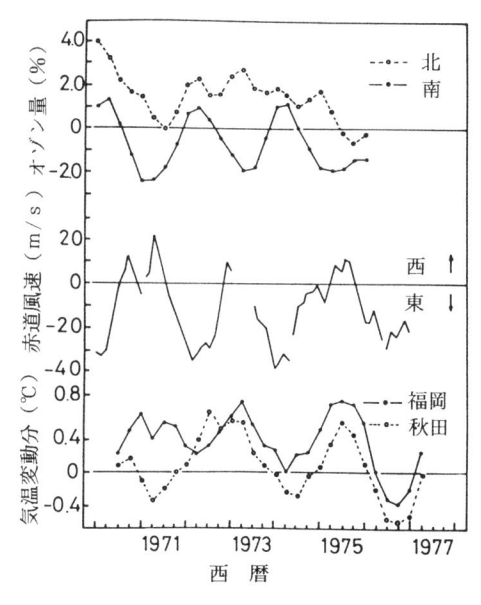

図2.6 南北両中緯度帯上空のオゾン量・赤道風系および平均気温からの変動分の3者に対し観測された準2年周期性変動（Inoue and Sakurai, 1981）

たがって，春先における地球の気象状況が，植物の生育にも大きな影響をもつことを，これらの結果は示しているのだと考えられる．

日本の気象状況の推移についてみると，統計的な傾向としては，暖冬の年には冷夏（または，冷夏の年には暖冬），また，厳冬の年には暑夏（または，暑夏の年には厳冬）となっている（たとえば，桜井，1993）．そうして，太陽活動の活発な時期には，どちらの傾向が主にみられるかというと，暑夏で厳冬の場合が多い．逆に，太陽活動の低い時期には，暖冬で冷夏となる傾向を示すのである．この傾向は，図2.4に示したような太陽活動にみられる長期変動にもみられる．したがって，20世紀に入ってより後には，日本の場合では，暑い夏に寒い冬という組み合わせが，一般的な傾向として維持されてきたのだといってよいであろう．最近のこととしてしばしばいわれているのは，日本の冬もしのぎやすく暖くなったということだが，このことは，図2.4に示した結果からも十分に予想されることだったのである．

太陽活動の長期変動が，人間の経済活動に対し何らかの影響を及ぼすものかどうかについては，議論の分かれるところである．しかしながら，最近の日本における民間設備投資に対する伸び率の推移（朝日新聞，1993年11月22日付の記事）をみると，太陽活動の活発さとほぼ正の相関関係を示すことが明らかである．太陽活動と日本の工業生産指数の伸び率との間には，図2.7に示すような関係のあることが知られている（嶋中，1992）．この結果は，太陽活動の活発な時期に，この伸び率が大きくなることを示しており，最近の過去10年ほどの間にみられた民間設備投資の伸び率（日本）の変動とも矛盾しないのである．

現代のように，高度に発達した産業国家の場合でも，因果関係についてはまだ不明の点を残しているものの，太陽活動サイクルに依存しているとしか考えられ

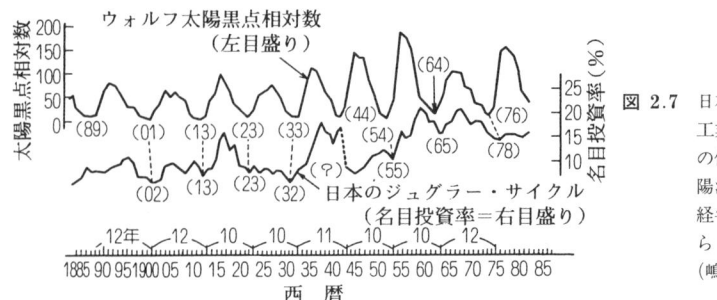

図2.7 日本における工業投資指数の伸び率と太陽活動との両経年変化にみられる関係（嶋中，1992）

ないような経済活動が，日本の民間設備投資の伸び率にみられるように起こっているのである．太陽活動にみられる長期変動は，それに伴う気候変動を引き起こしてきたものと考えられるので，産業革命以前にあって，人々の生活が第 1 次産業に強く依存していたと思われる時代には，この長期変動が，人間の経済活動を大きくコントロールしていたのではないかと推測されるのである．

小氷河期の時代の太陽活動

最近の太陽活動は，約 11 年の周期性をもって推移していることが明らかである（図 2.1）．この周期性は，太陽光球面上における黒点群の消長に関する観測が系統的になされるようになった 18 世紀初めごろから，その存在が明らかにされている．この周期性は太陽活動に固有な性質であって，黒点群の観測が始まる 17 世紀初めごろよりも以前から存在していたものと考えられてきた．ところが，17 世紀半ばから 18 世紀初めにかけての 70 年ほどの期間には，この周期性が消失してしまっていたのだとの指摘がなされて以後，この消失が本当であったかどうかについての研究が進められた結果，この 70 年ほどにわたる期間が，実は，太陽活動が極端に低かった時代に当たっていたことが，明らかにされたのであった（Maunder, 1922; Eddy, 1976）.

この期間は，現在，無黒点期とかマウンダー極小期と呼ばれており，太陽活動が極端に静穏となっていた時代であったことが，いろいろな状況証拠に基づいて結論されている．マウンダー極小期という命名の由来は，マウンダー（Maunder, W.）が，この太陽活動の静穏期について最初に言及したことにある（Maunder, 1890）．この無黒点期を含む前後の期間について，相対黒点数の経年変化がどのようになっていたかというと，図 2.8 に示したような結果となっており，17 世紀初めから太陽活動は衰退の傾向をたどりながら，やがてマウンダー極小期に入っていくのである（Eddy, 1976）.

17 世紀前半には，黒点群の消長

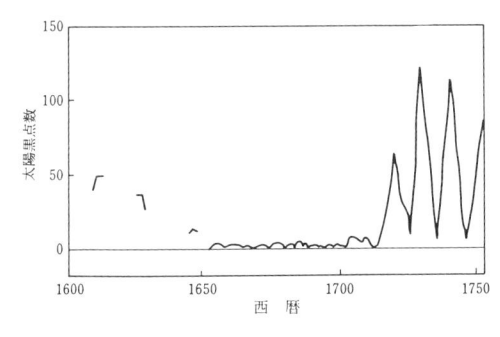

図 2.8 マウンダー極小期とその前後の期間における太陽活動

については，継続した観測結果がないために，図2.8に示したように，ガリレイ (Galilei, G.)，シャイナー (Scheiner, C.) や，ヘヴェリウス (Hevelius, J.) といった少数の限られた人々のデータしか載せられていない．太陽活動と太陽の自転スピードおよびその緯度依存性との間には，逆相関の関係のあることが知られている (Sakurai, 1977)．つまり，太陽活動が低くなるにつれて，たとえば，太陽光球赤道の自転スピードは上がっていくし，逆に高くなるときには，このスピードは下がっていくのである．また，太陽活動の極小期には，太陽の光球が剛体的に自転するようになることが知られている．

この無黒点期は，14世紀初めころに開始し，19世紀半ばまで続いた小氷河期 (little ice age) の中で，気候的にはもっとも厳しい時期に当たっていた．太陽活動の衰退が，太陽放射強度の減少をもたらし，その結果として，地球環境の寒冷化を引き起こしたのではないかとの推論に達したのは，きわめて自然ななりゆきであった．

太陽活動の長期変動については，宇宙線強度の長期変動に関する研究結果に基づいて推測することが可能である．宇宙空間の彼方から地球の大気中へと侵入してきた宇宙線によって生成された中性子が，窒素核に吸収されることからつくり出された放射性炭素 (^{14}C) が，成長中の木の年輪中に蓄積されることを利用して，生育年代の明らかな木についてこの炭素量を測定すれば，年輪が形成された当時の宇宙線強度が推定できる．この強度の変動が，太陽活動の長期変動と逆相関の関係を示すので，この炭素量が太陽活動の間接的な指標となるのである．

この放射性炭素の崩壊の半減期は，5730年と現在求められているので，過去1万年ほどの期間に対しては，かなり信頼できる結果が太陽活動の長期変動に対し

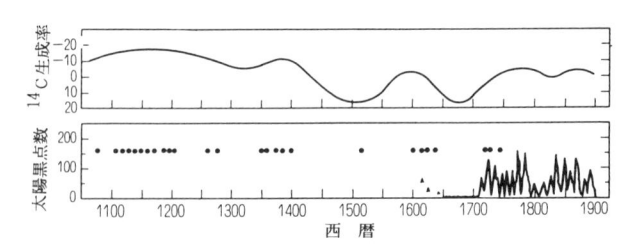

図2.9 木の年輪中に蓄積された放射性炭素量の分析結果から推定された1000年以後における太陽活動の長期変動のパターン
比較のために，相対黒点数に基づく太陽活動の経年変化を図の下部に示してある．黒丸は大黒点が観測された事例を示す．

て得られることになる．さらに現在では，加速器を利用した質量分析技術が，木の年輪中に微量に含まれる放射性炭素の検出についても適用できるようになり，現在から10万年ほどさかのぼった時代に対してまで，太陽活動の大よその推移がわかるようになっている．

現在から過去1000年ほどさかのぼった時代までの太陽活動の推移については，先に述べた木の年輪中における放射性炭素の定量的な測定により，現在では，図2.9に示すような結果が求められている．この図には，17世紀初めごろから以後における黒点観測の結果も示されている．放射性炭素分析の結果とは矛盾していないことが認められるであろう．

マウンダー極小期の以前にも，これとよく似た極小期が，中世から近代に至る時代に2つみつかっている．これらは古いほうからウォルフ極小期，次いで，シュペーラー極小期と命名されている．これらの極小期に先行する中世の時代には，太陽活動が異常に活発であったものと推測されている．このような分析結果を得たエディ（Eddy, J. A.）によれば，中世の時代の太陽活動は実際に著しく活発であったはずであり，この期間は中世の大活動期（Medieval grand maximum）と命名されている．

太陽活動の長期変動が，地球の気候に影響を及ぼしているのだとすると，中世の時代は，気候的には全体として，たいへんに温暖に推移した時代であったと考えてよいことになる．その後，地球の気候は相続く3回の極小期の影響を受けて寒冷化の時代へと突入し，最後のマウンダー極小期の期間に最悪となった．つまり，地球環境の寒冷化が進み，当時の人々は寒さと飢餓に悩まされることとなったのであった．気候の寒冷化が農業の生産力を押し下げてしまっていたのである．

この小氷河期の中で，最悪と思われるマウンダー極小期において，現在の気候からみて，たとえば，冬の平均気温がどれほどであったかというと，平均して0.5℃ほど低かったにすぎない．夏の平均気温の場合でも同様である．マウンダー極小期と中世の大活動期との間には，夏の平均気温にして1℃にも達しない温度差があったにすぎないが，気候条件はかなり大きく違っていたのである．温暖な気候に恵まれた中世の時代は，西ヨーロッパでは人口が急激に増加した時代であったが，これは農業生産力の著しい上昇を背景にして初めて可能となったのであった．農耕地の確保のために，アルプス山脈の北側に広がる大森林地帯が，開墾のために消失することになったのは，この時代であったといわれている．

中世の温暖な気候の時代から，小氷河期へと移行するに従って，気候は寒冷化へと向かった．そのため，爆発的に増加した人口は，ペストの大流行などの結果として，一転して減少への道をたどり，西ヨーロッパでは，人口が1/3から1/4にまでも減ってしまったものと推定されている．当時は，人口統計がなされていなかったために，実際にどれほどの減少であったかは推測の域を出ないが，マウンダー極小期を中心とした近代の成立期が，人々にとって生きるのがたいへんに厳しい時代だったということができよう．

　日本においては，京都御所のサクラの開花期についてみると，最近の例に比べて1週間前後遅かったといわれている(Eddy, 1977)．このことは，日本の気候も，やはり，寒冷化した状況にあったことを物語っているのだと思われるのである．

　気候の寒冷化したマウンダー極小期の時代が，西ヨーロッパでは，歴史上，近代の成立期に当たっており，科学研究ほかの分野で，天才が輩出した時代でもあったことは，まったくの偶然であるのかもしれないが，実に不思議に感じられることである．気候と文明の発達との間に因果関係があるのかどうかについては，現在でも，議論が分かれるところであろうが，マウンダー極小期の時代についてみると，気候が文明の進展に大きな影響を与えたのだと結論することは，妥当なことのように思われるのである（たとえば，桜井，1987）．

太陽活動と地球環境

　地球環境は，太陽エネルギーの流れの場の中にあって，ほぼ一定の状態に維持されている．すでにみたように，このエネルギーの流れは，太陽放射強度についてみると，変動の幅は1％以下と小さいので，地球環境は時間的にみてほとんど変動することなく，その存在を続けていけるというわけである．この流れが強くなり，太陽エネルギーの地球環境への流入が増すような事態が発生すると，地球大気の平均気温が上昇し，大気圏外への赤外放射の効率を上げ，地球環境の温暖化を押さえるように作用する．逆に，この流入が減るような事態が起こったときには，この赤外放射の効率が下がり，やはり同様に地球環境の寒冷化への動きを押さえるようにはたらく．このように，地球環境は，1種の自動制御的に作用する散逸系として機能しているのである．

　太陽エネルギーの流れの場の中における地球環境の維持機構を，大まかに図示すると，図2.10にみられるようなものになるであろう．このような形式に従って

維持される地球環境は，熱力学的には，開放系と呼ばれるシステムの1つの例であると考えてよい．すでに述べたように，地球表面の2/3以上を掩う海洋は，地球環境における熱エネルギー収支に対する緩衝媒体となっており，地球気候の急激な変動を押さえるようにはたらいている．短い時間スケールに対しては，この海洋による緩衝作用が効率よく機能するが，小氷河期，とくに，マウンダー極小期のように数十年にわ

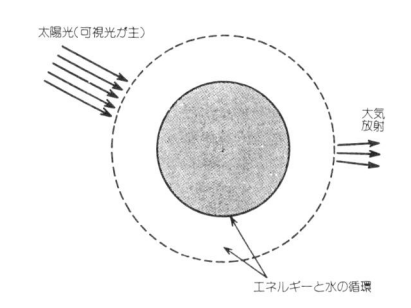

図 2.10 太陽エネルギーの流れの場の中にあって維持されている地球環境

たって続く長い期間となると，海洋からの熱放散がずっと続く結果，この緩衝作用が有効にはたらかなくなり，地球気候の寒冷化が起こることになる．

短い時間スケールの変動について，この緩衝作用が維持される時定数が，時間的にみてどれほどの長さになるのかは，今までのところ，明確な解答が得られているわけではないが，太陽活動の活発さと暑夏（と厳冬）および冷夏（と暖冬）との間の統計的な因果関係からみて，1年から2年ほどとしてよいものと推測される．この推測が当を得ているものならば，太陽活動が極端に衰退していたマウンダー極小期は，地球環境が寒冷化していく時代であったといってよいことになる．また，図2.4に示したような結果も，当然のこととして予想できることになる．

太陽活動は，約11年の周期で変動しているだけでなく，それに伴って，その明るさ，つまり，放射強度もごくわずかだが変わっていくことが，現在では明らかとなっている．太陽活動には，この周期性変動に重なって，周期性の認められない100年という時間スケールの不規則な変動が起こっている．中世の大活動期やマウンダー極小期などは，こうした不規則な太陽活動の変動の結果から生じたものである．

これらの不規則な変動に伴って，地球環境の状態，とくに，気候が変わっていく．その結果，地球には寒冷期や温暖期が，太陽活動の長期変動のパターンに応じて訪れることになる．太陽活動は，このように気候変動を支配しており，時には，文明の進展にも大きな影響を与えると思われるのである．近代の成立期は，その1つの例なのかもしれない．

文　献

1) Eddy, J. A. : The Maunder minimum. *Science*, **192**, 1189-1202, 1976.
2) Eddy, J. A. : The case for the missing sunspots. *Sci. Amer.*, **230** (5) 80-87, 1977.
3) Foukal, P. and Lean, J. : An empirical model of total solar irradiance variation between 1874 and 1988. *Science*, **246**, 556-558, 1990.
4) Inoue, M. and Sakurai, K. : Time variation of meteorogical elements as contorolled by the quasi-biennial periodicity in the solar phenomena. *J. Geomag. Geoel.*, **33**, 251-258, 1981.
5) Kelly, P. M. and Wigley, T. M. L. : Solar cycle, length, greenhouse forcing and global climate. *Nature*, **360**, 328-330, 1992.
6) Maunder, E. W. : Professor Spörer's research on sunspots. *Mon. Not. Roy. Astron. Soc.*, **50**, 251-252, 1890.
7) Maunder, E. W. : The prolonged sunspot minimum. *J. British Astron. Soc.*, **32**, 140-145, 1922.
8) Reid, G. C. : Influence of solar variability on global sea surface temperatures. *Nature*, **329**, 142-143, 1987.
9) Sakurai, K. : Equatorial solar rotation and its relation to climatic change. *Nature*, **269**, 401-402, 1977.
10) 桜井邦朋：太陽黒点が語る文明史，179 p.，中公新書，中央公論社，1987.
11) Sakurai, K. : Possible influence of the solar activity on the earth's environment（Ⅰ）. Long-term effect. In : Proc. 22 nd lunar and planet. symp., pp. 73-76, ISAS, Sagamihara, 1989.
12) 桜井邦朋：地球環境をつくる太陽，224 p.，地人選書，地人書館，1990.
13) 桜井邦朋：地球環境論 15 講——地球環境の成り立ちを探る——，180 p.，東京教学社，1993.
14) 嶋中雄二：太陽活動がひき起こす景気循環．太陽が変わる・景気が動く——経済学と自然科学の間——（桜井邦朋・嶋中雄二編），pp. 1-64, 同友館，1992.
15) Willson, R. C. and Hudson, H. : The sun's luminosity over a complete solar cycle. *Nature*, **351**, 42-44, 1991.
16) 山本大二郎：庭の植物の開花期．しぜん，**4**，7-10，1989.

ここで，太陽に関する書物を参考のためにあげておく．

17) 桜井邦朋：太陽——研究の最前線に立ちて——，280 p.，サイエンス社，1986.
18) Stix, M. : The Sun. 390 p., Springer-Verlag, Berlin, 1990.

3. 地磁気の変動と地球環境

林　田　　　明

　磁化を帯びた針がほぼ南北を指すことに気づいた人間は，磁石を頼りに都市を築き，羅針盤に従って海を渡った．さらに，超高層の現象や過去の記録に目を向けることによって，地球磁場の方位や強度は一定の状態にあるのではなく常に変動を続けていることが明らかになった．たとえば，19世紀初めのガウス（Gauss, C. F.）による観測以来，地磁気強度は100年に5％の割合で減少を続けてきた．また，岩石や堆積物の磁化を手がかりとして過去の地磁気を探る古地磁気学（paleomagnetism）の研究では，かつて磁石のN極が南を指す時代のあったことが発見された．もう1つの目にみえない地球環境である重力場は常にほぼ一定の状態にあり，地表の人間にはたらく重力が消滅したり逆転するといった事件は起こらない．それに対し，地球の磁場は大規模な変動を繰り返してきたのである．この章では，地磁気の変動が地球表層の環境に及ぼす影響に着目し，これまで行われてきた議論を紹介する．合わせて，堆積物の磁化という古地磁気の情報がもつ意味について考えたい．

変動する地球磁場

　現在や過去の地球磁場にはさまざまな時間スケールの変動が存在する（図3.1）．これらには，周期的な変動や突発的な事象，あるいは複雑なカオス的現象が含まれる．数十年から1日程度の周期をもつ変動の多くは，磁場の強さに1/1万程度，また方位に数分程度の微少な変化をみせるものである．しかし，時には1/100程度の強度変化を伴った磁気嵐が発生し，通信や送電の障害となることもある．これら数十年より短い時間スケールの変動は，地球外部の電離層や太陽活動の変化が原因となって起こる．一方，100年以上の時間スケールで起こる長期的な磁場変動は経年変化と呼ばれ，その原因は地球の内部に求められる．現在から約10000年前までの時代の地磁気経年変化については，考古遺跡のかまど跡や湖底

堆積物などの残留磁化を用いた研究が進められ，約9000年の周期で地磁気強度が変化していることや，数百年の時間スケールで地磁気方位が変化することなどが明らかにされた（図3.2）．地球磁場のほぼすべては地球内部で発生しているが，それは地球中心核での流体運動と電流・磁場の相互作用によって維持されている．ダイナモ作用と呼ばれるこのはたらきが活発になったのは約25億年前のことらしい．そのころ，地球中心部の金属核の中で固体の内核が急速に成長し，地球に強い磁場が存在するようになったといわれている．

　地球磁場の変動の中でもっとも大規模なものは，地磁気双極子のN極とS極が入れ替わるという主磁場の逆転現象である．逆転の際には地磁気の主要部をつくる双極子の強度が減少し，やがて逆方向に成長するという変化が起こったらしい．逆転に要する時間は1000年ないし1万年程度と推定されている．約2億年前から現在までの地磁気逆転の歴史は，陸上の岩石の磁化方位や海洋底の岩石がつくる磁気異常をもとにして明らかにされ，地磁気極性年代表としてまとめられている．同一の地磁気極性が続く期間の呼び名としてクロン（chron）またはサブクロン（subchron）という用語が用いられるが，現在から約500万年前までの時代区分にはブルネ・クロン（Brunhes, B.），マツヤマ（松山）クロン（Matuyama, M., 松山基範），ガウス・クロン，ギルバート・クロン（Gilbert, W.）のように古地

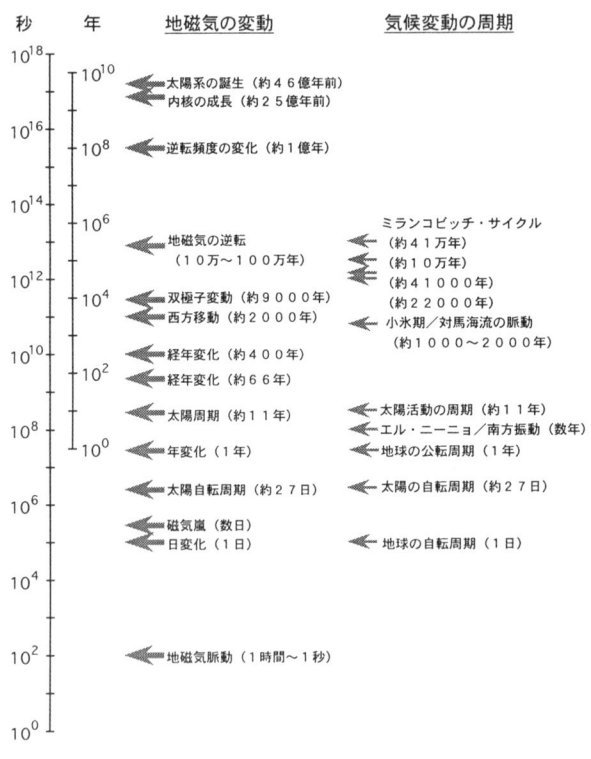

図 3.1　地磁気と気候に認められるさまざまな時間スケールの変動（河野・本蔵，1978などをもとに作成）

磁気学や地球電磁気学の先駆者の名前が使われている（図3.3）．地磁気逆転の時間間隔はほぼ数万年から100万年の程度であるが，その頻度にも数千万年以上の時間スケールにわたるゆらぎが認められる．たとえば中生代白亜紀の約1250万年前から8500万年前までの間に，長期間にわたって地磁気の逆転が起こらない地磁気静穏期のあったことが知られている．

　地磁気の逆転は地球規模でいっせいに起こる現象であり，地球全域に共通する時間の目盛りとしての役割を果たす．広い地域の地層を対比するための鍵層として有効な火山灰層（広域テフラ）の中には数百kmを超える広い範囲に分布するものもあるが，地磁気逆転の記録はさらに広く全世界に追跡される同時間面となる．とくにブルネ/マツヤマ境界（約78万年前）やマツヤマ/ガウス境界（約260万年前）などの基準面は，気候変動や人類の進化の歴史を解読するための時間の目盛りとして重要な役割を果たしてきた．たとえば，深海底堆積物について行われた酸素同位体比（$^{18}O/^{16}O$）と残留磁化方位の測定によって，第四紀を特徴づけるといわれていた氷期と間氷期の年代が詳細に求められた．また，世界の各地で

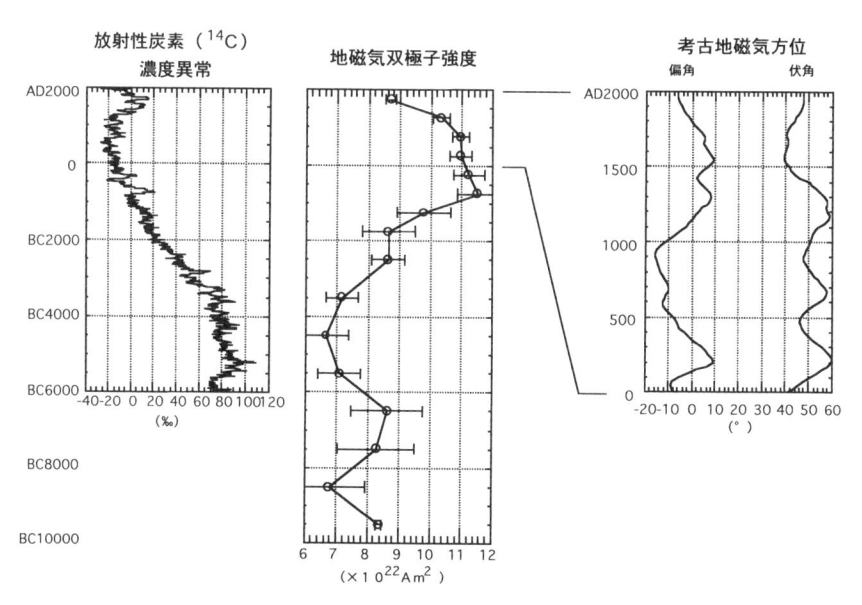

図3.2　大気中の放射性炭素濃度（左；Stuiver et al., 1993）と地磁気双極子強度の変化（中央；McElhinny and Senanayake, 1982），および西南日本の考古遺跡から求められた地磁気方位の変化（右；中島・夏原，1981）

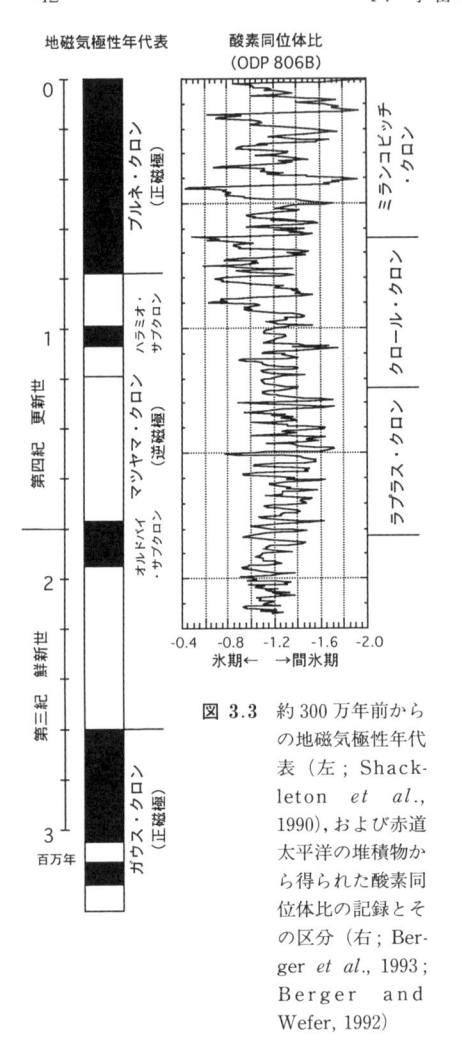

個々に調べられてきた環境変遷の歴史を地球規模の気候変動と対比することも可能になった．中国内陸部の風成層である黄土（レス）の堆積とその間の古土壌の形成の繰り返しや，大阪湾など日本の内湾にみられる汽水と淡水の堆積物の繰り返しなどがほぼ10万年周期の気候変動に対応することが明らかになったのは，それぞれの地層の残留磁化極性と地磁気極性年代表とが対比されたことによる．こうした研究は磁気層位学（magnetostratigraphy）と呼ばれ，地球環境の変動を調べるために欠かせないものとなっている．

地磁気の逆転と生物

太陽から放出されたプラズマの流れである太陽風は，地球大気の最上部層に広がる磁気圏に遮られ，地表にまで侵入することができない．太陽活動の盛んなときには，太陽風の一部が磁力線に沿って極地方の電離層まで侵入し，天空にオーロラ（極光）をつくる．10世紀の中国や17世紀のヨーロッパのように，地磁気経年変化の影響から中緯度地域でもオーロラの観測されたことがある（Keimatsu *et al.*, 1968 など）．地磁気の逆転時など地球磁場の強度が減少するとき，磁気圏の縮小に伴って地球に侵入した太陽風や宇宙線が地表の生物や大気の状態に影響を与える可能性はないのだろうか．

地磁気が逆転を繰り返すことが確立した1960年代，磁場の消滅に伴って放射線が地表にまで侵入し，生物の遺伝子に損傷を与えて突然変異を引き起こすという

図 3.3 約300万年前からの地磁気極性年代表（左；Shackleton *et al.*, 1990），および赤道太平洋の堆積物から得られた酸素同位体比の記録とその区分（右；Berger *et al.*, 1993；Berger and Wefer, 1992）

可能性が指摘された(Uffen, 1963 など). そのころ進展した深海底堆積物の微化石層序の研究では, ある種のプランクトンがブルネ/マツヤマ境界で絶滅していることも報告された. しかし, 赤道地域で地磁気逆転時に絶滅した種が南極海域では生き続けていたことや, 生物種の消滅と残留磁化の変化の層準とが厳密には一致しないことなどが, その後の詳しい検討によって示された(たとえば, Kennett, 1980). 宇宙線は大気によっても遮蔽されるため, 地球磁場が存在しない状況にあっても低エネルギー粒子は大気の上層で消滅し, 高エネルギー粒子の増加も約10%以下にとどまるらしい(Black, 1967). このため, 地磁気の逆転時に地球上の生物が太陽風や宇宙線の影響を直接に受けることはないと考えられるようになった.

一方, 地磁気強度の変動が成層圏の大気の状態に影響を与えることは確実である. 宇宙線を遮る地球磁場の強度が減少すると, 成層圏の気体が宇宙線に照射されて形成される放射性炭素(^{14}C)やベリリウム(^{10}B)などの生成量が増加する. とくに, 大気中の放射性炭素濃度の変動が主として地磁気強度に依存し, ^{14}C年代と暦年(calendar year)とが食い違う原因となることはよく知られている(図3.2). さらに, 地球磁場の強度の減少はオゾン層の存在を脅かすとも考えられる. 地磁気逆転時の太陽風の活動が成層圏のオゾン(O_3)を涸渇させるという可能性が指摘されているのである. 成層圏に到達した荷電粒子が窒素分子を電離させると, 一酸化窒素(NO)の濃度が増加し, これによってもオゾン層の破壊が進行するであろう(Crutzen et al., 1975; Reid, 1976). その結果, 地表でも有害な紫外線が増加し, 生物に影響を与えた可能性がある.

地磁気は気候を制御するか

地球磁場の変化と気候変動との因果関係は, 長年にわたって多くの研究者の興味を引きつけてきた話題である. 地球規模で起こる気候変動の原因として地磁気の影響が考えられた背景には, 両者に類似した時間のスケールの変動がみられることがある. たとえばこれまでに, 白亜紀の温暖な気候と地磁気静穏期との対応, 約10万年周期の氷期-間氷期サイクルと地磁気強度変化との関係, そして小氷期と地磁気変動との関係などが議論された(たとえば, Jacobs, 1884).

なかでも, 地磁気強度の減少によって気候の寒冷化が起こると熱烈に主張したのは川井(Kawai, 1972 など)であった. 1971年に琵琶湖中心部の湖底から採取

された長さ約200mの柱状堆積物の磁化測定を行った川井らは，その中に1万年よりも短い地磁気反転現象の記録を見出した．このうち，深度55m付近のものはすでにカリブ海などで最終間氷期の堆積物から発見されていたブレイク・イベント(Blake event)に対比され，より古い時代の3回の変動は琵琶イベントⅠ，Ⅱ，Ⅲ (Biwa event Ⅰ, Ⅱ, Ⅲ)と名づけられた．興味深いことに，これらの変動は氷期-間氷期サイクルと同じく約10万年間隔で起こったと推定され，しかも堆積物中の有機炭素量などによって示される生物生産量の減少時期とよく一致していた．この結果から地磁気が気候変動を制御すると考えた川井は，さらに歴史時代の気候と地磁気変化の関係にも着目し，かつてハンチントン (Huntington, E.)の主張した"気候と文明"との相関についても新しい資料にもとづいた検討を始めた(川井，1977-79)．しかし79年，その研究は彼の病没により途絶えることになった．

その後，新たに琵琶湖から採取された湖底堆積物試料にブレイクや琵琶Ⅰなどの地磁気反転現象の証拠は確認されなかった (Torii *et al.*, 1986)．また，200mの柱状試料でブレイク・イベントに対比された層準は最終間氷期よりも新しく，むしろ琵琶Ⅰイベントの層準がブレイク・イベントの年代に近いことも指摘されている(Takemura, 1990)．川井の研究のきっかけとなったブルネ・クロン中の地磁気の変動については，その年代や地理的な広がりなどの詳細がまだ解明されていない．それらを気候変動や人類進化の歴史の中に正しく位置づけることは，現在も重要な課題として残されている．

地磁気と気候との関係が盛んに議論されていた70年代は，深海底の微化石のもつ情報から気候変動を復元する研究 (Climate Long Range Investigation Mapping and Planning, CLIMAP)が進展した時期でもある．この研究の成果として，第2次世界大戦以前にミランコビッチ (Milankovitch, M.)によって主張されていた気候変動の天文学的理論，すなわち地球の軌道要素の変化が太陽からの日射量を変動させ，氷期と間氷期のペースメーカーとなっていることが確認された (Hays *et al.*, 1976)．地球公転軌道の離心率や自転軸の傾き，気候歳差の変化とほぼ一致する約10万年，4万3000年，約2万4000年，1万9000年の周期が大陸氷床の量を示す酸素同位体比の変動に見出されたのである．80年代にはさらに大量のデータを用いた時系列解析の研究が進められ，気候変動の主要な成分がミランコビッチ・サイクルによって支配されることが一般に受け入れられるようにな

った(第Ⅰ編のコラム参照).これらの研究の初期には,火山岩の放射年代測定から決定されていたブルネ/マツヤマ境界の年代 (73万年前;Mankinen and Dalrymple, 1979)が気候変動の周期を求めるための基準として用いられた.しかし最近では逆に,気候変動史の中での地磁気逆転層準の位置づけからブルネ/マツヤマ境界が78万年前と推定されるなど,ミランコビッチ・サイクルをもとにして地磁気極性年代表が改定されるようになった.(Shackleton et al., 1990;図3.4).その後,より信頼度の高い方法で求められた火山岩の放射年代も新しい地磁気極性年代表を支持するものであった.こうしてミランコビッチ・サイクルによる地磁気極性年代表が広く受け入れられた92年は,a good year for Milankovitch と呼ばれることになった (Imbrie, 1992).

気候変動を制御する要因が地球の軌道要素であるならば,気候と地磁気の間に認められる相関は何を意味するのであろうか.最近,浜野 (1992, 1993) は日本海で掘削された堆積物試料に約5万年,8万年,13万年といったミランコビッチ・サイクルに近い周期の磁化強度の変化を見出し,気候変動が地磁気の変動の原因

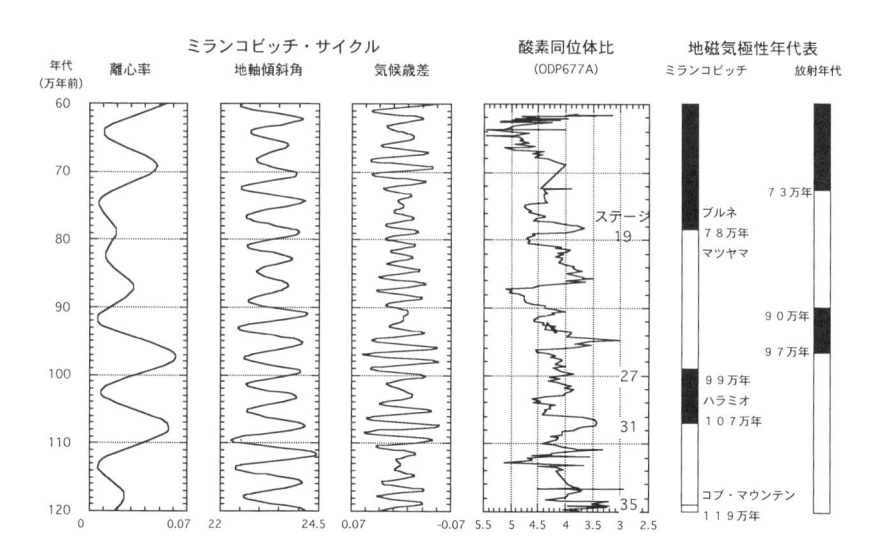

図 3.4 120万年前から60万年前までのミランコビッチ・サイクル(Berger and Loutre, 1992 から計算),酸素同位体比の記録とそれに基づいた地磁気極性年代表 (Shackleton et al., 1990),および従来の放射年代による地磁気極性年代表 (Mankinen and Dalrymple, 1979)

となっていると主張している．氷期と間氷期の繰り返しは高緯度地方の大陸氷床と海洋水との間に大規模な質量の移動を引き起こす．氷期に高緯度地方で氷床が形成されると地球の慣性モーメントが減少し，自転速度が速くなる．氷床の形成に伴う地球の自転速度の変動が地磁気強度の変化を生み出すという考えは，地磁気が気候を制御するという川井らの主張とは逆の考え方として，70年代にも主張された（Olausson and Svenonius, 1973）．地球の回転むらと地磁気の変動との相関は今世紀の実測結果にも認められており，1日の長さ（length of day）の変化量や年平均気温が，地磁気双極子強度と非常によく似た数十年周期の変動をすることが知られている．地球の固体部分（地殻とマントル）の回転速度の変動は，外核での流体運動と地磁気ダイナモにどのような影響を与えるのだろうか．その詳しいメカニズムが解明されれば，さらに長期にわたる気候変動と磁場変動との関係についても理解が進むと期待される．

　気候変動のうち主要な氷期–間氷期の繰り返しは，地球の軌道要素の変化という天文学的な要因によって支配される．また，より短い1000年程度の時間スケールをもつ小氷期などの変動は，黒点の数などから推定される太陽活動の変化と関係があるといわれている（第2章など参照）．こうした地球外からの原因のほかに，地球システムに内在する要因が気候に影響を与えることはないのだろうか．ミランコビッチ・サイクルのうち4万年周期の変動が卓越するのは約250万年以降であり，また10万年周期の氷期と間氷期の繰り返しが顕著にみられるようになったのはおよそ100万年前のことである．最近では，4万年周期の変動が卓越する約120万年前までの時代をラプラス期(Laplace Period)，約120万年前から60万年前までの移行期をクロール期(Croll Period)，そして10万年周期の変動が確立した最近の約60万年間をミランコビッチ期と，それぞれ気候変動研究の先駆者たちの名をつけて第四紀の時代を区分することも提案されている（Berger and Wefer, 1992；図3.3）．卓越周期の変化が起こった理由はまだ明らかにされていないが，こうした転換期が地磁気逆転史の中のマツヤマ/ガウス境界，およびハラミオ・サブクロンからブルネ/マツヤマ境界にかけての時期にほぼ一致していることは興味深い(図3.3, 3.4)．地磁気逆転の影響で生じたゆらぎをきっかけとして気候システムが新しい状態に移行する可能性なども検討する必要があろう．

環境に支配される磁化

　地磁気変動と気候との関係を解明するためには，まだ多くの課題が残されている．その1つは堆積物の磁化にどのような情報が含まれるかを見きわめることである．われわれにとって過去の磁場 (magnetic field) は決して直接に観測できるものでなく，岩石や堆積物に残された磁化 (magnetization) という記録を通して推定されるにすぎない．確かに堆積物のもつ磁化はその中の磁性粒子を配列させた過去の地球磁場の方向と強度を反映したものに違いないが，その由来には地磁気以外のさまざまな要因も関与する．このため，古地磁気学のための試料は記録メディアとして複雑な性質をもち，時に過去の地球磁場の復元を困難なものにする．しかしまた，そこに有意義な情報が見出されることもある．

　堆積物の磁化を決定する過去の磁場以外の要因には，磁性鉱物の含有量，磁性粒子の種類や大きさ，堆積環境，さらに堆積後の続成作用などがある．磁化の担い手として普遍的なマグネタイト (magnetite, 磁鉄鉱) には2価と3価の鉄イオンが含まれるが，その量比 (Fe^{2+}/Fe^{3+}) によって磁化の強度と安定性は大きく異なる．また，粒子の大きさも磁化の性質を支配する重要な要素である．したがって，起源の異なる磁性粒子の混入や堆積後の化学変化が起こると，それによって実際の地球磁場変動と大きく異なった磁化の記録がつくられることになる．有機物に富む堆積物では，還元的な雰囲気のためにマグネタイトが分解されピロータイト (pyrrhotite, 磁硫鉄鉱) などの硫化鉄へと変化していく現象もしばしば観察される．堆積物に含まれる磁性粒子の濃度や組成，粒径の違いを補正して過去の地磁気の強度変化を正確に復元する手法は，まだ研究の途上にある．

　堆積物の磁化を支配する多様な要因の中には，古環境を復元するために有効な情報も含まれる．堆積物の磁化やその起源を調べ環境変動とのかかわりを探る研究として，環境磁気学 (environmental magnetism) と呼ばれる分野も開拓されてきた．この中で広く用いられるのが帯磁率 (磁化率) の測定である．帯磁率とは，一定の強さの磁場によって試料に誘導される磁化の大きさを意味し，そこに含まれる磁性粒子の量 (濃度) を表すものとみなされる．いろいろな地域の堆積物について帯磁率の測定が進められた結果，気候変動に伴って磁性粒子の濃度が変化する例がつぎつぎと発見された．堆積物中の磁性鉱物の量と気候変動のサイクルとは，どのような因果関係で結ばれているのであろうか．

　たとえば，気候条件によって生物生産量が変化すると堆積物に含まれる生物の

遺骸の量が増減し，相対的に磁性粒子の濃度が変化することになる．南インド洋では間氷期に，赤道太平洋海域では氷期により多くの石灰質成分が深海底に供給され，それぞれ気候変化に対応した磁性鉱物の濃度変化の原因となることが報告されている(Kent, 1982；井岡・山崎, 1992)．北インド洋のアラビア海で掘削された堆積物試料からもミランコビッチ・サイクルに一致した帯磁率変化が見出されたが，これは夏の南西モンスーンによって運ばれてきた磁性粒子の量が氷期と間氷期とで異なったためと解釈された (deMenocal et al., 1991)．すなわち，氷期には東アフリカやアラビア半島で寒冷・乾燥化のために砂漠が拡大し，そこからアラビア海へ運ばれる風成ダストが増加したと考えるのである．また，ここでは約260万年のマツヤマ/ガウス境界付近を境として帯磁率変動に卓越する周期が2万3000年から4万1000年へと移行することも発見された．この時期の東アフリカでは乾燥化とともに森林が失われ，アウストラロピテクスからホモ・ハビリスへの進化という"人類革命"(伊東, 1988)の起こったことが知られている．人類進化の画期の背景に気候変動の周期性の変化があったのである．

　中国内陸部に広く分布する黄土と古土壌の互層でも，ミランコビッチ・サイクルに一致する周期で帯磁率が変化することが知られている．間氷期に形成された古土壌の帯磁率は，氷期の風成ダストから成る黄土層に比べ10倍近く大きい．ブルネ/マツヤマ境界以降の帯磁率変動は深海底堆積物から得られる酸素同位体比の記録と驚くほどよく似たパターンを示し，これによってアジア大陸内陸部の地層とグローバルな気候変動の記録とを詳細に対応させることが可能になった．2つの記録が一致する原因は当初，次のように堆定された．黄土地帯に太平洋側の火山など広域から常に一定量の磁性粒子が供給される一方，周辺から飛来する非磁性のダストの量は植生の拡大と縮小に従って変動する．すなわち，植生の乏しい氷期には大量の黄砂が堆積して磁性粒子が稀釈されるが，黄土地帯周辺が緑に覆われる間氷期には非磁性のダストが減少して堆積物の帯磁率が大きくなると考えられたのである (Kukla et al., 1988)．しかしその後，磁性鉱物の起源が詳細に検討された結果，この単純な解釈は受け入れがたいことがわかった．古土壌の高い帯磁率を担うきわめて細粒のマグネタイトは風成ダストとして堆積したものではなく，土壌化の過程で2次的に形成されたことが明らかになってきたのである (Heller et al., 1991 など)．黄土と古土壌の示す帯磁率の記録は，植生や風系ではなく，むしろ土壌化を進める高温・多湿の程度を示す指標であるらしい．堆

積物の磁化と環境との関係を考えるうえで磁性鉱物の由来を正しく調べることの重要性を，この事例は示している．

生物のつくる磁石

深海底堆積物や古土壌の磁化を担う粒子として最近注目されているものが，バクテリアなどがつくる生物起源のマグネタイトである．水中にすむバクテリアの中には，鎖状につながった直径40〜120 nmの微小なマグネタイトの粒子を細胞内に合成し，その磁化によって地球磁場の方向に配列するという性質（走磁性）をもつものがある．北半球では走磁性バクテリアの多くが移動方向にN極をもち，逆に南半球では移動方向にS極をもつものが多い．このため，地磁気に導かれるバクテリアはどちらの半球でも下方に向かって進みやすい．水底から酸素の少ない下方へと向かう動きは嫌気性のバクテリアにとって都合のよいものである．しかし，このような有利な条件は地磁気の逆転によって変化することになる．クレタ島の中新世海成粘土層に認められた地磁気逆転の境界では，残留磁化強度が低下するだけでなく，なぜかそこに含まれる磁性鉱物の量も少なくなることが知られていた．この堆積物の中にバクテリア起源と思われるマグネタイトを発見したカーシュビンクら（Kirschvink, 1982 a; Chang and Kirschvink, 1985）は，極性逆転時に地磁気強度が減少したためバクテリアによるマグネタイトの合成が抑制されたと説明している．地磁気の逆転後には，それまで少数派であった逆向きの磁化をもつバクテリアが増殖し，再びマグネタイトの量が増えることになったのであろう．これは地球磁場の変動が生物に直接の影響を与えるという実例の1つでもある．

1960年代にマグネタイトの歯舌をもつ軟体動物（ヒザラガイ）が発見されて以来，これまでに40種以上の動物

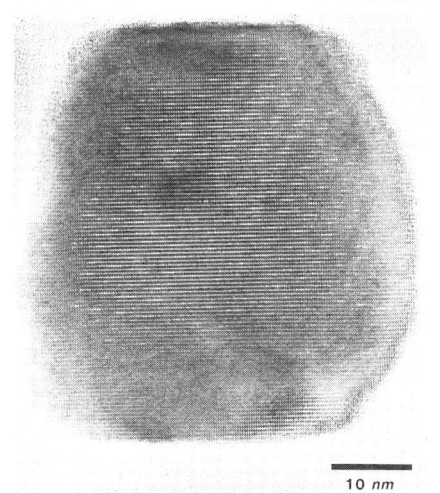

図 3.5 ヒトの脳から発見されたマグネタイト粒子の透過型電子顕微鏡写真（カリフォルニア工科大学 小林厚子氏提供）

が体内に磁性鉱物を合成することが確認された．また，長い距離を移動する渡り鳥や大洋を回遊するサケなどが細粒のマグネタイトを地球磁場を感知するためのセンサ (magnetorecepter) として用いていると考えられるようになった (Kirschvink, 1982 b など)．晴れた日には太陽の方位を目印に飛ぶ伝書鳩も，曇った日には地磁気を道しるべとするらしい．クジラや魚の中には地磁気強度のわずかな差を感知し，海洋底の岩石がつくる磁気異常をたよりに泳ぐものがいるという．そして最近，ヒトの脳からもごく細粒のマグネタイトの粒子が発見された (Kirschvink et al., 1992)．高分解能の電子顕微鏡で確認された粒子の直径は約 40 nm と，バクテリアがつくるマグネタイトよりもさらに小さいものである (図 3.5)．ヒトの脳の中につくられるマグネタイトの機能は，まだよくわかっていない．それはかつて人類が地球の磁場を感知する能力をもっていたことの名残りなのだろうか．あるいは，バクテリアとして出発した地球生命の証であるのかもしれない．

　松井 (1994；第1章参照) は，文明の誕生を人間圏というサブシステムが地球システムから分化したことと考え，人間圏の増大化による地球システムの擾乱がわれわれの直面している地球環境問題の本質であると指摘している．46億年前に単純なシステムとして出発した地球には，その表面で原始大気から大気と海，海から生命，そして生命から人間への分化が進み，地球内部で大陸地殻と海洋地殻，マントル，そして外核と内核の分化が起こった．複雑に分化した現在の地球システムの中，最深部の中心核に地磁気がつくられ，巨大化した人間圏のヒトの脳にマグネタイトが存在する．ヒトの脳に発見されたマグネタイトは，人間が地球システムに呪縛された存在であることを象徴的に示すもののように思われる．ヒトは地球システムから生まれたものであり，人間圏が地球システムから独立に存在したり地球システムを支配することはありえない．いま人間のなすべきことは，たとえば地球の中心核と生物とを結ぶ地磁気の糸などを道しるべとして，地球システムとその自然史を深く知ることであろう．

文　献

1) Berger, A. and Loutre, M. F.: Astronomical solutions for paleoclimate studies over the last 3 million years. *Earth Planet. Sci. Lett.*, **111**, 369-382, 1992.
2) Berger, W. H. and Wefer, G.: Klimageschichte aus Tiefseesedimenten: Neues vom Ontong-Jawa Plateau (Westpazifik). *Naturwissenschaften*, **79**, 541-550, 1992.

3) Berger, W. H., Bickert, T. H. S. and Wefer, G.: Quaternary oxygen isotope record of pelagic foraminifers: Site 806, Ontong Java Plateau. *Proc. Ocean Drilling Prog., Scientific Result*, **130** (Berger, W. H., Kroenke, L. W. and Mayer, L. A. (Eds.)), 381-395, Ocean Drilling Program, College Station, 1993.
4) Black, D. I.: Cosmic-ray effects and faunal extinctions at geomagnetic field reversals. *Earth Planet. Sci. Lett.*, **3**, 225-236, 1967.
5) Chang, S.-B. R. and Kirschvink, J. L.: Possible biogenic magnetite fossils from the late Miocene Potamida clays of Crete. In: Magnetite Biomineralization and Magnetoreception in Organisms―A New Biomagnetism (Kirschvink, J. L., Jones, D. S. and MacFadden, B. J. (Eds.)), pp. 647-669, Plenum Press, New York, 1985.
6) Crutzen, P. J., Isaksen, I. S. A. and Reid, G. C.: Solar-proton events: stratospheric sources of nitric oxide. *Science*, **189**, 457, 1975.
7) deMenocal, P., Bloemendal, J. and King, J.: A rock-magnetic record of monsoonal dust deposition to the Arabian Sea: evidence for a shift in the mode of deposition at 2.4 Ma. *Proc. Ocean Drilling Prog., Scientific Result*, **117** (Prell, W., Niitsuma, N. *et al.* (Eds.)), 389-407, Ocean Drilling Program, College Station, 1991.
8) 浜野洋三：ダイナモを揺るがす氷床．科学，**62**，14-18，1992．
9) 浜野洋三：地球の真ん中で考える，134 p.，岩波書店，1993．
10) Hays, J. D., Imbrie, J. and Shackleton, N. J.: Variation in the Earth's orbit: pacemaker of the ice ages. *Science*, **194**, 1121-1132, 1976.
11) Heller, F., Liu, X., Liu, T. and Xu, T.: Magnetic susceptibility of loess in China. *Earth Planet. Sci. Lett.*, **103**, 301-310, 1991.
12) Imbrie, J.: Editorial: A good year for Milankovitch. *Paleoceanography*, **7**, 687-690, 1992.
13) 井岡　昇・山崎俊嗣：古気候変化を反映する帯磁率及び磁性鉱物粒径の変化：西部赤道太平洋，西カロリン海盆の後期更新世堆積物コアにおける研究．地質調査所月報，**43**，781-797，1992．
14) 伊東俊太郎：文明の誕生，308 p.，講談社学術文庫，講談社，1988．
15) Jacobs, J. A.: Reversals of the Earth's Magnetic Field. 230 p., Adam Hilger, Bristol, 1984.
16) Kawai, N.: The magnetic control on the climate in the geological time. *Proc. Japan Acad.*, **48**, 687-689, 1972.
17) 川井直人：気候と歴史(1)～(6)．東洋学術研究，**16**，65-88，77-92，**17**，50-66，83-96，78-93，**18**，165-182，1977-78．
18) Keimatsu, M., Fukushima, N. and Nagata, T.: Archeo-aurora and geomagnetic secular variation in historic time. *J. Geomag. Geoelectr.*, **20**, 45-50, 1968.
19) Kennett, J. P. (Ed.).: Magnetic Stratigraphy of Sediments. Benchmark papers in geology, 54, 438 p., Dowden, Hutchingson & Ross, 1980.
20) Kent, D. V.: Apparent correlation of paleomagnetic intensity and climatic records in deep-sea sediments. *Nature*, **299**, 538-539, 1982.
21) Kirschvink, J. L.: Paleomagnetic evidence for fossil biogenic magnetite in western Crete. *Earth Planet. Sci. Lett.*, **59**, 388-392, 1982 a.

22) Kirschvink, J. L.: Birds, bees and magnetism: a new look at the old problem of magnetoreception. *Trends in Neurosciences*, **5**, 160-167, 1982 b.
23) Kirschvink, J. L., Kobayashi-Kirschvink, A. and Woodford, B. J.: Magnetite biomineralization in the human brain. *Proc. Natl. Acad. Sci. U.S.A.*, **89**, 7683, 1992.
24) 河野　長・本蔵義守：地球の電磁気的性質，岩波講座地球科学1(上田誠也・水谷　仁編)，pp. 99-168, 岩波書店, 1978.
25) Kukla, G., Heller, F., Liu, X., Xu, T., Liu, T. and An, Z.: Pleistocene climates in China dated by magnetic susceptibility. *Geology*, **16**, 811-814, 1988.
26) Mankinen, E. A. and Dalrymple, G. B.: Revised geomagnetic polarity time scale for the interval 0-5 m.y. B. P. *J. Geophys. Res.*, **84**, 615-626, 1979.
27) 松井孝典：文明と地球の未来．学術月報, **47**, 226-230, 1994.
28) McElhinny, M. W. and Senanayake, W. E.: Variations in the geomagnetic dipole 1: the past 50,000 years. *J. Geomag. Geoelectr.*, **34**, 39-51, 1982.
29) 中島正志・夏原信義：考古地磁気年代推定法, 95 p., 考古学ライブラリー 9, ニューサイエンス社, 1981.
30) Olausson, E. and Svenonius, B.: The relation between glacial ages and terrestrial magnetism. *Boreas*, **2**, 109-115, 1973.
31) Reid, G. C., Isaksen, I. S. A., Holzer, T. E. and Crutzen, P. J.: Influence of ancient solar-proton events on the evolution of life. *Nature*, **259**, 177, 1976.
32) Shackleton, N. J., Berger, A. and Peltier, W. R.: An alternative astronomical calibration of the lower Pleistocene timescale based on ODP Site 677. *Trans. Roy. Soc. Edinburgh Earth Sci.*, **81**, 251-261, 1990.
33) Stuiver, M. and Reimer, P.: Extended ^{14}C data base and revised calib 3.0 ^{14}C age calibration program. *Radiocarbon*, **35**, 215-230, 1993.
34) Takemura, K.: Tectonic and climatic record of the Lake Biwa, Japan, region provided by the sediments deposited since Pliocene times. *Paleogeogr., Paleoclimatol., Paleoecol.*, **78**, 185-193, 1990.
35) Torii, M., Shibuya, H., Hayashida, A., Katsura, I., Yoshida, S., Tagami, T., Otofuji, Y., Maeda, Y., Sasajima, S. and Horie, S.: Magnetostratigraphy of sub-bottom sediments from Lake Biwa. *Proc. Japan Acad.*, **62**, 333-336, 1986.
36) Uffen, R. J.: Influence of the earth's core on the origin and evolution of life. *Nature*, **198**, 143, 1963.

コラム：ミランコビッチ時計

新妻信明

われわれは時間測定の基準として地球の自転周期である1日や公転周期である1年を用いているが，ミランコビッチ（Milankovitch, 1941）はもっと長い期間についても地球の天体力学的周期が有効であることを明らかにした．

四季は，地球の自転軸が地球の公転面に対して垂直でなく，23.44°傾いていることによって生ずる．自転軸の傾斜方向と太陽の方向が一致すると，太陽の南中高度がもっとも低く，日が短い冬至になる（図1）．北極星の位置変化から，この自転軸の傾斜方向がコマのみそすり運動のように変動していることは，古くから知られていた．この自転軸の傾斜方向の変動は，約2万年の周期をもち，歳差と呼ばれている．地球は太陽を焦点とする離心率0.0167の楕円軌道を公転しており，地球から太陽までの距離は，1.0167〜0.9833天文単位の範囲を1年周期で変化している．地球-太陽間の距離が最小になる近日点を地球が通過するのは冬至の11日後であり，冬季に地球が太陽に近づいているために北半球では暖かい冬を過ごしているが，南半球では暑い夏を過ごしていることになる．この関係は歳差運動によって約1万年後には逆転することになる．南北半球におけるこ

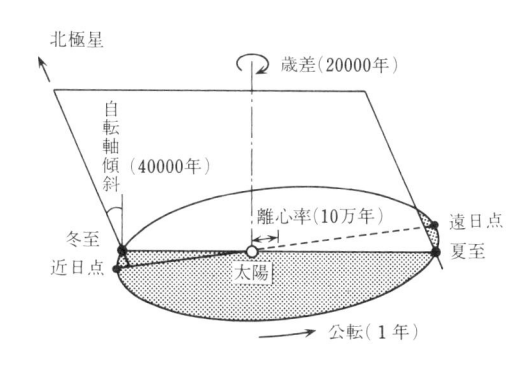

図1　地球の軌道要素とミランコビッチ周期

の冬の寒さと夏の暑さの程度は，公転軌道の離心率と自転軸の傾斜に関係しており，気候歳差と呼ばれている．地球の公転軌道の離心率は 0.001〜0.059，自転軸に対する公転軌道の傾斜は 22.1〜24.5°の範囲を変動しているが，これは惑星の引力の作用によるものであり，惑星の質量および位置関係から計算することが可能である．これら軌道要素の変動がわかり，太陽からの輻射量（太陽定数）が不変であれば，地球が受ける太陽輻射量の変動を計算することができる．このような方法によって北半球高緯度における太陽輻射量の変動と氷期-間氷期の周期性を定量的に対応させたのがミランコビッチである．現在では，このような計算は太陽・月・水星・金星・地球・火星・木星・土星・天王星・海王星についての影響をすべて考慮し，1000万年前まで算出されている（Berger and Loutre, 1991）．この輻射量変動は，地球の自転や公転と同様に，地球の天体力学的周期に依存していることから，ここではこの周期性をミランコビッチ時計と呼ぶことにする．

　このミランコビッチの考えを検証するためには，定量的議論に耐える気候変動曲線を与える酸素同位体比測定技術の出現を待たねばならなかった．エミリアニ（Emiliani, 1955）はカリブ海の海底堆積物に含まれる浮遊性有孔虫化石殻について酸素同位体比を測定し，気候変動曲線を得ることに成功した．この研究途上で，エミリアニは，その気候変動曲線を携えてミランコビッチを訪れたが，ミランコビッチはその気候変動曲線が自分の計算結果に合致していて当然との強い自信をもっていたとのことである．しかし，これらパイオニアの業績が広く認識されるようになったのは，世界各地の海洋底堆積物について酸素同位体比による気候変動曲線が報告されるとともに，最終氷期の詳細な全世界気候図を作成する CLIMAP 計画が進行した 70 年代になってからである．

　地質年代は放射年齢・古地磁気・化石年代などによって 10 万年程度の精度で知ることができるので，その枠組の中で酸素同位体比による気候変動曲線が検討された．この枠組年代から内挿して気候変動周期を解析すると，ミランコビッチ時計に特徴的な歳差運動に伴う 2 万

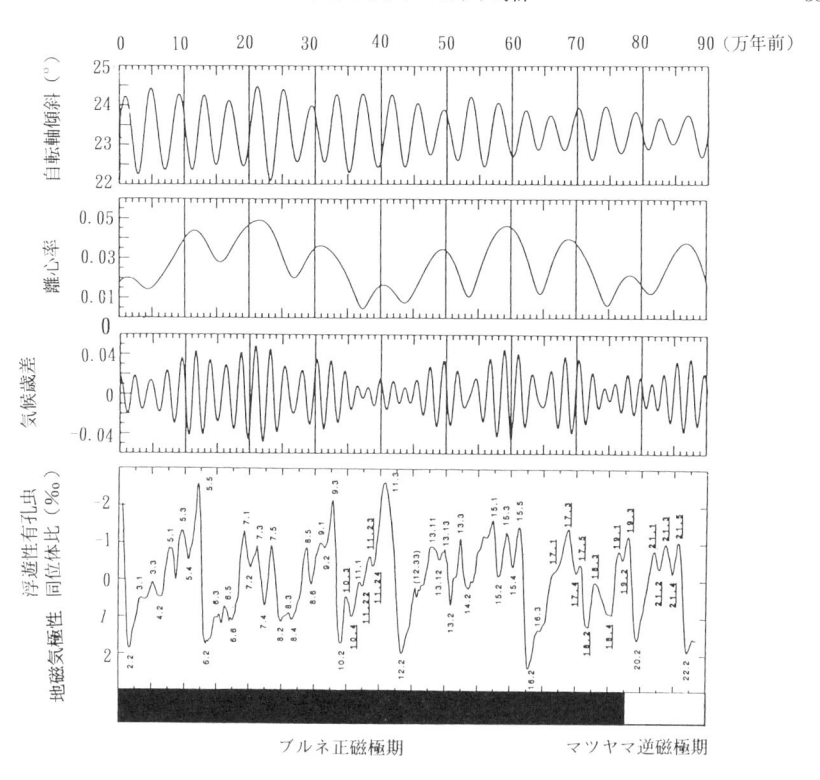

図 2 過去 90 万年間の自転軸の傾斜，離心率の変動と気候歳差（Berger and Loutre, 1991），および赤道インド洋の深海底堆積物中の浮遊性有孔虫 *Globigerinoides ruber* 殻の酸素同位体比変動をミランコビッチ時計を用いて年代合わせを行った記録（Basinot et al., 1994）

数字はエミリアニが提唱した酸素同位体比ステージで，奇数が間氷期で偶数が氷期．小数点以下は，細分ステージ．マツヤマ逆磁極期からブルネ正磁極期への逆転時期は，放射年代の測定から 69 万，73 万，78 万年などとされてきたが，ミランコビッチ時計によって 77 万 6000 年と推定されている．

3000 年，自転軸の傾斜角変動に伴う 4 万年，離心率の変動に伴う 10 万年の周期が見出された（Hays et al., 1976）．なぜ，太陽輻射量の変動によって酸素同位体比が変動するのか，枠組年代がどの程度信頼でき，その枠組年代を直線的に内挿してもよいのかなどの疑問が残るが，この周期解析を行ったインブリーがいうように，気候変動曲線がミランコビッチ時計と同じ周期をもっているのであれば，気候の変動

機構がブラックボックスであっても，その気候変動は太陽輻射の変動によって支配されているといえよう．現在では，ミランコビッチ時計のほうを基準にして古地磁気や化石年代尺度の見直しが行われている(図2)．ミランコビッチ時計の周期とおぼしき周期は世界各地の過去数億年の地層中にも見出されており，この周期を汎世界的に対応させることができれば，100〜1000年精度で地層の年代対比をすることが可能となる．この対応に基づき，南北半球や緯度による気候変動の程度を比較することができれば地球全体の気候変動の復元が可能になる．実は，この最初の試みがCLIMAP計画であったのである．

　ミランコビッチ時計を定量的に読み出す方法としては，酸素同位体比曲線が現在でも最上の手段となっているが，酸素同位体比の示す変動は地球の気候のどのようなものを反映しているのであろうか．酸素同位体比測定のパイオニアであるユーリーやエミリアニなどは酸素同位体比変動はその海域の水温変動を表していると考えていた．しかし，水温が1〜2℃と一定している深海底に棲む底生有孔虫殻にも表層を浮遊する浮遊性有孔虫殻と同じ，あるいはより大きな振幅の変動が記録されており，海水温の変動が主体を占めているとは考えられない．現在では，海水の酸素同位体比変動が主要部を占めていると考えられている．すなわち，質量数18の酸素に乏しい極域の氷床が気候変動に伴って増減するために海水の同位体比が変動するのである．地球上の水の総量は一定であるので，氷床量の増減は，海水総量の変動と直接結びつくことになり，酸素同位体比変動は海水準変動も記録していることになる．地層中にミランコビッチ時計の周期が刻まれているのは，気候変動に伴う堆積環境の変化に加え，海水準変動に伴う堆積場の水深や流速，堆積物の供給などが変動するためであろう．

　ミランコビッチ時計が与える太陽輻射量変動の振幅は，太陽定数が一定であればほぼ一定であるが，第四紀の顕著な氷期-間氷期の繰り返しは，70万年前に開始されたにすぎず，地球の軌道要素のみによって地球環境が支配されていないことは明らかである．地球上の気象現象を1つの熱機関としてとらえると，大気を加熱する熱源の動向がもっとも重要である．現在，地球大気をもっとも加熱している地域は，

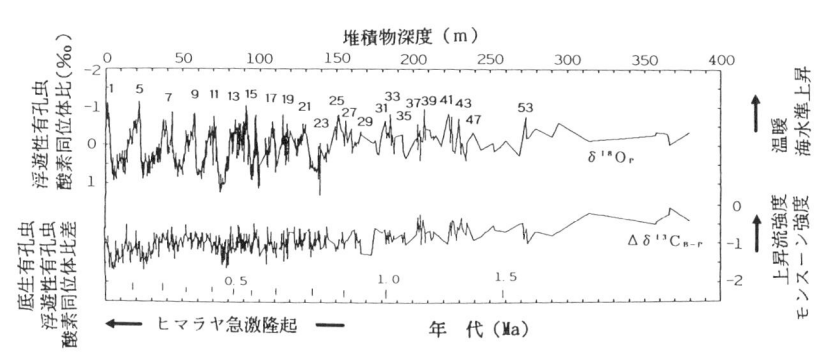

図3 北西インド洋オマーン沖の海底堆積物に記録されている夏季南西モンスーン強度変化の記録

浮遊性有孔虫酸素同位体比：浮遊性有孔虫 *Pulleniatina obliquiloculata* 殻の酸素同位体比（PDB‰）．数字はエミリアニの酸素同位体比ステージ．70万年前から鋸歯状の規則的な変動がみられ，振幅も増大する．

底生有孔虫・浮遊性有孔虫炭素同位体比差：底生有孔虫 *Uvigerina excellens* 殻と浮遊性有孔虫 *Pulleniatina obliquiloculata* 殻の炭素同位体比の差（PDB‰）．モンスーン強度の増大によって上昇流強度が増大すると，底生有孔虫の生息している底層水と浮遊性有孔虫の生息している表層水との混合が行われ炭素同位体比の差が減少する．

ベンガル海底扇状地におけるヒマラヤ山地由来の重鉱物：90万年前からマントルや下部地殻由来の重鉱物が供給されることから，チベット・ヒマラヤが急激に隆起したことがわかる．

年代（Ma）は百万年単位．

　　チベットから東南アジアにかけてのモンスーン地域である．夏季におけるチベット高原の日射による顕熱加熱に加え，そこに吹き込む太平洋とインド洋からの水蒸気に富む大気が雨滴凝結の際に凝結熱を放出する潜熱加熱も起こる．もし，この大気加熱が氷期のときに弱まれば地球全体の熱源は縮小し，極域には氷床が発達するであろう．インド洋からチベットに吹き込む夏季モンスーンは，インド洋西部において上昇流を発達させるが，この上昇流の変動からモンスーンの強弱を知ることができる．この変動記録を読み出すために，上昇流が顕著に発達するオマーン沖において国際深海掘削計画（Ocean Drilling Program, ODP）が実施された．ODPによって得られた海底堆積物について行われた酸素/炭素同位体比および浮遊性微化石の研究から，70万年以前は継続的にモンスーンが強かったが，それ以後は氷期のときにモンスーンが弱まっていたことが明らかになった（図3；Niitsuma *et al.*, 1991)．ベンガル海底扇状地における ODP ではヒマラヤ山地由来の鉱物の検討から，インドがアジア大陸に衝突し，1500万年前からチベット・ヒマラヤが隆起を開始したが，1090万年前から750万年前に急激に隆起し，上部地殻深部の岩石が露出・削剝され，90万年前から再び急激な隆起が起こり，下部地殻やマントル物質由来の鉱物が供給されるに至ったことが明らかにされた（Yokoyama *et al.*, 1990)．ナノ化石の群集解析によるとモンスーンが強くなったのは700万年前であり（Prell, Niitsuma *et al.*, 1989)，最初の急激な隆起によってチベットがモンスーンを発達させるだけの高度に達し，2度目の急激な隆起によって70万年前からミランコビッチ時計の太陽輻射減衰期にモンスーンが減衰するようになったと予測される．このシナリオが気象学的に検証されれば気候に対する理解は飛躍的に向上することとなろう．

　現在，地球環境について人類が直面しているもっとも大きな問題は，人類活動に伴う化石燃料の消費がどのような地球温暖化をもたらすかである．気候を支配する要因は多岐にわたっており，それらの要因が相互作用するとともに，非線形過程を含むことから，気候の解析的解明には限界がある．将来，解析的解明が進展し，気候変動モデルが提出されるようになった場合には，その結果が正しく地球の気候を表しているかどうかについて検証することが必要となる．この検証のためには，ミランコビッチ時計の記録が残されている堆積物について，ミランコビッチ周期に伴う気候や環境変動を読み出し，気候モデルと対応させる作業が重要となろう．とくに，現在と異なった気候状態における変動は，気候変動機構の本質的理解に光明を与える．たとえば，地球温暖化に伴って氷期-間氷期の周期を逸脱し，気候が暴走してしまい，極域の氷床が溶解してしまうことが心配されるが，そのような状況は70万年前以前の氷期-間氷期が顕著でなかった状態や，数千万年前の極域に氷床が存在しなかった状態と比較可能である．21世紀に化石燃料を使い尽くした大気の状態は，4億年前に化石燃料として現在地下に蓄えられている有機炭素が炭酸ガスとして大気中に存在していた陸上植物繁茂以前の状態と比較可能であろう．

従来の地質学では10万年の精度で堆積物記録を読み出すことに成功し，ミランコビッチ時計を得ることによって，さらに1000年あるいは100年精度で過去の記録を読み出すことが可能になった．ただし，世界各地には膨大な量の堆積物が存在し，実際に1000年や100年の精度での気候変動記録読出作業には多大な労力と組織が必要となる．しかし，地球環境問題の重要性を考えれば，その実現の緊急性や必要性は，人間の全DNAコードを読み出そうとするヒトゲノム計画にまさるとも劣るものではない．

文　献

1) Berger, A., Imbrie, J., Hays, J. D., Kukla, G. and Saltzman, B.: Milankovitch and Climate. 510 p., NATO ASI Series C, 126, part 1, Reidel, Dordrecht, 1984.
2) Berger, A. and Loutre, M. L.: Insolation values for the climate of the last 10 million years. *Quaternary Sci. Rev.*, **10**, 297-317, 1991.
3) Basinotet, F. C., Labeyrie, L. D., Vincent, E., Quidelleur, X., Shackleton, N. J. and Lancelot, Y.: The astronomical theory of climate and the age of the Brunhes-Matuyama magnetic reversal. *Earth Planet. Sci. Lett.*, **126**, 91-108, 1994.
4) Emiliani, C.: Pleistocene temperatures. *J. Geol.*, **63**, 538-575, 1955.
5) Hays, J. D., Imbrie, J. and Shackleton, N. J.: Variations in the Earth's orbit: pacemaker of the ice ages. *Science*, **194**, 1121-1132, 1976.
6) Milankovitch, M.: Kanon der Erdbestrahlung und seine Andwendung auf das Eiszeitenproblem. 633 p., Königlich Serbische Akademie, Bergrad, 1941.
7) Niitsuma, N., Oba, T. and Okada, M.: Oxygen and carbon isotope stratigraphy at Site 723, Oman Margin. *Proc. Ocean Drilling Prog., Scientific Results*, **117**, 321-341, 1991.
8) Prell, W. L., Niitsuma, N. *et al.*: Oman Margin/Neogene package. 1236 p. *Proc. Ocean Drilling Prog., Initial Reports*, **117**, 1989.
9) Yokoyama, K., Amano, K., Taira, A. and Saito, Y.: Mineralogy of silts from the Bengal Fan. *Proc. Ocean Drilling Prog., Scientific Results*, **116**, 59-73, 1990.

II

深海底に記録された周期性

日本海海底からの堆積層採取
左上：深海掘削船ジョイデス・レゾルーション号（1万8000t）．中央のやぐらからドリルパイプを降ろし，4000mの深海面を掘削できる．右上：ドリルビット．これをパイプの先端につけ，回転させ掘削する．左下：柱状堆積物試料を縦に切断しているところ．右下：柱状試料は縦に半割りの後，実験室で詳しく記載される．

4. 日本近海の海流系は脈動していた

小　泉　　　格

はじめに

　私たちは，現在，第四紀氷河時代の中の一時的な温暖期である"間氷期"の中で，生存しているにすぎない．この間氷期は，1万1000年前に始まったのであるが，それに先立つ1万8000年前の最終氷期最寒期以降の7000年間におけるいくつかの地球軌道要素―公転軌道の離心率，軌道上での地球の位置，および軌道平面に対する地軸の傾き―の周期的変動―10万年，2万年，および4000年―がうまく組み合わさり，季節ごとの太陽日射量が増加して，氷期の氷と雪とを溶解したからである（Kutzbach and Street-Perrott, 1985）．

　地球の自然環境変動史の根底には，地球表層の約7割を占める海洋環境の変動がある．海洋は，地球に降り注ぐ太陽熱の大部分を吸収し，その大きな熱容量によって，巨大な熱の貯蔵庫としてはたらいている．海洋は，また，大気への水蒸気を補給する巨大な貯水槽でもある．

　地球の気候変動は，主として太陽日射として取り込まれた総エネルギーと海洋に蓄積されていた熱から放出されるエネルギーが，地球表層と大気を暖め，海水と大気の循環を生じることに起因する．低緯度域では，地球の表面積が広く，かつ太陽日射に直角なので最大の熱吸収が生じる．しかしながら，温度の変動は高緯度域で著しく増幅される．氷や雪の境界は，熱輸送の変動に応答して変化し，氷や雪が表層に存在する場合には，高緯度域は非常な低温となる．このようにして，低緯度域と高緯度域の間に生じる温度勾配の変動は，中緯度域の海流と風のパターンとそれらの強度の変動という形のシグナルを発信することになる．ここに，日本近海における海洋環境の変動を調査・研究する大きな意義がある．

　広大な海洋底に沈積した堆積物は，海洋-地球環境の変動を克明に記録している．海洋底堆積物に関するこれまでの調査・研究は，更新世における間氷期が1万ないし1万2000年の継続期間であったことを示しているので，1万1000年前に

始まった現在の間氷期は，その終焉をそろそろ迎えつつあることになる．また，6300年前の後氷期高温期以降は，平均気温が2℃ないし3℃低下しており，寒冷化の傾向にあることも知られている．

海洋環境の変動

日本近海には，主として北東方向に流れる黒潮（日本海流）と対馬海流が暖流として，また反対に主として南西方向に流れる親潮（千島海流）とリマン海流が寒流として存在し，日本の気候と風土・文明に大きな影響を及ぼしている（安田，1982；小泉，1987；図4.1）．

これらの海流系は，東シナ海に発生した低気圧が日本付近を通ってアリューシャン列島に至ることに深くかかわっているという事実において，アジア・モンスーンの変動と連動している．後氷期以降に確立した黒潮と対馬海流は，多雨と多雪を日本列島へもたらし，照葉樹林から落葉樹林までの多彩な森と食料を列島に提供するとともに，海の通路としての交通網となった．日本近海の海洋環境は，後氷期を通じてダイナミックな周期性をもって変動してきたことが，最近の調査・研究でわかりつつある．

これらの海流の表層水塊には，それぞれ固有なプランクトン群集が生息していて，その遺骸がつぎつぎと海底に降り積もって厚い堆積層をつくっている．したがって，過去に，これらの水塊の配

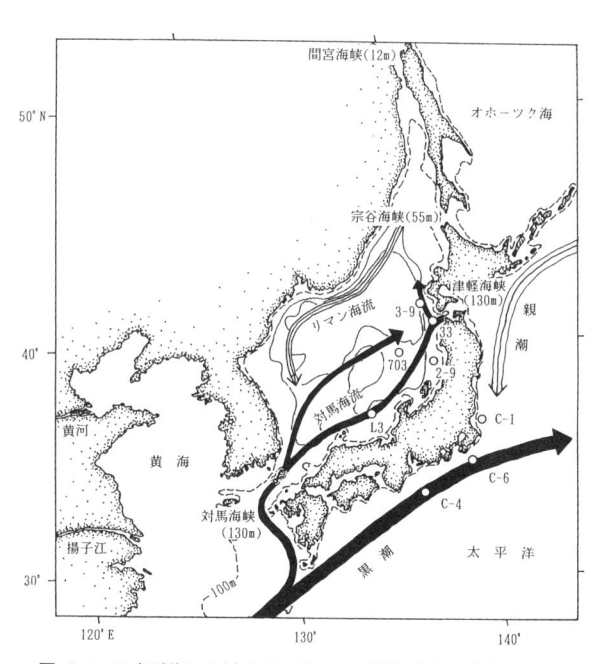

図 4.1 日本近海におけるピストンコア採取地点と現在の海流系

日本海と外洋を結ぶ海峡の最深深度 (m)，100m（破線）と日本海の2000m，3000m等深深度を示した．

置が変動すれば，その変動はある場所の堆積層中にプランクトン遺骸群集の種組成の変化として記録される．

このような記録を，本州中部の太平洋沿岸から採取した3本のピストンコアと日本海の南北を縦断して採集した5本のピストンコア中に含まれる珪藻という植物プランクトン遺骸群集の変化から読み取り，後氷期を通じての日本近海における海洋環境の周期的変動を明らかにした（Chinzei et al., 1987；Koizumi, 1989；小泉，1994；図4.2）．

黒潮に特有な暖流系種群の産出個体頻度（X_W）に対して，これと親潮に特有な寒流系種群の個体頻度（X_C）の和との比（$\{X_W/(X_W+X_C)\}\times 100$）を珪藻温度指数（$T_d$ 値）（Kanaya and Koizumi, 1966）として算出して，黒潮の影響の程度を復元した．

図4.2をみると，コア採取地点が南から北へ，黒潮本流域から黒潮と親潮の混合水域へと移るにつれて，珪藻温度指数が鋸歯状に激しく変動していることがわかる．これは，黒潮本流域から離れるほど，海洋環境が不安定となり，コアを採取した地点が黒潮の影響下に入ったり，あるいは親潮の影響下に入ったりという

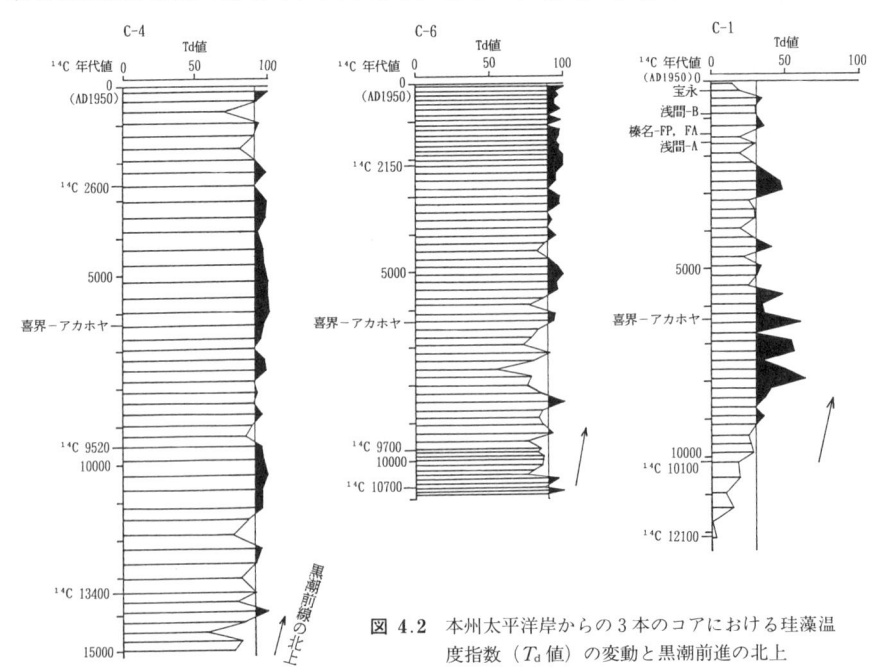

図4.2 本州太平洋岸からの3本のコアにおける珪藻温度指数（T_d 値）の変動と黒潮前進の北上

ことを繰り返したためである．

どのコアにおいても，後氷期の始まりとされる1万1000年前よりも古い時代でT_d値が低く，その後増減を繰り返しながら急激に増加してくる．これは，最終氷期が終わった後に地球規模で生じた温暖化に伴って，黒潮前線が北上してくるからである．

事実，もっとも南に位置しているC-4コアの採取地点では，1万5000年前から1万4500年前までの間で黒潮前線の通過があり，C-6コアの採取地点ではそれが1万1000年前ないし8500年前に，そして最北のC-1コア採取地点では1万年から8000年前までの間である．

C-4とC-6の両コアにおいては，8000年前ごろにT_d値の減少期があり，一時的な寒冷化を示している．T_d値は，どのコアにおいても鬼界-アカホヤ火山灰層準（6300年前）でピークとなるといってよい．これは，広く知られているヒプシサーマル（高温期）に相当し，5500年前ごろまで続く．その後，3本のコアに共通して，4500年前ごろ，3500年前ごろ，1500年前ごろ，および1000年前ごろなどに寒冷期が認められる．

黒潮から分岐した対馬海流は，対馬海峡から日本海に入り，本州の西側に沿っ

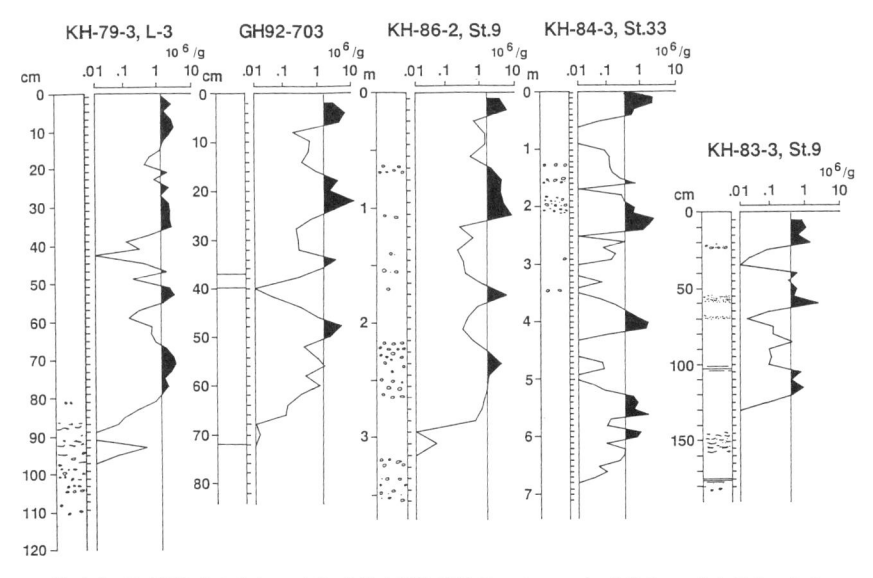

図 **4.3** 日本海からの5本のコアにおける暖流系種 *Pseudoeunotia doliolus* の産出頻度の変動

て北上した後，その大部分は津軽海峡から太平洋に，そして，さらに宗谷海峡からオホーツク海に流れ出る．対馬海流の上部 50 m は，東シナ海や黄海を通過する際に沿岸水や河川水と混合するために，やや塩分濃度の低い海水となるが，下部 80 m は黒潮起源のより塩分濃度の高い海水から構成されている（Moriyasu, 1972；西山ら，1992）．

日本海は，78 万年前以降，ミランコビッチの地球軌道要素の周期的変動にもとづく地球規模の気候変動と海水準変動に対応して，その海洋環境を変動させてきた（小泉, 1992）．海水準の高い時期には対馬海流が流入し，中規模の海水準期には，狭くかつ浅くなった対馬海峡を通って塩分濃度のやや低い東シナ海沿岸水の流入が卓越し，時には親潮が津軽海峡を通って流入して，日本海の表層水の下部に拡がり，海水の鉛直混合を引き起こした．一方，低海水準期には対馬海峡はほとんど閉鎖され，海流の流入は途絶えたと考えられる（Tada *et al.*, 1992；多田, 1994）．

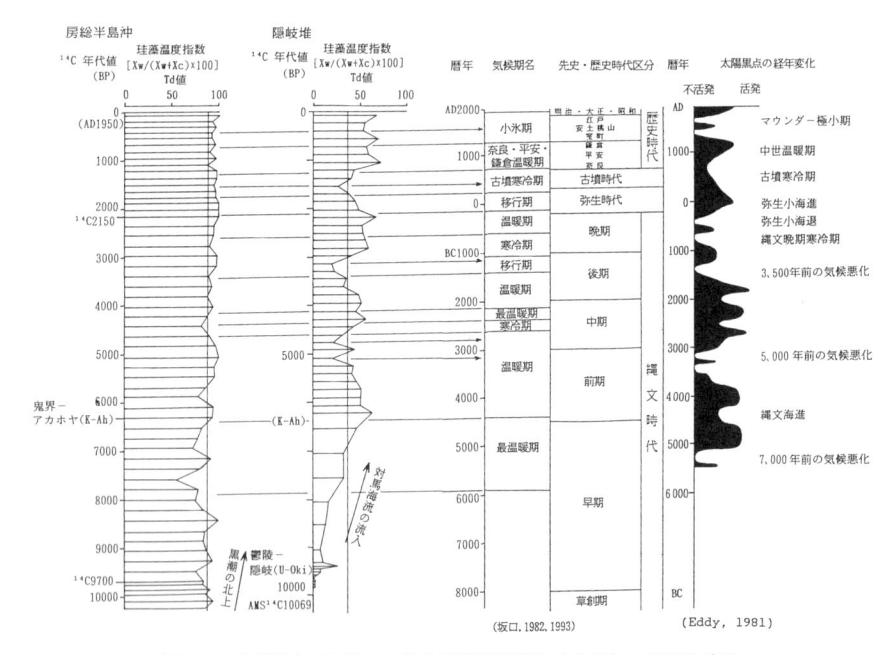

図 4.4 太平洋と日本海における珪藻温度指数（T_d 値）の周期的変動
尾瀬ケ原の花粉分析による古気候区分（Sakaguchi, 1982；阪口, 1993）と年輪中の ^{14}C の蓄積量から復元した太陽活動の周期的変動（Eddy, 1981）に比較．

図4.3は，対馬海流が後氷期を通じて日本海へパルス的に流入したことを示している．時間軸で表示した図4.4をみると，対馬海流は9500年前ごろに一時的に流入するが，その本格的な流入は9000年前以降である．縄文海進に伴って，暖流系の珪藻種である *Pseudoeunotia doliolus* の産出頻度と珪藻温度指数は同調しており，6000年前ごろ高温期に達した後，1500年ないし2000年の顕著な周期的変動を示している（Koizumi, 1989）．

海洋環境の周期性

個々のコアにおける T_d 値あるいは暖流系種 *P. doliolus* の産出頻度の時系列データ解析には，最大エントロピー法（MEM）と最小2乗法を理論的中核とする汎用時系列データ解析システムソフトウェア MemCalc 1000（諏訪トラスト㈲）を適用して，スペクトル解析と非線形最小2乗法による最適曲線当てはめ処理を行った（田中，1992）．

この時系列データ解析法の特徴は，時系列データを基底変動成分とゆらぎ成分に分離し，それぞれについて周波数領域と時間領域の解析を整合的に行うところにある．周期数領域においては最大エントロピー法によるスペクトル解析を用い，時間領域においては最小2乗フィッティング（LSF）解析を用いて，これらを組み合わせる新しい解析体系を採用している．すなわち，周波数領域のスペクトル解析だけでは，推定された周期値の妥当性が検証できないので，時間領域のLSF解析において MEM パワースペクトル密度のピークの個数とそれらの周期値を用いて非線形最小2乗計算の線形化を行って，最適当てはめ曲線を計算する方法を導入している（坂本・小泉，1994）．

時系列データ解析の具体的な手順は，以下のようである（大友・田中，1993；図4.5）．個々の原時系列データについて，1）解析対象時系列データ（修正時系列データ）の作成を行う．必要に応じてデータの補正を次の2点について行う．観測の不備などによるはずれ値と欠落値の補正，およびバンチング処理による対数化，または移動平均化．2）情報量基準（fpe, aic, cat）と CCT（相関時間指数）基準を計算し，情報量の極小値を与えるラグ（フィルタの項数）を決定する．3）ラグ（予測誤差フィルタの項数）を用いて，MEM スペクトルと自己相関関数を計算する．スペクトルからそのピーク周波数と周期（ピーク周波数の逆数）が観測されることになる．4）得られた複数の周期値によって，修正時系列データに対す

る周期値と周期数, 傾向線などの有無の指定を行い, 5) 最小2乗フィッティングにより, 最適当てはめ曲線パラメータを導出する. 6) 曲線パラメータにより最適当てはめ曲線が計算され, 修正時系列データと比較され, 両者の差を残差として計算する. 7) また, 原時系列データに対して最小2乗曲線当てはめを行うことで, 原時系列データをもっともよく説明する周期の評価ができることになる（坂本・小泉, 1994).

太平洋南岸のC-4コアでは, 図4.6(a)左上の原時系列データのうち, T_d 値の周期性がより明瞭になる高温期6500年前以降について, 測定時間の等間隔化処理とはずれ値処理を行って, 修正時系列データを作成した（図4.6(a)左下). この修正時系列データに対して, CCT（相関時間指数）法によるラグ値（予測誤差フィルタ項数；図4.6(a)右の縦棒）と $N/2$（N：データ数）の間に出現する情報量基準 fpe（最終予測誤差), aic（赤池の情報量基準), cat（自己回帰変換関数基準）の極小値を与えるラグ値（図4.6(a)右の矢印）を決定し, MEMスペクトル（図4.6(a)中上, (b)) と自己相関関数（図4.6(a)中下）を計算した.

この結果は, 図4.6(b)に示すように, 5つの優勢なスペクトルからなる1/fスペクトルが観測された. この1/fスペクトルは, 自然界にかなり普遍的に存在しており, 一般に, 周期的な振動モードにある時系列データに, 不規則にかつ頻繁に

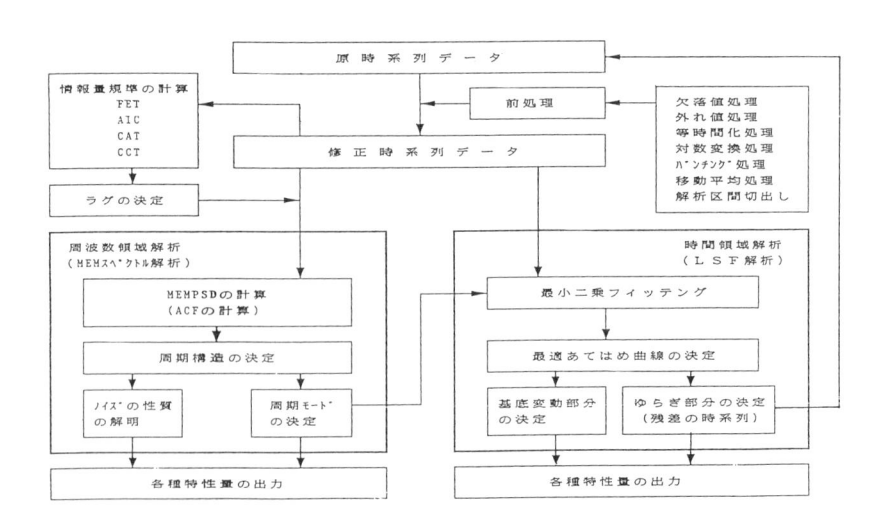

図 4.5　MemCalcシステムの構成と解析の流れ（大友・田中, 1993)

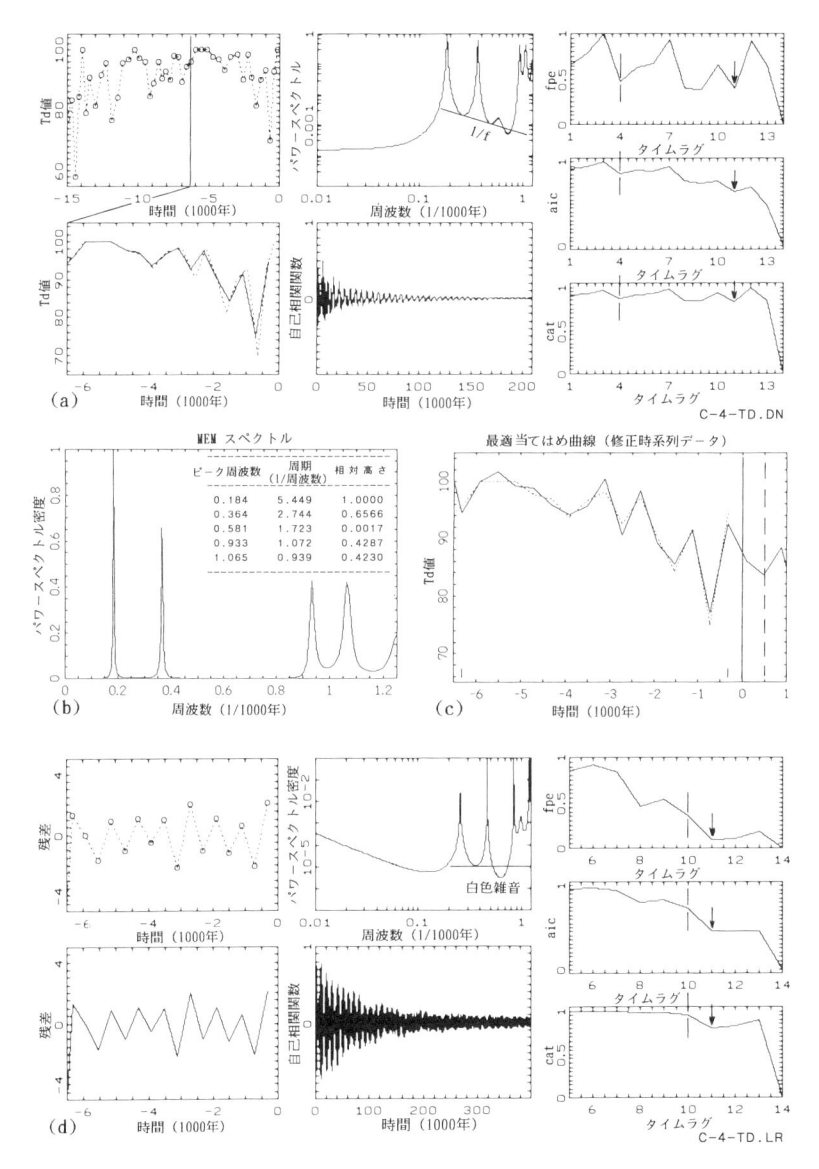

4. 日本近海の海流系は脈動していた

図 4.6 太平洋南岸 C-4 コアの過去 6500 年間における珪藻温度指数（T_d 値）の時系列データ解析. a 左：原時系列データと修正時系列データ，中：MEM パワースペクトル密度（両軸が対数スケール）と自己相関関数，右：情報量基準．b：MEM パワースペクトル密度（両軸が普通スケール）．c：修正時系列データ（点線）と最適当てはめ曲線（実線），および最適予測曲線．d：修正時系列データと最適当てはめ曲線との残差の時系列データ，MEM スペクトル計算のパラメータと MEM パワースペクトル密度（両軸が対数スケール）．

バーストが入ると1/fスペクトルを示すといわれている（大友・神山，1992）．このスペクトルからピーク周波数と周期（ピーク周波数の逆数）を決定した．周期5449年（相対強度1.0000）と2744年（相対強度0.6566）の2周期がとくに強いピークとして検出され，次いで1072年（相対強度0.4287），939年（相対強度0.4230），1723年（相対強度0.0017）などが存在する．

図4.6(c)は，これら5つの周期値に基づく最小2乗フィッティング法によって計算された修正時系列データに対する最適当てはめ曲線を示している．フィッティングのよさから判断して，修正時系列データは，これら5つの周期値で基本的に再現されているといえる．修正時系列データと最適当てはめ曲線との残差（図4.6(d) 左）の時系列データをスペクトル解析すると，図4.6(d) 中上に示すように，MEMパワースペクトル密度は，白色雑音スペクトルの特性となる．白色雑音のスペクトルは，あらゆる周波数成分を均等にもつ，周波数には無関係なスペクトルとして定義されており，ランダム変動の時系列に観察されるスペクトルである（大友・神山，1992）．

太平洋混合水域（C-1コア）では，過去6500年間を通じて，黒潮と親潮の勢力に1800年の周期性が観測される．100年前からわずかな温暖化が始まっており，400年後まで継続するが，この200年間はほとんど横ばい状態である．

日本海南部のL-3コアにおける6500年前以降のT_d値の時系列データを，同じような手順でMEMスペクトル解析した（図4.7(a)）．この結果は，図4.7(b)に示すように，MEMパワースペクトル密度に$1/f^3$スペクトルが観察された．$1/f^3$スペクトルは，1/fスペクトルに内的・外的要因による一定の強制力が作用した結果生じるとされている（大友・神山，1992）．圧倒的に強い周期1889年（相対強度1.0000）とずっと弱い869年（相対強度0.2069）の2周期がとくに孤立したピークとして存在する．相対強度の強い6周期による修正時系列データに対する最適曲線の当てはめ処理を行ったところ（図4.7(c)），修正時系列の基底変動は，これら6つの周期値で基本的に再現される．このことは，残差の時系列データをMEMスペクトル解析すると（図4.7(d)），MEMパワースペクトル密度がランダム変動の時系列特性である白色雑音スペクトルを示すことからも裏づけられる（図4.7(d) 中上）．

暖流系種 P. doliolus の産出頻度も，T_d値と同様な周期性を示すことが日本海のL-3コアの検討から明らかになった．図4.8がMEMスペクトル解析の結果で

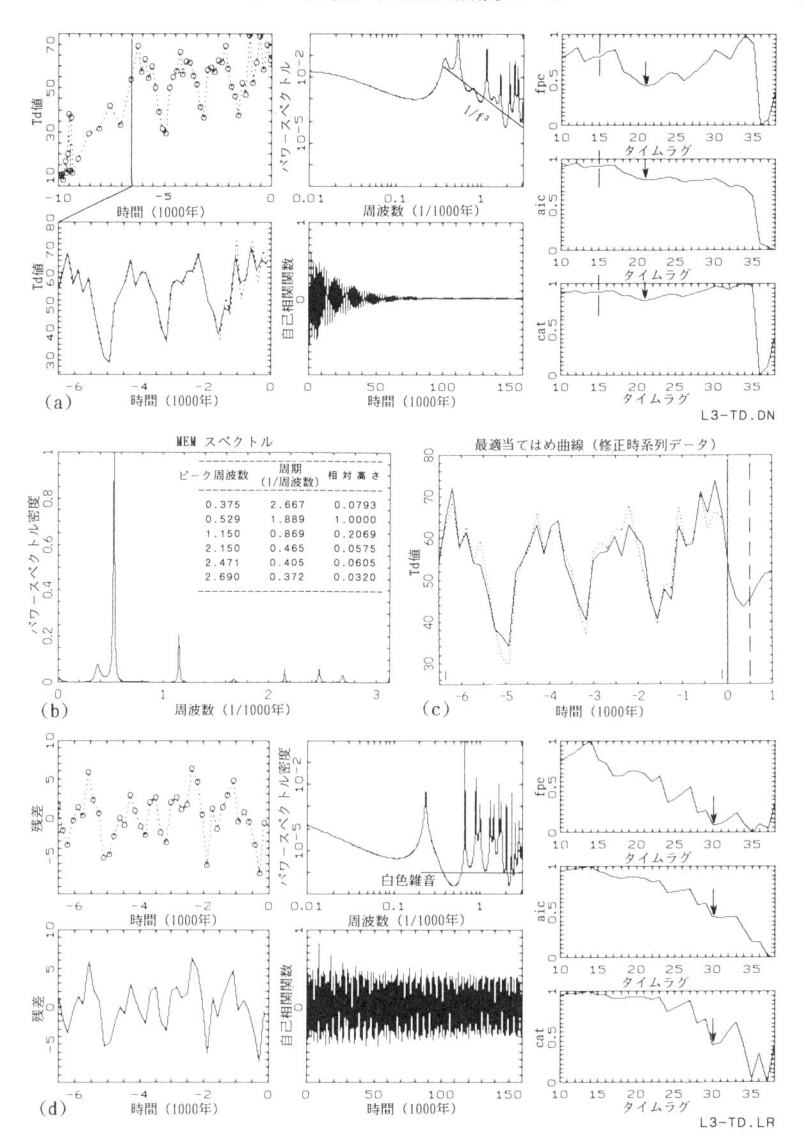

4. 日本近海の海流系は脈動していた

図 4.7 日本海の L3 コアの過去 6500 年間における珪藻温度指数 (T_d 値) の時系列データ解析. a 左:原時系列データと修正時系列データ,中:MEM パワースペクトル密度(両軸が対数スケール)と自己相関関数,右:情報量基準. b:MEM パワースペクトル密度(両軸が普通スケール). c:修正時系列データ(点線)と最適当てはめ曲線(実線),および最適予測曲線. d:修正時系列データと最適当てはめ曲線との残差の時系列データ,MEM スペクトル計算のパラメータと MEM パワースペクトル密度(両軸が対数スケール).

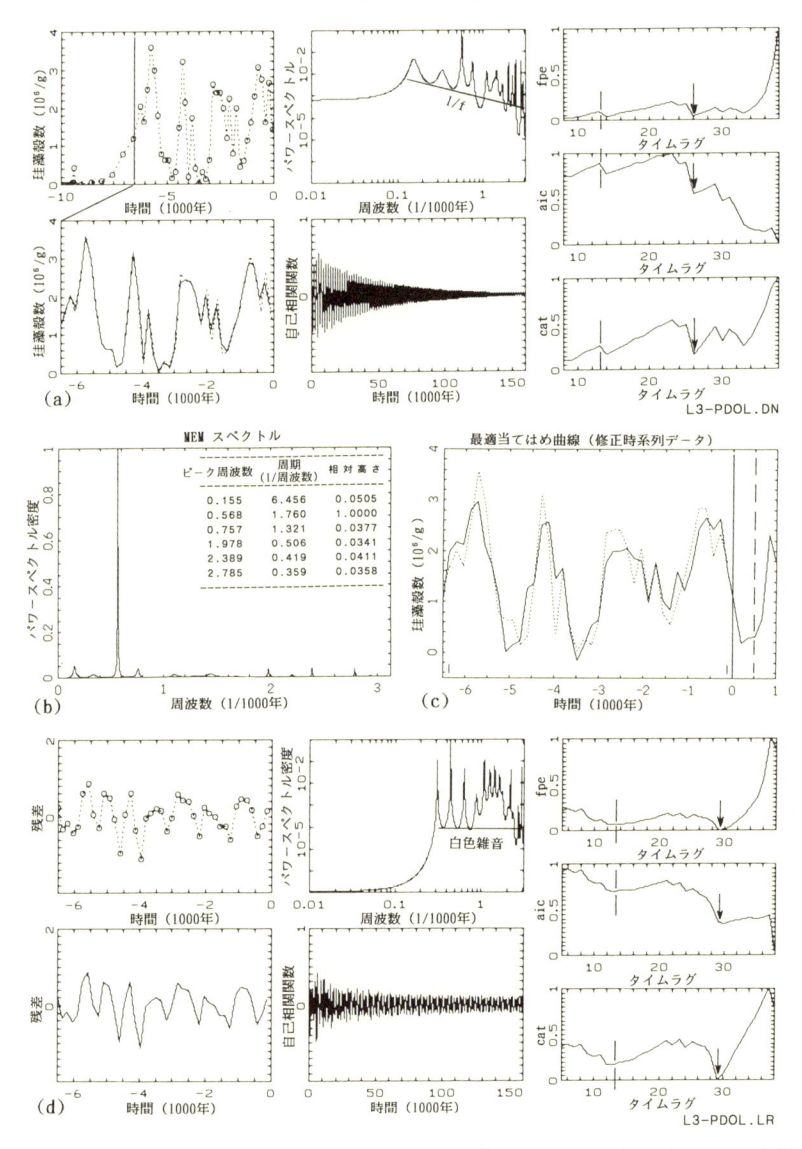

図 4.8 日本海 L3 コアの過去 6500 年間における暖流系種 *Pseudoeunotia doliolus* の産出頻度の時系列データ解析

a 左: 原時系列データと修正時系列データ, 中: MEM パワースペクトル密度 (両軸が対数スケール) と自己相関関数, 右: 情報量基準. b: MEM パワースペクトル密度 (両軸が普通スケール). c: 修正時系列データ (点線) と最適当てはめ曲線 (実線), および最適予測曲線. d: 修正時系列データと最適当てはめ曲線との残差の時系列データ, MEM スペクトル計算のパラメータと MEM パワースペクトル密度 (両軸が対数スケール).

ある．MEM パワースペクトル密度に間欠カオスの特徴として知られている 1/f スペクトルが観察された（図 4.8(a)）．圧倒的に強い周期 1760 年（相対強度 1.0000）のみが孤立しているが，長い周期トレンドの 6456 年（相対強度 0.0505）と短い周期群の 1321 年（相対強度 0.0377），506 年（相対強度 0.0341），419 年（相対強度 0.0411），359 年（相対強度 0.0358）なども認められる．これらの周期による修正時系列データに対する最適曲線当てはめ処理（図 4.8(c)）は，修正時系列の基底変動が，これら 6 つの周期で基本的に再現されることを示した．修正時系列データから基底変動パターンを差しひいた残差の時系列データ（図 4.8(d) 左下）を MEM スペクトル解析すると（図 4.8(d)），MEM パワースペクトル密度は，白色雑音スペクトルを示す（図 4.8(d) 中上）．

周期的変動の原因

　日本近海における海洋環境の変動と周期性は，日本各地の沖積層の研究から明らかにされた気候変動や海水準変動と非常によく対応するだけでなく，ヨーロッパやスカンジナビアの雪線高度や森林高度の限界線から復元した氷河の前進・後退の歴史ともよく一致している（Rothlisberger, 1986）．このことは，北半球の海と陸の全域を通じて，100 年単位の時間精度で共通な気候変動が認められることを示すものである．

　これまでも，気候記録のスペクトル解析に数多くの周期性もしくは準周期性の存在することが，指摘されてきた．ラム（Lamb, 1982）は，何らかの興味ある周期性として，およそ 5.5 年（太陽黒点周期の半分），10〜12 年，22〜26 年，約 50 年，100 年，180〜250 年（実際には 200 年に近い），1000 年，および 2000 年などの周期をあげている．そして，「このどれも充分な物理的な発生源が証明されていないが，たぶんすべての周期性が太陽エネルギーの出力と考えられる変動に端を発するものとして理解されている．いくつかは，海洋と大気に直接作用する潮力の変動に伴って生ずると思われる」と述べている．

　日本近海の海洋環境変動史に，とくに顕著にみられる約 2000 年の周期的変動は，太陽黒点数として表現される太陽活動の周期（図 4.4），深層水循環の周期や月・地球・太陽の朔望点が接近する周期などに相当していることから，これらが周期的変動の原因と考えられる．

　これらのうち，黒点活動の長期変動が気候変動に連動しているという証拠はい

くつかある．太陽エネルギーの高出力による黒点は，現世紀の最温暖期だけでなく，いくつかの過去の温暖期（後期ローマ帝政時代や中世）においても卓越していた．反対に，黒点がほとんど観測されず，オーロラも発生しなかった黒点活動の極小時，たとえばスポレール極小期やマウンダー極小期は地球が極端な寒冷気候となった1400～1510年や1645～1715年などの期間に合致している（Lamb, 1982）．

これまで，人文科学的な手法によっても，気候が700年から800年の周期値をもって変動しており，それが世界文明の盛衰と対応していることが指摘されてきた（西岡，1949；岸根，1990）．一方，時系列解析の結果現れた1700年前後の周期性を寒暖の周期に直すと，それはちょうど850年となり，先人たちの卓見が今によみがえる．

近未来の気候予測解析

太平洋南岸のC-4コアにおける過去6500年間のT_d値に関する時系列データは，5つの優勢な周期値からなる基底変動部分とこれに付加されるランダム変動部分との2つの部分から構成されていることがわかった．6500年前以降の期間を通じての最適当てはめ曲線を近未来へ延長して，1000年後までの気候変動予測曲線を求めた（図4.6(c)）．これによると，300年前から減少しつつあるT_d値は，100年後まで同じペースで減少する．その後は減少の速度をややゆるめるが，500年後までさらに継続すると予測される．

日本海のL-3コアにおけるT_d値も，図4.7(c)にみられるように，250年前以降減少しつつあり，太平洋側と同じように，今後300年まで減少が継続すると予測される．とくに，この150年間におけるT_d値の減少が急激である．*P. doliolus*の産出頻度も，T_d値と同様に，300年前から減少しつつあり，同じペースで200年後まで減少が継続した後，増加し始めることが図4.8(c)に予測されている．

日本近海における海洋環境の周期的変動に関する時系列データ解析は，黒潮（日本海流）と対馬海流の勢いが，現在，弱まりつつあり，小氷期後の現温暖期が今後200年で終わることを示している．この寒冷化の原因の1つとして，地球軌道要素の変動にもとづいて計算された北緯60°における日射量が，大気圏の外側において最終氷期極寒期ほどではないが，現在極小値を示していることがあげられる（阪口，1993）．

あとがき

　人類史の進展には，重大な改革期が何回かあったが，このときには同時に寒暖の気候変動があって著しい影響を与えたことが事実としてある．1万年前の気候温暖期には，極域の氷河が融解して，海水準が上昇し，降水量も増加した．そのため，それまでの狩猟・採集ができなくなり，農耕や飼育を始めざるをえなかった．5500～4500年前の気候寒冷期には，乾燥化に伴って大河川の周辺に人口が集中して，都市文明が誕生した．3000年前の著しい寒冷気候期には，民族移動・飢餓・社会不安が蔓延し，精神的な救済をする哲学者や思想家が現れた．17世紀の小氷期には，西洋近代科学が確立され，産業革命を生み出した（伊東，1990；鈴木，1990；安田，1990）．

　20世紀末の現在では，どうであろうか？　日本列島周辺の海洋環境変動史が示すところに従えば，寒冷気候の中にある現在は，あと200年くらい先で，温暖化気候に転ずる非常に不安定な状態にあるといってよい．しかし，人間の活動が，地球規模で放射するエネルギーや汚染物質が地球のもつ自己浄化能力を超えてしまい，その影響ですでに地球の温暖化現象といわれることがらが生じていて，自然環境の周期的変動のリズムを乱れさせ，気候システムに変調をもたらしつつあるといえよう．近年における地球規模の異常気象と気象現象の局地化は，このような不調和の現れとみて取れ，今後とも2世代以上にわたって長く続く可能性がある．

　この地球環境の危機は，人類みずからがしかけたということができる．これは，人類史上かつてなかったことである．はるかな過去から現在に至る気候の周期的変動と地球環境の結びつきが，文明の盛衰に大きな影響を与えてきたことは，近年におけるとくに年代測定に関して，分析精度の高い数多くの調査・研究によってより確かな科学的事実として，認識されるところとなった．

　現在という人間と自然の危機の時代を，人類史と地球史の中に正しく位置づけ，地球環境と文明の未来を見通し，人間と自然が共存できる新しい文明の潮流を，現在の機械文明に換えて創造することが，今，われわれに問われているのである．

文　献

1) Chinzei, K., Fujioka, K., Kitazato, H., Koizumi, I., Oba, T., Oda, M., Okada, H., Sakai, T. and Tanimura, Y.: Postglacial environmental change of the Pacific Ocean off the coasts of central Japan. *Mar. Micropaleo.*, **11**, 273-291, 1987.
2) Eddy, J. A.: Climate and the role of the sun. In: Climate and History (Rotberg, R. I. and Rabb, T. K. (Eds.)), pp. 145-167, Princeton Univ. Press, Princeton, 1981.
3) 伊東俊太郎：比較文明，260 p.，UP選書243，東京大学出版会，1990.
4) Kanaya, T. and Koizumi, I.: Interpretation of diatom thanatocoenoses from the north Pacific applied to a study of core V 20-130 (Studies of a deep-sea core V 20-130, Part IV). *Sci. Rep. Tohoku Univ.*, 2nd ser. (*Geol.*), **37**, 89-130, 1987.
5) 岸根卓郎：文明論――文明興亡の法則――，234 p.，東洋経済新報社，1993.
6) 小泉　格：完新世における対馬暖流の脈動．第四紀研究，**26**，13-25，1987.
7) Koizumi, I.: Holocene pulse of diatom growths in the warm Tsusima current in the Japan Sea. *Diatom Research*, **4**, 55-68, 1989.
8) 小泉　格：日本海の後期第四紀珪藻群集に見られるミランコビッチ周期．地球環境変動とミランコビッチ・サイクル（安成哲三・粕谷健二編），pp. 146-158，古今書院，1992.
9) 小泉　格：海洋環境の変動性と周期性．学術月報，**47**，129-139，1994.
10) Kutzbach, J. E. and Street-Perrott, F. A.: Milankovitch forcing of fluctuations in the level of tropical lakes from 18 to 0 kry BP. *Nature*, **317**, 130-134, 1985.
11) Lamb, H. E.: Climate History and the Modern World. 387 p., Methuen, London, 1982.
12) Moriyasu, S.: The Tsusima Current. Kuroshio, Its Physical Aspects (Stommel, H. and Yoshida, K. (Eds.)), pp. 353-369, Univ. of Tokyo Press, Tokyo, 1972.
13) 西岡秀雄：寒暖の歴史，好学社，1949.
14) 西山勝暢・稲川　勝・水野孝則：日本海の海水循環．月刊海洋，**24**，269-273，1992.
15) 大友詔雄・神山昭男：脳波の 1/f, $1/f^2$, $1/f^3$ スペクトル．生物リズムの構造――MemCalc にみる生物時系列データの解析――（高橋延昭・高山昭男・大友詔雄編），pp. 167-182，富士書院，1992.
16) 大友詔雄・田中幸雄：生体時系列解析の新しい方法――"MemCalc"システムとその応用．循環器科，**34**，336-346，1993.
17) Rothlisberger, F.: 10,000 Jahre Gletschergeschichte der Erde. Sauerlander Verlag, Aarau, 1986.
18) Sakaguchi, Y.: Climatic variability during the Holocene Epoch in Japan and its causes. *Bull. Dept. Geogr. Univ. Tokyo*, **14**, 2-27, 1982.
19) 阪口　豊：過去8000年の気候変化と人間の歴史．専修人文論集，**51**，79-113，1993.
20) 坂本竜彦・小泉　格：日本海の第四紀後期珪藻遺骸群集の周期構造：地質データの時系列解析――その1――周期構造の解析．地質学雑誌，1994（投稿中）．
21) 鈴木秀夫：気候の変化が言葉を変えた．216 p.，NHKブックス216，日本放送出版協会，1990.
22) Tada, R., Koizumi, I., Cramp, A. and Rahman, A.: Correlation of dark and light layers, and the origin of their cyclicity in the Quaternary sediments from the Japan

Sea. *Proc. Ocean Drilling Prog., Scientific Results*, **127/128**, Part 1 (Pisciotto, K. A. *et al*. (Eds.)), 577-601, 1992.
23) 多田隆治：石油探鉱における堆積リズム解析の可能性――第四紀日本海海洋循環ダイナミックスの復元を例として――．石油技術協会誌，**59**，54-62，1994．
24) 田中幸雄：汎用時系列データ解析システム"MemCalc"とその応用．生物リズムの構造――MemCalcにみる生物時系列データの解析――（高橋延昭・高山昭雄・大友詔雄編），pp. 19-39，富士書院，1992．
25) 安田喜憲：福井県三方湖の泥土の花粉分析的研究．第四紀研究，**21**，225-271，1982．
26) 安田喜憲：気候と文明の盛衰，368 p.，朝倉書店，1990．

5. 日本海堆積物のリズムが語る環境変動

多 田 隆 治

日本海の底を掘削する

　日本海は，日本とユーラシア大陸の間に横たわる縁海（陸に囲まれた海）である．その面積は約 100 万 km²，平均水深は約 1400 m あり，世界の海洋面積のおよそ 0.3％ を占める．日本海は，今から約 3000 万年前に日本列島とアジア大陸との間に断裂が生じることによってでき始め，およそ 2000 万年前にはかなりの大きさ・深さになっていた．そしてそれ以降，日本海の底には細粒の堆積物が静かにゆっくりと積もり続け，その厚さは 1 km にも達している．このように日本海の底

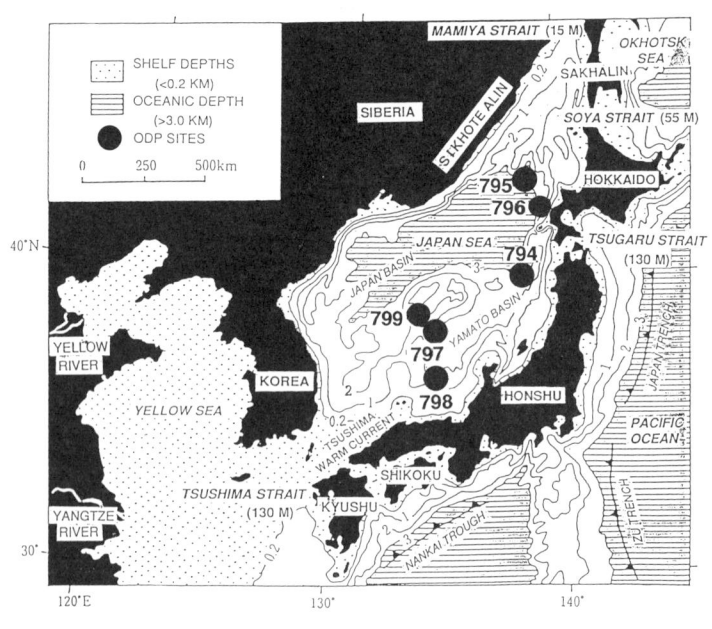

図 5.1　日本海の地形図と ODP 掘削地点の位置図

に連続的に降り積った細粒堆積物は，日本海の海洋環境や日本列島そして大陸における環境変動を記録してきた．これを連続的に回収できれば，日本列島成立以来の環境変動を解き明かすことができるわけである．

水深5000mを超える深海底をさらに1000m以上掘削して堆積物を連続的に回収する世界でただ1隻の深海掘削船ジョイデス・レゾリューション号が1989年夏に日本海を訪れ，約4カ月にわたる航海で794地点から799地点の計6地点の掘削を行った(図5.1)．筆者は，前半の航海に世界各国から集まった20余名の科学者の1人として参加し，深海底から回収されてくる堆積物を観察してその一部を採取・分析する機会に恵まれた．時々刻々と上がってくる堆積物をだれよりも先に観察・記載する船上での研究生活は，刺激と興奮に満ち溢れたものだった．

東北日本に露出する地層を調べ，日本周辺における過去1500万年間の気候・海洋環境変動を研究してきた筆者にとって，その興奮はなおさらだった．

掘削された堆積物は，直径10cmあまり，長さ10mほどの円柱（コアと呼ばれる）として船上に上がってくる．コアは1.5m間隔で切断され，縦半分に分割されてから船上の実験室に運び込まれ，そこで記載されるのである．最初の掘削地点に着いて掘削が始まるとすぐ，明灰白色と黒灰色の明瞭な縞をもつ細粒堆積物が続々と上がってきた（図5.2）．こうした明暗の縞は，色や組成の異なる堆積層が順次堆積することにより形成さ

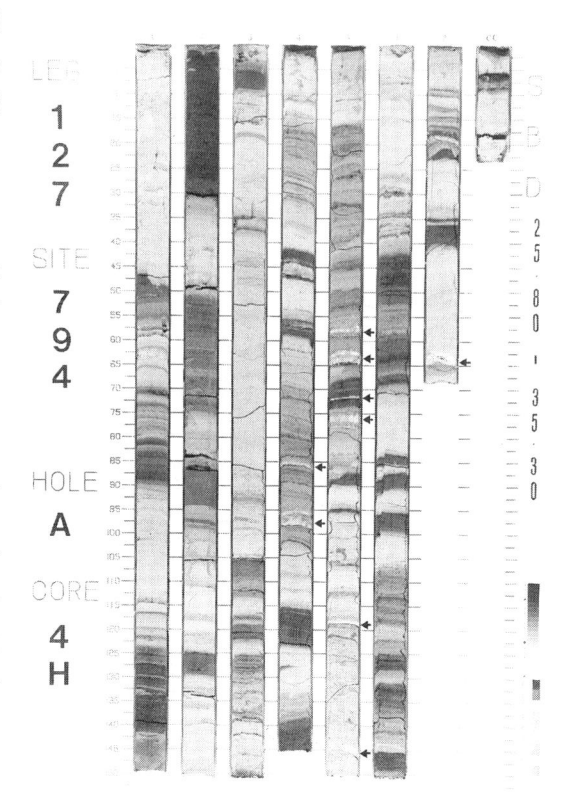

図 5.2 日本海第四紀縞状堆積物のコア写真
矢印は火山灰層．

れる．明暗の縞をもつ細粒堆積物は海底面から 100 m 近い深さまで延々と続き，乗船研究者たちを驚かせた．さらに，その後掘削した5地点においても，同様の明暗縞をもつ細粒堆積物が海底面から 100 m 前後にわたって続いたことから，筆者は，この縞が何か日本海全域にわたる環境変動を反映しているのではないかと直感した．しかし，この考えは必ずしもすぐに他の乗船研究者たちの賛同を得られなかった．

　他の研究者たちが必ずしも筆者に賛同しなかったことにはいくつかの理由がある．その第1は，掘削地点の位置にある．筆者が乗船した第 127 航海で掘削した4地点のうち 794, 795, 797 地点は，海盆部，すなわち地形的に低い所で掘削されていた．縁海の海盆部は大陸棚斜面の麓に広がるため，しばしば斜面崩壊により引き起こされた乱泥流の堆積場となる．実際，日本海においても大和海盆に乱泥流堆積物が堆積していることが知られており，乗船研究者の中にはそれを期待した者もいた．しかし，第 127 航海の掘削地点は，実に巧妙に選ばれていた．後になって知ったのだが，掘削地点の厳密な位置は，この航海の主席研究員である海洋研究所の玉木先生が，乱泥流堆積物の影響がないように海盆底よりごくわずか地形的に高まった場所を注意深く選定されていたのである．

　第2の理由は，おそらく日本海の堆積物の縞が織り成すリズムがきわめて複雑であることに起因する．今回回収されたものと似た明暗の縞をもつ細粒堆積物は，日本海以外にもさまざまな海域でさまざまな時代の堆積物からみつかっている．たとえば，日本海と状況も似ており，もっとも有名な例の1つに地中海の堆積物がある．地中海においても，日本海と同様に，海底面下に延々と明暗の縞をもつ細粒堆積物が続くことが知られており，その縞の解析を通じてすでに地中海における過去の環境変動が詳しく復元されていた．当然，欧米から来た研究者たちは，日本海の縞状堆積物と地中海やその他の地域の深海底から報告されている細粒縞状堆積物を比較しようとした．実際に比較してみると，今まで報告されている縞状深海底堆積物の多くは明瞭に周期的なリズムを刻み，暗色層の厚さも比較的一定しているのに対し，今回日本海深部から回収された縞状堆積物のリズムはきわめて複雑で，暗色層の厚さも数 cm から 1 m 以上まで変化に富んでいた．

　はたして日本海堆積物にみられる縞は，ほんとうに広域的な環境変動を記録しているのだろうか？　まず，この点から明らかにする必要があった．

縞を対比する

　日本海堆積物にみられる縞が広域的な環境変動を反映していることを示すため，筆者はまず掘削地点間での縞の対比を試みた．堆積物がほぼ 100％ 回収され，コアの写真がきれいに撮れている 794，795，797 の 3 地点を選び，写真を基に縞を 1 枚 1 枚照合して行った．コア写真は図 5.2 にみられるように，1.5m ごとに切断されたコアが横に 6〜7 本並べられた状態で撮影されているため，一見しただけでは 3 地点間で縞がほんとうに対比できるのかどうか判断がつかない．しかし，写真を切り貼りして 1 本の長いテープにしてから比べてみると，おもしろいように縞の対比が進んだ．結局，表層から 50m 近くまでについて，わずか 1cm の厚さしかない縞までほとんどの縞が 3 地点間で対比できた（図 5.3）．このことは，これら 3 地点が相互に 350〜700 km も離れていることを考えると驚きである．このようにして，日本海堆積物にみられる明暗の縞が日本海深部のほぼ全域にわたって対比できることが明らかになったが，次にこれらの縞が日本海全域にわたって同時に堆積したものかどうかが問題となった．筆者にとっては答は明らかだった．

　日本は火山の国である．数千年〜数万年のタイムスケールでみたとき，数千 km を越すような広範囲にわたって火山灰を撒

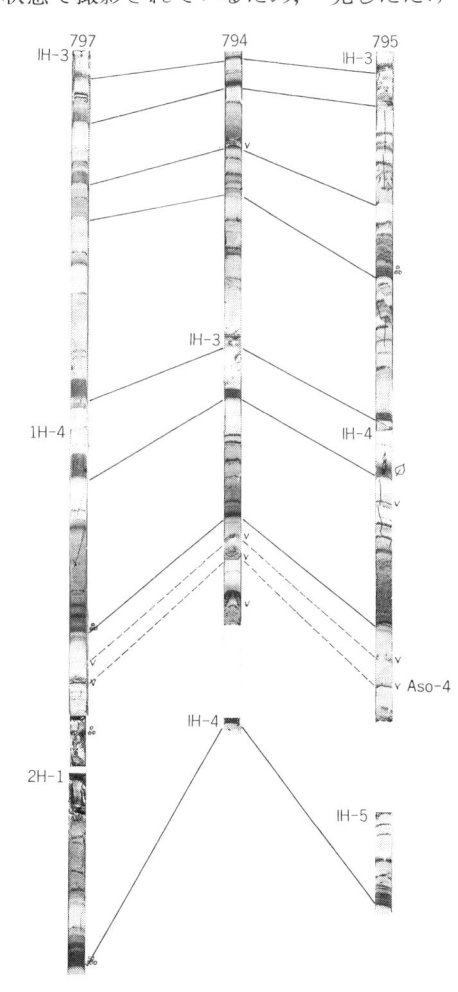

図 5.3 794，795，797 地点間での明暗縞の対比 4 万年前から 11 万年前の層．

き散らす大噴火ですら頻繁に起こっている．このように広域にわたって降り積もった火山灰は広域テフラと呼ばれ，地層対比にきわめて有効であることが知られている．火山噴火に伴う火山灰の堆積は地質学的にみれば一瞬の出来事であるから，広域テフラは同時間面を表すことになる．図5.3にもそうした広域テフラの1つである阿蘇-4と呼ばれる火山灰が示されている．図をみると，暗色縞は阿蘇-4と平行関係にあり，このことは暗色縞の堆積が3地点でほぼ同時に起こったことを示している．火山灰との平行関係は他のいくつかの暗色縞でもみられたので，筆者は意を強くし，日本海堆積物にみられる明暗の縞は日本海深部全域にわたり同時に起こった海洋環境変動を反映しているのだと主張した（Tada et al., 1992）．

縞に時間目盛りを振る

このように，日本海堆積物にみられる縞は日本海全域に及ぶ何らかの海洋環境変動を反映していると考えられるが，それがどのような時間スケールおよび様式の環境変動であり，またどのような原因により引き起こされているのかを知ることが筆者の研究の主目的である．そのためには次のステップとして，研究の対象となる堆積物コアに，なるべく詳細な時間目盛りを入れる必要があった．

堆積層に時間目盛りを入れる手段はさまざまある．もっともよく使われる方法は，示準化石と呼ばれる特定の時間範囲にだけ生存していた生物の化石の産出の始まりや終わりの層準や，地磁気が逆転する層準を認定する方法である（そうした目印となる層準の年代は，あらかじめ放射性元素などを使って決めてある）．日本海の縞状堆積物についても，こうした方法を用いておおまかな時間目盛りが振られた．そして，縞状堆積物の堆積が海盆部のどの地点においてもおよそ250万年前から始まり，およそ120万年前から明暗の縞のコントラストが強まるとともに繰り返しのリズムが複雑になったことが明らかになった．

250万年前といえば北半球の高緯度地域に初めて本格的な大陸氷床が発達し，その消長に伴う数万年周期の〜50m規模での海水準変動が始まった時期に対応するし，120万年前は，北半球における数万年スケールでの大陸氷床の消長規模が最終氷期から現在にかけての変動幅とほぼ同じ，海水準にして〜100mの規模になった時期に見事に対応している．これは，単なる偶然とは思えない．縞状堆積物に秘められた日本海の海洋環境変動は，大陸氷床の消長あるいはそれに伴う海

水準変動と深く関係しているのではないだろうか？ このことを検討するためには，日本海堆積物の縞と氷期-間氷期サイクルに象徴される大陸氷床消長の記録とを詳しく突き合わせる必要がある．

過去数百万年間の大陸氷床の消長については，有孔虫と呼ばれる浮遊性微生物の石灰質殻の酸素同位体組成を分析することにより詳しく復元されている（図5.4）．有孔虫の殻の酸素同位体比からその時代の大陸氷床の体積やその消長により引き起こされる海水準変動の規模を推定する原理については紙面の都合で省略するが，たとえば図5.4における酸素同位体比の増加は氷床の成長あるいは水温の低下を意味し，減少は氷床の縮小あるいは水温の上昇を意味する．図5.4に示されるような酸素同位体比変動の復元は，現在では1%以下の時間精度で行われている．そのため，過去200万年の海洋堆積物については，それに含まれる有孔虫殻の酸素同位体比を測り，その変動パターンを図5.4のような標準的酸素同位体比変動曲線と合わせることにより，堆積物に数万年間隔で時間目盛りを振る手法（酸素同位体層序と呼ばれる）が広く用いられている．

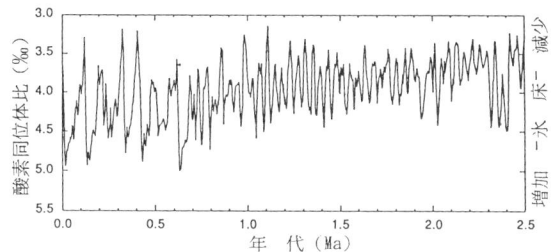

図 5.4 有孔虫の殻に記録された過去250万年間の海水の酸素同位体比の変動と大陸氷床の消長の記録 (Crowley and North, 1991)

しかし残念なことに，日本海の縞状堆積物には石灰質殻をもつ有孔虫がまばらにしか産出しない．また，後で詳しく述べるように，日本海は過去100万年間に繰り返し外洋から隔絶され，その表層水の酸素同位体比が陸水の影響を強く受けた可能性がある．こうした理由から，酸素同位体層序を日本海堆積物に適用するのがむずかしいことがわかってきた．かといって，前に述べたような化石や地磁気に基づく時間目盛りは数十万年に1つしか入っていないので，今回の研究のように数千年〜数万年スケールでの環境変動を議論するには目盛りが粗すぎる．そこで，酸素同位体比に代わる何かを利用して日本海の縞状堆積物に細かい時間目盛りを振れないだろうかと思い悩んだ．

私たち堆積学者は，堆積物がどのような粒子から構成されているかを顕微鏡を使って調べる．問題の縞状堆積物を調べると，その主要構成物質は，石英や長石

などのシルト粒子（径2〜64umの粒子）と細粒（2um以下）な粘土粒子から成る砕屑物，珪藻や放散虫などの珪質微化石，有孔虫やナンノプランクトンなどの石灰質微化石，堆積後に堆積物中で形成された黄鉄鉱粒子，細粒で黒っぽい有機物，そして軽石や火山ガラス片などの火山砕屑物などから成り，その割合は層準により大きく変動することがわかった．とくに珪藻化石の量は大きく周期的に変動するようにみえた．そこで，797地点の堆積物について30cm間隔で試料を採取し，北海道大学の小泉先生に単位重量堆積物当たりの珪藻化石個体数の深度方向（時代）の変動を調べていただいた．その結果は期待以上に見事なもので，珪藻化石個体数を対数で表示すると，その変動パターンは先に述べた酸素同位体比の標準的な変動パターンにきわめてよく似ており，間氷期（＝高海水準期）に珪藻化石個体数は増加し，氷期には減少していた（図5.5）．

すでに小泉先生の研究でも明らかにされているように，対馬暖流の脈動は珪藻化石個体数によく反映される（Koizumi, 1989）．そして，対馬海峡の水深がわずか130mであることを考えると，氷期-間氷期サイクルに対応した120mに及ぶ海水準変動が対馬海峡を通って日本海へ流入する海水量に大きく影響しただろうことは想像にかたくない．対馬海峡の断面積が海水準の低下に従って指数関数的に減少することを考えると，図5.5に示される珪藻個体数の対数値の時代変動が酸素同位体比の時代変

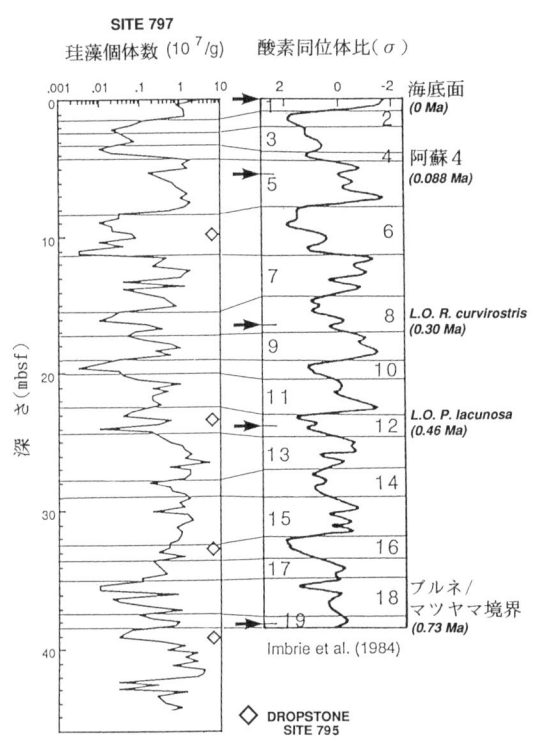

図 5.5 日本海第四紀縞状堆積物に記録された珪藻化石個体数の変動と標準的酸素同位体変動曲線の対比（Tada *et al.*, 1992 を一部改変）

動のパターンとよく似ていることは，珪藻個体数が，対馬海峡からの海水流入量の変動を通じて汎世界的な海水準変動を反映していることを示唆している．こうした理由から，筆者らは珪藻化石個体数の変動パターンを酸素同位体比の標準的変動パターンと対比することによって日本海堆積物に数万年間隔で時間目盛りを入れることに成功した（Tada *et al*., 1992）．

縞の意味を考える

このようにして筆者らは，日本海の縞状堆積物のどの部分が氷期に，どの部分が間氷期に堆積したかを知ることができるようになった．そこで次に，明暗の縞と氷期-間氷期サイクルあるいはそれに伴う海水準変動との間に何か関係があるのか調べることにした．明暗の縞の繰り返しをより定量的に表現するために，コア写真を画像解析し，堆積物の暗度（色の暗さの度合）を数値化して，その時代変化を酸素同位体比変動曲線と比較してみた（図 5.6）．図をみると，どちらかといえば氷期に堆積物の色が明るく間氷期に暗い傾向があるものの，両者の間に単純な関係はみられない．また，暗度の変化では，数千年程度（厚さにして 10 cm 前後）の短い時間スケールの変動がしばしば卓越している．事はそう単純ではないようである．

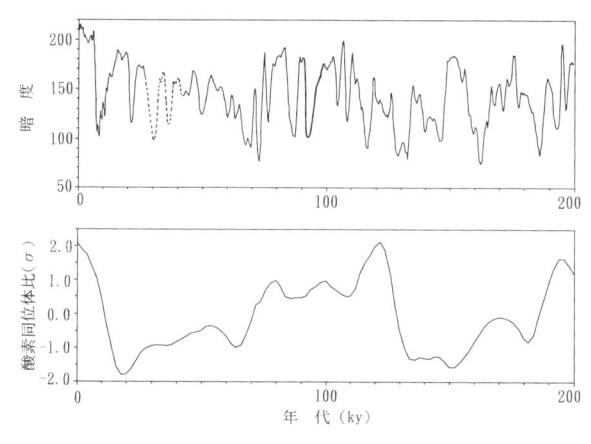

図 5.6　日本海第四紀縞状堆積物の暗度の時代変動
比較のために標準的酸素同位体変動曲線を示してある．

そもそも堆積物の色（とくに暗度）は，何を表しているのだろうか？　通常，堆積物の色の明暗を引き起こすもっとも一般的な物質は有機物だといわれる．そこで有機炭素含有量と暗度の関係を調べると，両者の間に明瞭な正相関がみられた（図 5.7）．つまり，日本海堆積物にみられる明暗の縞は，主に有機物含有量の違いを反映していることになる．ただし，図からも明らかなように，有機炭素の

含有量が 1〜1.5％ を超えると堆積物は十分暗くなってしまい，それ以上有機物が増えても暗度は変わらなくなる．目で暗色縞と識別しているのは，有機炭素含有量でおよそ 1％以上，暗度で 150 以上のものである．

明暗の縞をよく観察すると，色以外にも違いがあることに気づく．暗色縞には，そのほとんどに mm オーダーの細かく平行な縞（平行葉理と呼ばれる）がみられる（図 5.8）のに対し，明色縞は一般に均質で，海底に棲む生物の這い跡がみられることも多い．グリム博士の研究によれば，こうした平行葉理の 1 枚 1 枚が 1 年を表す年層と考えられる（Grim, 1992）．暗色縞に平行葉理が保存されていることは，海底に棲む生物により年層が乱されていないこと，すなわち堆積時の海底に生物が棲んでいなかったことを意味する．そして，その原因として考えられるのが，酸素に欠乏した底層水環境である．一方，明色縞に平行葉理がなく生物の這い跡がみられることは，堆積時の海底に生物が棲んでおり底層水は十分酸素を含んでいたことを意味する．すなわち，明暗の縞は底層水に溶存している酸素の量の変動に関する情報も含んでいるのである．

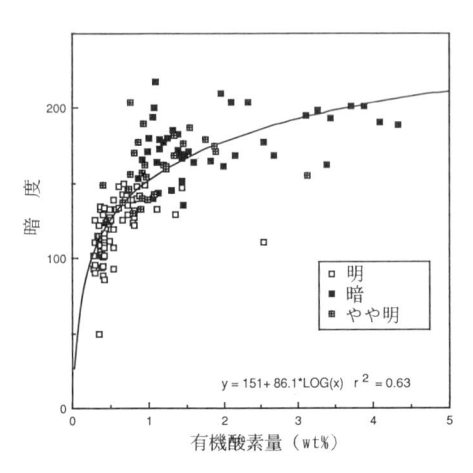

図 5.7 堆積物の暗度と有機物含有量との関係 (Tada et al., 1992)

海洋は一般に鉛直方向に成層しており，水深 100 m 前後に水温や塩分が急激に変化する境界がある．その境界より上は表層水と呼ばれ，風や波によりよく攪拌されて大気中の酸素を十分に取り込んでいる．その境界より下は深層水と呼ばれ，大気とは隔絶された静寂の世界である．深層水は，表層水が高緯度地域で冷却され，比重が増して沈降することにより形成される．現在の日本海においては，日本海固有水と呼ばれる深層水が日本海北部で冬季に形成されている．形成された深層水は深海底を満たし，古い深層水をゆっくりと押し上げて海洋表層へと湧昇させる．このようにして，深層水は海洋深部をゆっくりと循環するのである．現在の日本海では，深層水はおよそ 300 年で 1 巡するといわれる．一方，表層水中では太陽の光を受けてプランクトンが繁殖し，有機物を生産している．生産され

た有機物は，プランクトンの死後に深層水へと沈降し，そこで酸化分解される．その反応は，単純化すると次のような式で表され，深層水中の酸素を消費して二酸化炭素を放出する．

$$CH_2O (\text{有機物}) + O_2 \longrightarrow H_2O + CO_2$$

このため，深層水はその年齢が増すほどその溶存酸素量は減少する．また，表層水における生物生産性が高いほど，深層水への有機物の沈降量は増加し，深層水中の溶存酸素の減少速度は速くなる．したがって，深層水（あるいは底層水）中の溶存酸素量の減少を意味する暗色縞の堆積は，深層水の循環速度が低下すること，あるいは表層水における生物生産性が上昇することにより起こったと考えられる．

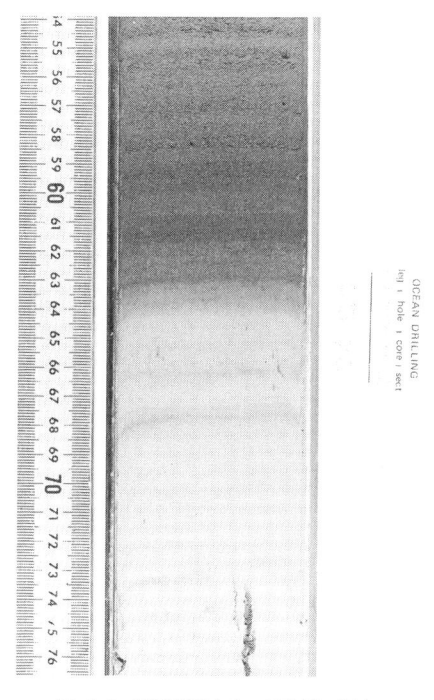

図 5.8 平行葉理をもつ暗色縞の写真

暗色縞の構成物質を顕微鏡下で調べると，一部の縞に黄鉄鉱（FeS_2）の微細結晶が多量に含まれることがわかった．これらは，堆積物中あるいは深層水中の，硫化水素が発生するような著しい還元環境で形成される．底層水が溶存酸素を十分含む酸化的な海底でも，堆積物が多量の有機物を含めば有機物の酸化分解により堆積物中の酸素は消費され尽くし，硫化水素が発生して黄鉄鉱が形成される．こうした環境では，堆積物中の有機物量と黄鉄鉱量はほぼ一定の量比を示すことがすでによく知られている（Berner and Raiswell, 1983）．それに対して，現在の黒海のように深層水中に硫化水素が発生する著しく還元的な海では，深層水中ですでに黄鉄鉱が形成され，その結果として有機物に比べて黄鉄鉱が堆積物中に相対的に濃集する現象が起こること，堆積物中の鉄のうちで黄鉄鉱化している鉄の割合が著しく高いことが知られている（Berner and Raiswell, 1983）．そこで，日本海の縞状堆積物中の黄鉄鉱含有量を推定した．また，堆積物中の全鉄量を測り，その何％が黄鉄鉱化しているか（黄鉄鉱化度）も推定した．測定の結果，暗

色縞のあるものは明らかに有機物に比べて高い黄鉄鉱含有量を示し，また黄鉄鉱化度も高いことがわかった．

このことは，日本海堆積物にみられる暗色縞が，有機物と黄鉄鉱の量比がほぼ一定し黄鉄鉱化度もそれほど高くない縞と，有機物に比べて相対的に高い黄鉄鉱含有量と高い黄鉄鉱化度で特徴づけられる縞の2種類から成ることを示し，前者は底層水に硫化水素が発生しない程度の貧酸素環境（貧酸素弱還元環境と呼ぶことにする）を，後者は底層水中に硫化水素が発生する著しい還元環境（無酸素強還元環境と呼ぶことにする）を示すと考えられる．

縞から環境変動を読む

では，暗色縞が示す貧酸素弱還元環境および無酸素強還元環境は，どのような時期に起こったのだろうか？　図5.9は標準的な酸素同位体比変動曲線で近似される汎世界的海水準変動と有機物/黄鉄鉱比および黄鉄鉱化度に表される底層水の酸化還元環境の変動との関係を示した図である．図から明らかなように，無酸素強還元環境を示す暗色縞は例外なく氷期の低海水準期に対応している．ただし，すべての低海水準期に出現しているわけではなく，海水準の低下があまり顕著でなかったステージ8（およそ26万年前）やステージ14（55万年前）の氷期にはみられない．また，無酸素強還元環境を示す暗色縞は，その厚さが比較的厚いという特徴がみられる．一方，貧酸素弱還元環境を示す暗色縞（とくに有機炭素含有量が約1.5％以上のもの）は，海退期に出現し，厚さが30 cm以下と薄く，短い周期（数千年）で繰り返す傾向がある．このように，2種類の暗色縞の出現に象徴される底層水の酸化還元環境の変動は，海水準変動と密接に関係していることが明らかになった．

海水準変動は，日本海表層水の性質にも大きく影響していた．先に，小泉先生が調べられた珪藻化石個体数の変動パターンが海水準変動のパターンとよく似ていたことについて述べたが，先生は，珪藻化石個体数だけでなく群衆組成も細かく調べられた（小泉，1992）．その結果，氷河性の海水準変動に対応して，群衆組成も大きく変わったことが明らかになった．すなわち，間氷期の高海水準期には対馬暖流起源の暖流系種が卓越するのに対し，中程度（現在より60 m前後低い）の海水準期には東シナ海沿岸水起源の汽水性種が卓越する．このことは，海水準低下に伴って，対馬暖流より塩分が2 permil程度低い東シナ海沿岸水が対馬海峡

から流入したことを意味する．さらに，氷期の低海水準期（現在より120m以上低い）には，珪藻の産出はごくわずかだが，その中に寒流系の汽水性種がみられる場合があることが明らかにされた．また北海道大学の大場先生は，日本海堆積物中の浮遊性有孔虫化石の酸素同位体比を詳しく調べられ，約1万8000年前の最終氷期極相期（最低海水準期）における日本海表層水の塩分が，現在よりも6permil近く低かったことを示された（Oba et al., 1991）．これらのことは，海水準が約120m以上低下すると日本海は外洋から隔絶されて湖となり，その表層水の塩分は周囲から流入する河川の影響で低下したことを示している．

環境変動のメカニズムを探る

次に，暗色縞が示す貧酸素弱還元環境および無酸素強還元環境が，どのようにして起こったのか考えることにする．実は，この謎

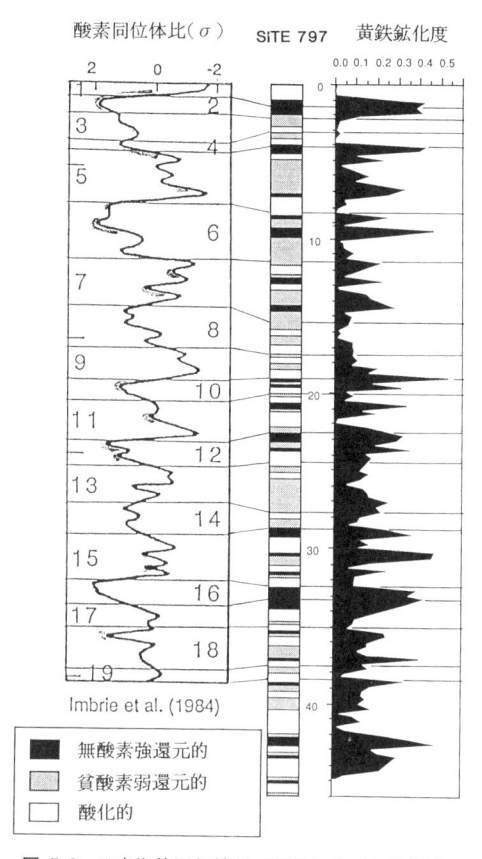

図 5.9 日本海第四紀縞状堆積物における底層水の酸化還元度の変動と氷河性海水準変動との関係
酸素同位体比曲線の横に振られている番号は同位体ステージ番号を示し，偶数が氷期，奇数が間氷期に対応する．

を解く鍵は日本海表層水の塩分の変動にある．海水は，その塩分が下がると密度が低くなる．その結果，表層水の塩分がある程度以上低下すると，いくら冷却されても深層水より重くなることができなくなる．先に述べたように，深層水への酸素の供給は表層水が冷却されて新たな深層水が形成されることにより行われるので，表層水の塩分の低下とそれに伴う深層水の形成速度の低下は，深層水の溶存酸素濃度の減少を引き起こすことになる．日本海の場合も，氷河性海水準変動

が対馬海峡から流入する海流量や塩分の変動を通して日本海表層水の塩分変動を引き起こし，それが深層水形成速度の変動を通して深層水の溶存酸素濃度の変動に反映されたと考えられる．

すなわち，現在のような高海水準期には，塩分の高い対馬暖流が日本海に流入し，表層水の塩分は高くなる．その結果，冬期の表層水の冷却による深層水の形成・循環が活発となり，深層水の溶存酸素濃度は現在みられるようにきわめて高いレベルに保たれた．逆に著しい低海水準期になると海峡はほとんど閉鎖され，周辺の陸から流れ込む淡水の影響で日本海表層水の塩分は著しく低下した．その結果，深層水の循環は完全に停止し，深層水は無酸素強還元状態になって黄鉄鉱に富む厚い暗色縞が堆積したわけである（図5.10）．

一方，中程度の海水準期は，海水準変動に伴い表層水の塩分が微妙に変化する時期であったろう．とくに海退期には対馬海峡から流入する海流の塩分がしだいに低下していくので深層水の形成が滞りやすく，逆に海進期には流入する海流の塩分がしだいに増加するので深層水形成は促進されやすかったと思われる．海退期に暗色縞の出現が顕著であることは，深層水の形成が弱まったこととの関係を示唆している．しかし詳しくみると，暗色縞の堆積は海退期を通じてずっと起こっているわけではなく，間欠的・反復的に起こっている．これは，この時期の微妙な海水準変動，あるいは水収支バランスの変化によって，日本海の深層水循環が大きく影響を受けたことを示すのではないだろうか？ 貧酸素弱還元環境を示す，薄くて有機物に富む暗色縞の繰り返しは，こうした不安定な深層水循環に関係しているに違いない．では，何が深層水循環の変化を引き起こしたのか，また，薄くて有機物に富む暗色縞の堆積と深層水循環の変化はどのように関係してい

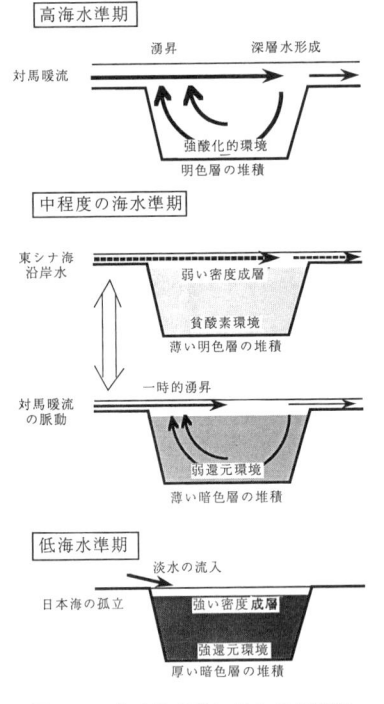

図 5.10 海水準変動に伴う日本海深層水循環の変化

たのだろうか？

実は，この点に関してはまだ完全にはわかっていないのだが，現時点での筆者の考えを述べよう．図5.11は，堆積物の暗度と堆積物中の砕屑物の TiO_2/Al_2O_3 比の時代変動を比較した図である．TiO_2/Al_2O_3 比は黄砂起源粒子と日本からの砕屑物の比を示し，その値が高いことは黄砂フラックスが大きいことまたは日本列島からの砕屑物の流入量が小さいことを示す．黄砂のフラックスは，中央アジアの乾燥度を反映し，乾燥度が高いほどフラックスは大きくなると考えられている (Hovan et al., 1989)．一方，日本列島からの砕屑物は主に河川から供給され，その流入量は日本海側地域への降水量に支配されると考えられる．

図から，薄くて有機物に富む暗色縞を示すピークと低い TiO_2/Al_2O_3 比のピークとが比較的よく一致していることが読み取れる．この関係は，薄くて有機物に富む暗色縞の堆積が，1) 中央アジア中緯度地域の湿潤化による黄砂フラックスの減少，あるいは 2) 日本海側地域における降水量の増大に伴う日本列島起源の砕屑物フラックスの増大と対応していることを示唆する．現在進行中の小泉先生の珪藻化石分析結果によると，薄くて有機物に富む暗色層の堆積は堆積物中の珪藻

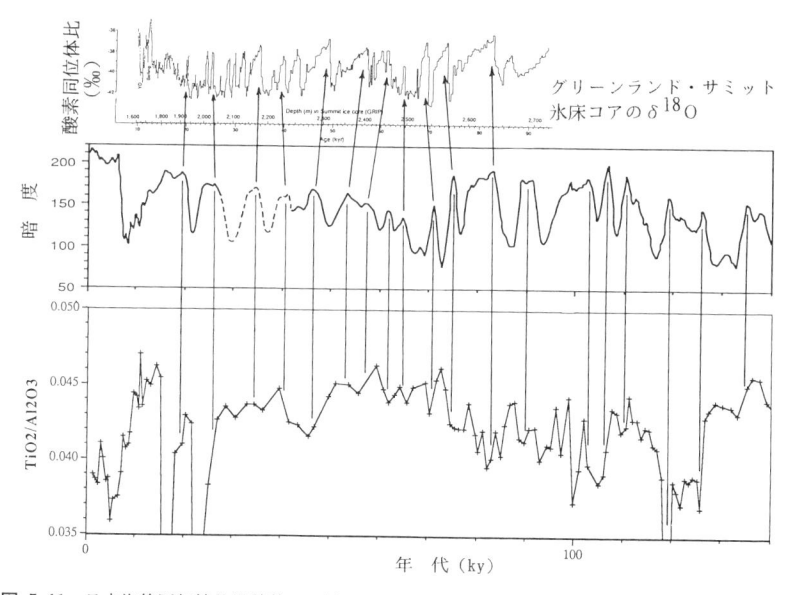

図5.11 日本海第四紀縞状堆積物における過去14万年間の暗度の変化と TiO_2/Al_2O_3 比，およびグリーンランド氷床に記録された酸素同位体比の変動との対比図

化石（とくに対馬暖流起源の珪藻化石）個体数の増大と密接に関係している．このことは，薄くて有機物に富む暗色層の堆積が対馬暖流の脈動とも関係している可能性を示唆している．

　安田先生もすでに述べているように，対馬暖流は日本海への熱源であり，その流入量の増大は，日本海側地域のとくに冬季における降水量の増大を引き起こす（安田，1983）．そしてそれは，日本列島起源の砕屑物の日本海への流入量の増大へとつながるだろう．対馬暖流の流入量の増大はまた，一時的に深層水の形成とそれに伴う湧昇流の強化を引き起こすだろう．先に述べたように，海退期は深層水循環が滞りがちで，日本海深層水は溶存酸素に乏しく，栄養塩に富んでいた．この時期に，湧昇が活発化して表層での生物生産性が一時的に上昇することにより，薄くて有機物に富む暗色層が堆積したのではないだろうか．今のところ，筆者はこのように考えている．

日本海第四紀堆積物の堆積リズムがもつ周期性

　筆者は今まで，日本海第四紀堆積物にみられる明暗縞の形成メカニズムを探ることにより，そのリズムがどのような環境変動を反映しているかを明らかにしようとしてきた．そして，厚くて黄鉄鉱に富む暗色縞が，氷季の低海水準期に日本海が孤立してその表層水が河川からの淡水の流入により薄められ，深層水循環が停止して深層水に無酸素強還元環境が広がった結果形成されたことを示した．一方，薄くて有機物に富む暗色縞は，とくに海退期に東シナ海沿岸水の流入により表層水の塩分がやや低下して日本海の深層水循環が減衰し，さらに対馬暖流の脈動あるいは水収支バランスの変化により深層水循環の不安定が増幅されて循環-停止を繰り返すことにより形成されたのではないかと考えている．

　氷河性海水準変動はミランコビッチ・サイクルによりそのペースが規定され，過去70万年間についてはおよそ10万年の周期で繰り返している（Ruddiman et al., 1989）．したがって，厚くて黄鉄鉱に富む暗色縞の出現周期もミランコビッチ・サイクルにペースを規定され，10万年ごとに出現したことになる．ただし，先にも述べたように，海水準の低下があまり著しくない氷期には出現しなかったことから，完全な周期性は保っていなかった．一方，薄くて有機物に富む暗色縞が繰り返す層準は海退期に対応しているようにみえ，その意味ではやはりミランコビッチ・サイクルにペースを規定されているといえるかもしれない．しかし，暗色

縞1層1層は3000ないし5000年程度の短い周期で繰り返しており，これは対馬暖流の脈動あるいは中央アジア地域の湿潤-乾燥サイクルを反映している可能性が強い．

最近のグリーンランドにおける氷床コアの解析結果によれば，最終氷期には1000年から5000年程度の短い周期で繰り返す大きな気温の変動が起こっていたらしい（Dansgaard et al., 1993）．そこで，グリーンランドの氷床コアに記録された過去10万年間の氷の酸素同位体比の変動（主に気温を表すといわれる）と日本海堆積物の暗度の変動とを比較したところ，両者にはかなりの類似がみられた（図5.11）．もし，この対応関係が事実であれば，日本海第四紀堆積物にみられる明暗の縞は，少なくとも北半球中・高緯度地域全域に及ぶ数千年周期の気候変動を反映していることになる．

グリーンランドの氷床コア記録の解析によれば，この数千年周期の気候変動はわずか数十年間で気温が5℃以上変化する急激なシフトを伴ったため，人類活動への影響もきわめて大きかったであろうことが指摘されている．ここに報告した研究結果は，こうした数千年周期の気候変動が北半球高緯度地域のみでの局所的な現象ではなく，少なくとも半球規模の変動である可能性を示唆している点で重要である．現在までのところ，こうした数千年周期の変動の原因についてはまだ究明されておらず，気候変動研究における今後の大きな課題である．

文　献

1) Berner, R. A. and Raiswell, R.: Burial of organic carbon and pyrite in sediments over Phanerozoic time: A new theory. *Geochim. et Cosmochim. Acta*, **47**, 855-862, 1983.
2) Crowley, T. J. and North, G. R.: Paleoclimatology. 339 p., Oxford Univ. Press, New York, 1991.
3) Dansgaard, W. *et al.*: Evidence for general instability of past climate from a 250-kyr ice-core record. *Nature*, **364**, 218-220, 1993.
4) Grim, K. A.: High-resolution imaging of laminated biosiliceous sediments and their paleoceanographic significance (Quaternary, Site 798, Oki Ridge, Japan Sea). *Proc. Ocean Drilling Program, Scientific Results*, **127/128**, Part 1, 547-557, 1992.
5) Koizumi, I.: Holocene pulses of diatom growths in the warm Tsushima Current in the Japan Sea. *Diatom Research*, **4**, 55-68, 1989.
6) 小泉　格：日本海の後期第四紀珪藻群集に見られるミランコビッチ周期．地球環境変動とミランコビッチサイクル（安成哲三・柏谷健二編），pp. 146-158, 古今書院，1992.
7) Hovan, S. A. *et al.*: A direct link between the China loess and marine $\delta^{18}O$ records:

Aeolian flux to the north Pacific. *Nature*, **340**, 296-298, 1989.
8) Oba, T. *et al.*: Paleoenvironmental changes in the Japan Sea during the last 85,000 years. *Paleoceanography*, **6**, 499-518, 1991.
9) Ruddiman, W. F. *et al.*: Pleistocene evolution: Northern hemisphere ice sheets and North Atlantic Ocean. *Paleoceanography*, **4**, 353-412, 1989.
10) Tada, R. *et al.*: Correlation of dark and light layers, and the origin of their cyclicity in the Quaternary sediments from the Japan Sea. *Proc. Ocean Drilling Program, Scientific Results* (Pisciotto, K. A. *et al.* (Eds.)), **127/128**, Part 1, 577-601, 1992.
11) 安田喜憲：日本海の海況の変化と完新世の気候．海洋科学，**15**-，1983．

6. 気候変動に周期性をもたらすものがあった
―― インド洋やオーストラリア大陸の温暖・湿潤化をもたらした海洋大循環の変動 ――

福澤仁之・落合浩志

はじめに

　氷河の成長や後退には地球軌道の周期変化が深くかかわっているとされ，気候変動にも周期性があることが指摘されている．過去100万年間に地球上の氷床は8回も成長-後退を繰り返しており，その原因は地球の公転軌道上の位置や，自転軸の傾きなどがある一定の条件を満たすことによるとされていた．しかし，天文学的な説明だけですべての気候変動の因果関係を完全に説明することはできず，これ以外の要因として海洋の循環の影響が大きいと考えられている．

　氷床の酸素の同位体比や，氷に閉じ込められている二酸化炭素の濃度を分析した結果，北大西洋に起源をもつ大規模な海洋循環が存在して，それが大きな変化をして地球規模の氷期-間氷期サイクルに強い影響を与えていることが明らかになった．この海洋大循環は熱塩ベルトコンベアと呼ばれている（図6.1）．高塩分の深層水は世界の海洋を回遊して，大気による水蒸気の輸送を補っている．激しい蒸発によって，極端に高塩分化かつ高密度化した低緯度からの北向きに流れる暖流がアイスランド沖で冷却されて密度がさらに増加する．その結果，深海へ沈み込んで低緯度そして南半球に向かって南下して大西洋からインド洋へ流出する．北大西洋で形成された当時の深層水は，北大西

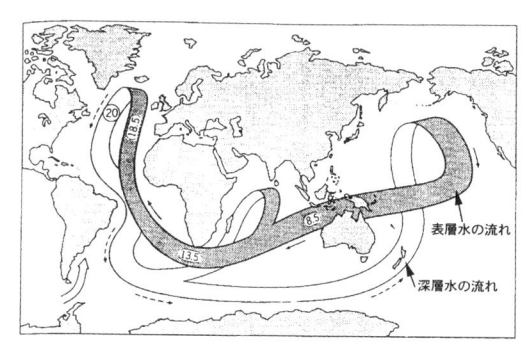

図 6.1　海洋の熱塩ベルトコンベア（高野, 1992）
白抜きの帯：深層水の流れ，網目の帯：表層水の流れ．

洋深層水（North Atlantic deep water）と呼ばれる．この深層水の流れはインド洋を経て太平洋西部を北上した後に，ベーリング海で表層水となってインド洋から南大西洋に至り，地球規模の海水循環であるベルトコンベアが形成されている．このベルトコンベアの消長は北大西洋での蒸発量と密接にかかわっている．

氷河期には北大西洋での蒸発量が減少するため，地球規模の熱塩ベルトコンベアは弱まったかあるいは停止したと考えられている．また，この熱塩ベルトコンベアの弱化が地球規模の熱循環を弱めて南北両極に氷床形成を引き起こしたという考えもある．したがって，熱塩ベルトコンベアの消長時期，海水温の変動，大気循環の変動（たとえばモンスーン変動など）および大陸内部の乾湿変動がいかなる規則性をもって生じたかを明らかにすることは，地球システムにおいて地圏（岩石），水圏（海洋や湖沼）および気圏（大気）がいかに相互に関係し合っているかを考察するうえで重要である．

北太平洋で浮上した表層水はインドネシア周辺の多島海，主にバリ島とロンボク島の間のロンボク海峡を通過して，インド洋に流入する．このため，表層水の

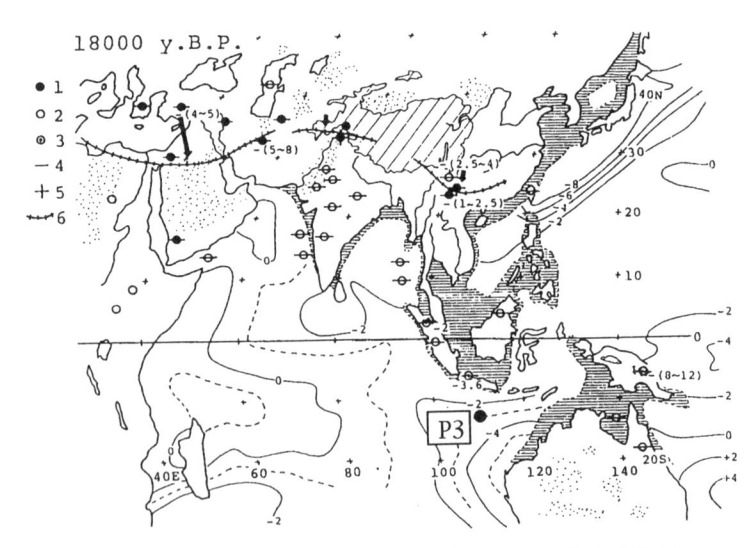

図 6.2　最終氷期最盛期（1万8000年前）の熱帯アジアとその周辺環境
（藤原，1990）と，ピストンコア（P3）採取位置
1：現在より湿潤，2：現在より乾燥，3：現在程度，4：現在より低温，5：現在より高温，6：寒帯前線（PF）の冬の南下位置．海水温は現在に比較した温度（℃）．

ベルトコンベアの消長を観察するうえで，ジャワ島沖のインド洋の深海堆積物は重要な材料となる．1986年に工業技術院地質調査所がインドネシアと共同で行ったNAT'86航海でピストンコアが3地点で採取された（Honza et al., 1987）．本章では，採取されたピストンコアの中で，東経114°31′，南緯12°のジャワ島沖南方約400 kmの水深4442 mの深海底のルー・ライズ（Roo Rise）上で採取されたP3コアを用いて，ベルトコンベアと氷期-間氷期サイクルとの関係を検討した結果を紹介する．P3コアを取り上げた理由は，採取されたルー・ライズが表層水として流れるベルトコンベアの流路に当たっており，しかもインド洋への流入口であるスンダ弧が最終氷期最寒期においても陸化しておらず（藤原，1990；図6.2），氷期-間氷期サイクルを通じてのベルトコンベアの消長の記録が連続的に残されている可能性が大きいためである．

ジャワ島沖の堆積物柱状試料（コア）とその分析方法

　P3コア採取地点のルー・ライズはスンダ海溝の外側に位置してオーストラリア大陸の陸棚からも遠いため，周辺海域で多くみられる乱泥流堆積物の挟在が認められない．P3コアの全長は7.5 mであり，堆積物は遠洋性石灰質軟泥からのみ構成される．コアは8本の部分コア（長さ1 m）に分割されており，分析に供した試料はそれぞれの部分コアの下位より2 cm間隔で分割して得た合計374個である（落合ら，1994；福沢ら，1995）．今回の研究では，以下の分析を行った．1）粉末X線回折法による鉱物組成（強度・結晶度）の検討，2）全炭素量および全窒素量の測定，3）有機炭素量の測定，4）浮遊性有孔虫殻が認められる一部試料から取り出した有孔虫殻の酸素同位体比の測定．なお，分析結果の計算方法での注意点は次のとおりである．1）有機炭素量/全窒素量の算出方法：全炭素量から有機炭素量をひいたものを炭酸塩炭素量とし，有機炭素量と全窒素量の比率は，有機炭素量を全窒素量でわって求めた．2）粘土鉱物の結晶度の測定：イライトの10Åピークと緑泥石の7Åピークの半価幅値（full width of half maximum, FWHM）の大きさを結晶度の目安とした．

　酸素同位体比の測定に使用した浮遊性有孔虫は*Globigerinoides ruber*で，殻の大きさが250～300 μmのものを使用した．

有孔虫の酸素同位体比に基づく酸素同位体ステージ区分

　有孔虫殻の酸素同位体比変動曲線を図6.3の左に示す．有孔虫の酸素同位体比（ある標準物質の $^{18}O/^{16}O$ 比率に対する有孔虫殻の $^{18}O/^{16}O$ 比率の割合）は，値が大きくなるほど寒冷になったことを示し，小さくなるほど温暖になったことを示している．そして，酸素同位体比の変動を用いて，氷期-間氷期のステージ区分が行われており，奇数のステージが間氷期に，偶数のステージが氷期に相当する．この標準曲線とP3コアの有孔虫殻の酸素同位体比変動曲線との対比から，ステージ1とステージ2の境界が深度0.2m付近に，ステージ2とステージ3の境界が深度1.5m付近に，ステージ4とステージ5の境界が深度3.5m付近に，ステージ5とステージ6の境界が深度7.35m付近にそれぞれ存在する．深度1.5mから深度3.5mまではステージ3とステージ4に相当するが両者の境界は不明である．また，深度3.5mから深度7.35mまではステージ5に相当すると考えられるが，このステージを細分することは困難である．ピストンコアの基底部に近い

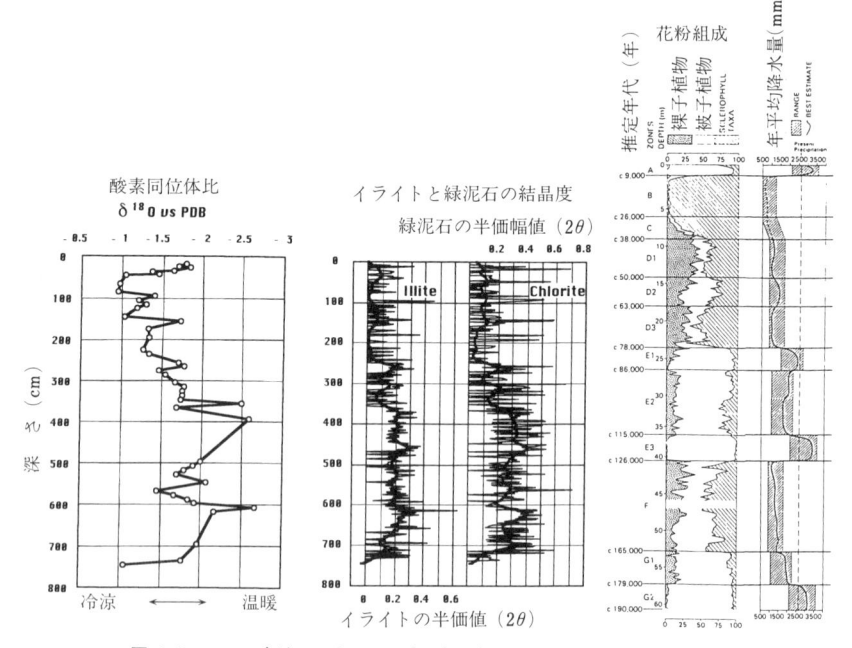

図6.3　ジャワ島沖ピストンコア（P3）の有孔虫殻の酸素同位体比（左），イライトと緑泥石の結晶度（中），およびオーストラリア大陸北東部の花粉からみた乾湿変動（右；Kershaw, 1994）

深度7.44mの有孔虫殻の同位体はステージ2と同程度であり，この深度付近はステージ6に相当するものと考えられる（落合ら，1994）．

P3コアの粘土鉱物組成とオーストラリア大陸の乾湿変動

粘土鉱物は長石・雲母などを含む堆積岩・火成岩を母岩にして，物理的・化学的風化作用を受けて生成する．母岩の種類や風化程度の違いによって，生成する粘土鉱物の種類・量は変化する．イライトと緑泥石は中性あるいはアルカリ性の環境下で長石・黒雲母・白雲母から生成する．乾燥気候条件では地下水分も蒸発するために，地表には地下水起源の塩分のみが残留して，その土壌はアルカリ性を示す（Chamley, 1989）．すなわち，イライトや緑泥石は乾燥気候条件下で生成されやすい粘土鉱物である．これに対して，カオリン鉱物は長石あるいは変質鉱物として生じているモンモリロナイトから塩基の溶脱が生じやすい弱酸性条件下で生成する（Chamley, 1989）．すなわち，水分供給が経常的に行われる地域の土壌に生成されやすく，現在の熱帯多雨地域の土壌中に卓越する．

不良な結晶度を示す粘土は，分解程度が異なるさまざまな面間隔をもつ粘土鉱物の混合物となるため，不明瞭なX線回折パターンを示して回折ピークの半価幅値は大きくなる．これに対して，良好な結晶度を示す粘土は，分解作用を受けていない粘土鉱物から構成されるため，これら鉱物の回折パターンはきわめて明瞭で，回折ピークの半価幅値は小さくなる．とくに，イライトと緑泥石は水分の供給によって水和分解作用が進行する．このため，湿潤地域で風化作用を受けた粘土鉱物は一般的に結晶度が悪くなり，回折パターンとしては半価幅値が大きくなるが，風化作用を受けていないもののパターンは小さい半価幅値のまま維持される．

本コアにおいて，イライト・緑泥石の半価幅値と酸素同位体比変動曲線を比較すると，両者の間には相関が認められる（図6.3中）．酸素同位体比変動で温暖期を示す時期にはイライト・緑泥石の結晶度が不良であり，寒冷期を示す時期の結晶度は良好である．詳細にみると，酸素同位体比の温暖スパイクは結晶度不良のスパイクに先行しており，結晶度の変動は酸素同位体比変動に比較して遅れる傾向がある．結晶度の良好-不良を示すイライトや緑泥石の供給源であるオーストラリア大陸の乾湿変動については，北東部での花粉分析結果（Kershaw, 1994）が参考になる（図6.3右）．オーストラリア北東部やニューギニアの更新世後期以降の

乾湿変動の記録（Kershaw, 1980）によれば，この地域は 12 万 3000 年前から 7 万 9000 年前までと 8000 年前以降現在まで湿潤であり，7 万 9000 年前から 8000 年前までは 6 万 3000 年前から 5 万年前の期間を除いて極度に乾燥している．8000 年前以降現在までの期間と同じほど湿潤な時期は 12 万 3000 年前から 11 万 6000 年前までと 8 万 6000 年前から 7 万 9000 年前までである．P3 コアでは，1 万年前以降湿潤化した後現在に向かって乾燥化している．この傾向もカーショー（Kershaw, 1980）の花粉による完新世の乾燥傾向とまったく一致する．すなわち，過去 13 万年間における花粉に基づく乾湿変動の傾向はイライト・緑泥石の結晶度および有孔虫殻の酸素同位体比変動とほぼ一致している．酸素同位体比，粘土鉱物の結晶度および大陸の乾湿変動の間に一致した変動が認められることは，イライト・緑泥石の結晶度変動がグローバルな寒暖変動に基づいたオーストラリアの乾湿変動によって影響を受けたことを示唆する．

ジャワ P3 コアの有機物組成変化からみた熱塩ベルトコンベアの消長

P3 コア中には数 % の有機物が含まれており，その起源は海面におけるプランクトンによる生物生産と陸上の高等植物起源有機物の乱泥流などによる流入などが考えられる．生物生産によるものかあるいは陸域からの流入によるものかを判断する指標として，有機炭素/全窒素比率（以下 TOC/N とする）の変動があげられる．陸上高等植物起源の有機物の TOC/N は 30〜40 と大きい値を示すのに対して，プランクトン起源の値は 5〜6 である（Stein, 1991）．しかし，粘土鉱物に吸着する無機態窒素が全炭素には含まれているため，粘土鉱物が多い堆積物では，TOC/N の値を指標として使用できないが，粘土鉱物が少ない炭酸塩堆積物では指標として有効である（Stein, 1991）．P3 コアの炭酸塩鉱物は石灰質生物遺骸起源であり，その量は方解石として計算して 10〜35 %（重量）を示しており，粘土鉱物の含有量は数 % 以下である（落合ら，1994）．このため，P3 コアにおける TOC/N の値は，陸上からの流入有機物を検討するうえで，重要な指標になる．

P3 コアの TOC/N の値は 5〜42 までの値を示すが，そのほとんどが 10 以下であり，20 以上の値がスパイクとして認められる（図 6.4）．これらの TOC/N スパイクは陸域から有機物の流入を示しているものと考えられる．陸域からの有機物の流入原因としては乱泥流などの重力流があげられるが，P3 コア採取地点のルー・ライズはスンダ弧あるいはオーストラリア大陸から遠く離れているうえに，

海洋底からそそり立つ起伏であり,陸域から乱泥流が流入したとは考えられない.したがって,陸域からの有機物の供給は海流,とくにスンダ弧を通過してインド洋へ流入する表層水の流れによって行われているものと考えられる.すなわち,TOC/Nのスパイク値は表層水の水流ひいては熱塩ベルトコンベアの消長を表現しているものといえる.

　TOC/Nスパイクと酸素同位体比変動曲線,緑泥石の結晶度との関係をみると,TOC/Nのスパイク層準の時期は海面水温が温暖なピークで,大陸内部も湿潤であった時期とほぼ一致する.これは,表層水の水流が強かった時期には,海面水温も温暖でオーストラリア大陸内部も湿潤であったことを示している.しかし,詳細にみるとこの3者の温暖・湿潤のピークの間にはわずかな時期のずれが認められる.TOC/NのスパイクをP3コア中か層準Aから層準Kの11層準を選んで,緑泥石と酸素同位体比との関係をみてみると,以下の特徴があげられる.1つは,TOC/Nスパイク値が,酸素同位体比変動の温暖ピークや緑泥石の結晶度不良ピークに先行して生じていること,2つには,酸素同位体比変動と緑泥石の結晶度

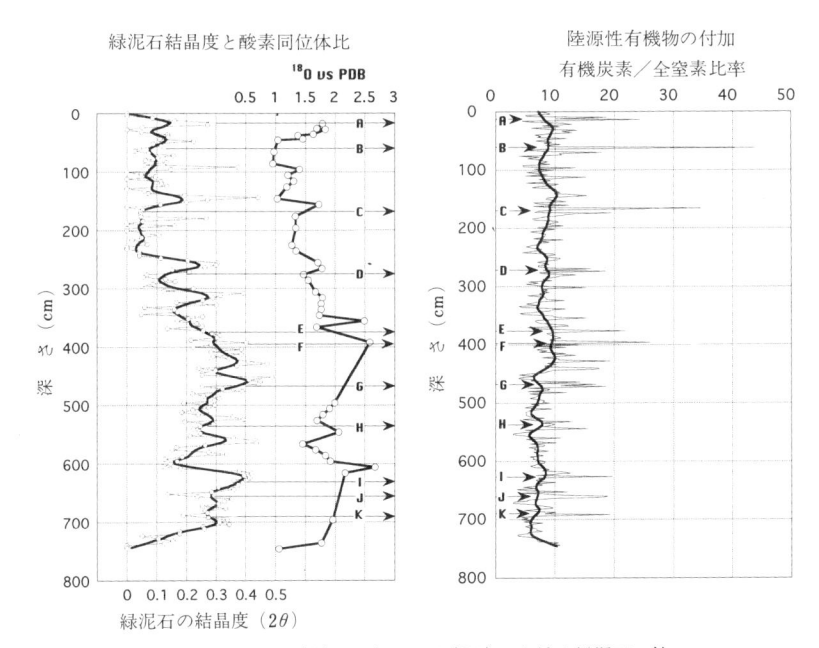

図6.4　ジャワ島沖ピストンコア(P3)における緑泥石の結晶度・酸素同位体比(左)およびTOC/N値の変動

不良ピークを比較した場合，酸素同位体の変動が先行して粘土の結晶度変動がや や遅れて変化していることである．もし，これらの変動ピークのずれ，すなわち タイムラグの存在が本当であるとすれば，この現象は熱塩ベルトコンベアの活発 化した後にインド洋の表面海水温が上昇して，これによってモンスーン変動が活 発化して海洋の水蒸気が大陸内部へ運ばれて湿潤化する順序で氷期ステージの解 体が起こったことを示している．言い換えれば，熱塩ベルトコンベア移動の中で， 中部太平洋で蒸発量が多く暖められた表層水がスンダ弧を通過してインド洋に流 入することによって，インド洋の海面水温を上昇させた．その後に，インド洋と オーストラリア大陸内部との温度差の増大によって，モンスーン活動の活発化を 招き，オーストラリア大陸内部の湿潤化が進行した．

気候変動の周期性について

気候変動は大気・海洋・大陸・氷床から成る1つの系の変化と考えられてい る．すなわち，これら4者が相互に関連して，気候の変動が引き起こされている わけである．もし，海洋が地球の気候システムの変動に大きな影響を与えること が可能ならば，前で述べたように，地球全体への熱量や塩分の移動を行うベルト コンベアの消長は重要になる．しかも，そのベルトコンベアの強さはスパイク的 に急に強くなったり，急に弱くなったりしている．

そして，ピストンコアP3の中に認められるTOC/Nのスパイク層準（層準A 〜K）について周期性の有無を検討することとした．周期性の数値解析はMEM （最大エントロピー法）によるスペクトル解析を行った．P3コアに関する高精度 の年代決定はまだ行われておらずTOC/Nの値は時系列では表現できないため， 深度に対するTOC/Nのパワースペクトルを求めた．その結果，層位的間隔143 cmと56cmの2つのスペクトルが得られた．P3コアの最大深度746cmにおけ る有孔虫殻の酸素同位体比は急速な寒冷化を示している（図6.4）．もし，この寒 冷化がステージ5からステージ6への移行期であるとすれば，その年代は12万 5000年である（Martinson et al., 1987）．したがって，深度0cmを現在と仮定し た場合，P3コアの平均堆積速度は0.0597mm/年である．圧密などの影響を無視 して，層位的間隔143cmと56cmの年代幅はそれぞれ2万3000年前後と9000 年前後に相当する．2万3000年周期はミランコビッチ・サイクルの地軸の歳差運 動の周期であり，それによる影響を表現しているものかもしれない．9000年周期

についは対応する地球科学的現象がない（Glenn and Kelts, 1990）が，他の複数の周期性をもつ要因による複雑な影響を受けたものかもしれない．現在のところ，9000年前後の周期は天文学や気候学では知られていないが，異なる周期をもつ要因に対しての海洋の応答性質や応答速度の違いによって新たにつくり出されたものかもしれない．海洋の大循環とくに大西洋を起点とする熱塩ベルトコンベアの強さがある周期性をもって変動することは，気候変動に周期性が存在することを示唆している．気候変動に周期性が存在する必然性の一端をジャワ島沖のP3コアは示しているわけである．

おわりに

本ピストンコアに記録された粘土鉱物の結晶度とTOC/Nの変動は氷期-間氷期のサイクルを強く反映していることが明らかになった．とくに，氷期から間氷期への移行期には，熱塩ベルトコンベアが強まって，スンダ弧からの陸源性有機物がインド洋へ流出した．このベルトコンベアの強化はインド洋の表層海水温を上昇させ，この海水温の上昇はモンスーンの活発化と大陸内部の湿潤化をもたらした．スンダ弧周辺の氷期から間氷期への移行のきっかけは，表層水の水流の強化すなわち熱塩ベルトコンベアの強化であることが明らかになった．このことは，氷期-間氷期サイクルの形成に，流れの強さについて周期性をもつ熱塩ベルトコンベアの消長が先駆的な役割を果たすことを示唆している．気候変動には実際に周期性があったわけである．

本研究を進めるに当たり，分析試料の採取についてお世話いただいた地質調査所の本座栄一博士，西村昭博士およびNAT '86航海関係者のかたがたに心から厚くお礼申し上げます．

文　献

1) Chamley, H.: Clay Sedimentology. 672 p., Springer-Verlag, Heidelberg, 1989.
2) 藤原健蔵：熱帯アジアの環境変遷——研究動向と課題．総合地誌研叢書, **20**, 1-63, 1990.
3) 福沢仁之・落合浩志・大場忠道・小泉　格：ジャワ島沖ピストンコアに記録された氷期ステージの解体プロセス．地球, **16**(11), 662-667, 1995.
4) Glenn, C. R. and Kelts, K.: Sedimentary rhythms in lake deposits. In: Cycles and Events in Stratigraphy (Einsele, G., Ricken, W. and Seilacher, A. (Eds.)), pp. 188-221,

Springer-Verlag, Heidelberg, 1990.
5) Honza, E., Joshima, M., Budhi, S. A. and Nishimura, A.: Sediments and rocks in the Sunda forearc. *CCOP Technical Bulletin*, **19**, 63-68, 1987.
6) Kershaw, A. P.: An extension of the late Quaternary vegitation record from northeastern Australia. In: 4th Intern. Palynol. Conf. Lucknow, 3, pp. 28-35, 1980.
7) Kershaw, A. P.: Pleistocene vegetation of the humid tropics of northeastern Queensland, Australia. *Paleogeog. Paleoclimat. Paleoecol.*, **109**, 399-412, 1994.
8) Martinson, D. G., Pisias, N. G., Imbrie, J., Moore, T. C. and Shackleton, N. J.: Age dating and the orbital theory of the Ice Ages: Development of a high-resolution 0 to 300,000 year chronostratigraphy. *Quaternary Res.*, **27**, 1-29, 1987.
9) 落合浩志・福沢仁之・大場忠道・小泉 格：ジャワ島南方沖の後期更新世深海堆積物に記録された海洋大循環の変動．海洋，**26**(7)，449-453，1994．
10) Stein, R.: Accumulation of Organic Carbon in Marine Sediments. 217 p., Springer-Verlag, Heidelberg, 1991.
11) 高野健三：氷期の海——なにが現在と違っていたか——，科学，**62**(10)，625-632，1992．

コラム：堆積物を採る
―― 新しい堆積物採取法の開発と運用手順 ――

岡 村　　眞・松 岡 裕 美

堆積物採取の目的と方法

　　最近1万年間のいわゆる完新世の堆積物には，この間の海域や陸水域の環境変遷の歴史が記録されており，年単位や季節ごとの分解能で復元が可能となる．とくに人間活動の地球環境への影響の評価には地域ごと，また最近数千年間の詳細な環境変化を把握する必要がある．一方，基本的に堆積場にある帯水域で断層運動が起きると，この記録は堆積物中にイベント堆積物として記録されることとなり，過去の地震時と変位量の関係から，断層の将来予測が可能となる．このような研究を押し進めるためには，目的や堆積環境の変化に応じて堆積物の採取法を考慮し，その運用に対しても目的に合う柔軟な対応が求められる．高知大学では1985年からこの目的に沿った複数の採泥システムを開発し，主に日本周辺海域で調査を行ってきている．その採泥システムは，研究者個人で運用可能かつ調査地の状況変化に柔軟に対応できることや，安価で継続的研究が可能であることなどを基本と考えて組み上げてきた．採泥システムの構想・設計段階から，すでに26の大学・研究所などとの共同研究を行ってきており，採取された試料により今後の新たな研究の端緒が開かれたケースも多い．

　今後も調査研究の目的により，システムの改良や新たな機器の開発が必要であるが，この10年間の研究環境の変化と，研究目的を達成するための小さな技術の進歩がもたらした結果を概括し，今後全国の大学・研究所との共同研究がさらに進むことを期待する．

地震の化石を掘る——地震長期予測を目的とした採泥システム（長尺ピストンコアラーの製作と運用）——

研究目的と実施経過 地震（強震動）と断層運動はたがいに原因と結果の関係であり，このことは断層が動けば地震を発生させ，また地震が起きればどこかの断層が動いたことを意味する．この地震の長期予測に関しては，時間予測モデル（Shimazaki and Nakata, 1980）が提唱され，その有効性が認められつつある．これは南海トラフ沿いのフィリピン海プレートの沈み込みに伴う巨大地震について，トラフの陸側の地震隆起量が時系列的に調べられた結果，もっとも最近の地震変位量が求まると，次に起きる地震までの時間が導かれるとする理論である．この理論はいわゆる直下型といわれる内陸地震についても合てはまるのかどうか，このことを検証するために新たな手法が求められた．幸い九州の別府湾の音波探査記録が公表されており（森山・日高, 1981），ここにとらえられた海底断層群はいずれも地震による累積変化が認められた（島崎・中田ら, 1986）．海底は浸食作用のはたらく陸上と異なり，堆積の場であり，とくに堆積速度が地震の変位速度を上まわればその記録は海底に地震の化石として記録されることになる．当初は海上ボーリングによりこの断層を挟んだ2つのブロックからコア試料を採り，その地震履歴を読み取ろうと考えた．しかし水深40mを超える地点でのボーリングはクレーン付き台船を使用し，時間と費用の面で継続的研究には不適当であった．この間のいきさつについては，『地震と断層』（島崎・松田, 1994）に詳しい．ボーリングによる堆積物採取については，このほかにシンウオール採泥によるボーリング孔への試料落下や火山灰の孔壁崩れなどを起こし，コアの対比や正確な地震時の見積もりには問題点を残す結果となった．

ピストンコアラーの制作 別府湾は堆積速度のきわめて安定した環境で，その堆積速度は1m 500年である．したがって，20mの試料が採取できれば1万年間の歴史を読み取ることが可能である．1本の断層の地震イベントは，2000年ないし3000年の繰り返し間隔をもつことがボーリングコアの解析から予測されたので，20mの試料では3回ないし4回の地震イベントが含まれる（岡村・中田ら, 1992）．

コアラーの製作には，実績のある当時の東京大学海洋研究所小林研究室の 12 m コアラー（スクリップス海洋研究所のコピー）や通産省地質調査所の海洋地質部のものも参考にさせていただいた．コアラー本体はステンレスフレームに鉛とステンレス板の重りを組み合わせ 850 kg（可変）とし，重心を低くするために全長は 230 cm と長くとった．5 m 長の外径 90 mm，肉厚 5 mm の純アルミのシングルチューブを長さ 40 cm のステンレスジョイントで結合し，コアの全長は 5 m から 25 m まで延長して使用できる．従来のコアラーにありがちな，ピストンの上方ストッパが結果としてコアパイプの水の排出を阻害する要因を改善した．またピストンの気密性不良のため，堆積物が落下したり，変形することを防ぐため O-リングを 4 本装着した．コアラーのユニットは 1 人で運搬可能の 40 kg を上限と設定し，消耗機材は市販されかつ日本中の現場で入手可能なものに合うよう設計した（図 1）．この製作と改良は，高知市の田村器機（有）の田村茂彦社長の尽力によるところが大きい．これまでに最長 21 m のコアを含む，167 本を採集し，その回収率は 89 % である．

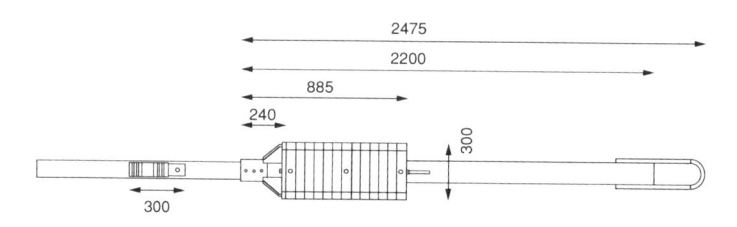

図 1 ピストンコアラー設計概念図

コアリング作業の手順　　ピストンコアリングはパイプ内にピストンがあることによって，パイプを堆積物に押し込む力とピストンが堆積物を吸い上げる力のバランスをとり，効果的に採泥しようとするものである．ピストンコアラーの作動様式は以下のように説明できる（図 2）．1) ピストンコアラーを先端に重りを付けた天秤にセットし，ゆっくりと海底に向かって降ろす．ピストンと天秤をつなぐメインワイヤは弛ませてある．2) 重りが着底し荷重がなくなったとき，天秤がはずれてコアラーは自由落下を始める．3) ピストンがちょうど海底面に達

したときにワイヤが張るように長さを調節してあるので，ピストンは上部から引かれ，海底面の上で停止した状態になる．4) 本体とパイプはそのまま落下を続けるのでピストンはパイプの下部から上部へ引き上げられる状態になる．このとき陰圧がはたらくために，堆積物を吸い込みながらパイプを海底に押し込むことができる．5) ピストンが本体の基部のストッパに達したところで落下は停止する．6) すぐにコアラーを引き上げる．天秤がはずれてからコアの引き抜きまではほんの数秒間の出来事である．

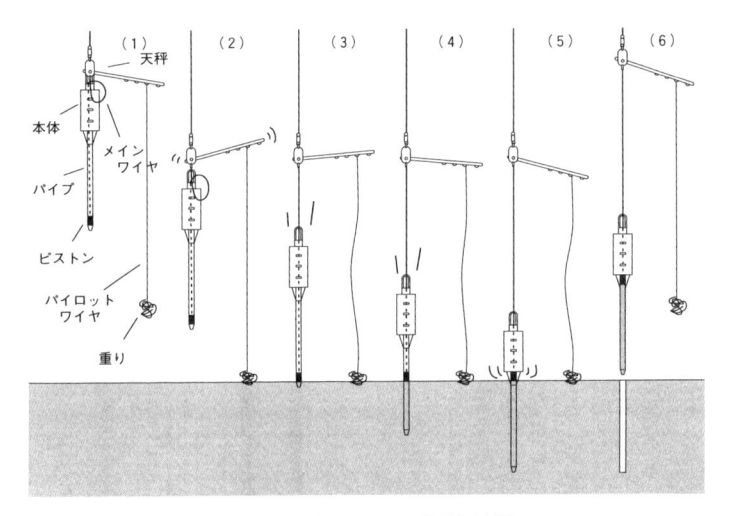

図2　ピストンコアラー作動概念図

　ピストンコアラーがピストンコアラーであるためには，本体を吊るすメインワイヤと天秤に重りを吊るすパイロットワイヤの長さのバランスが重要である．コアラー本体が自由落下するとき，ピストンは海底面上で停止しなくてはならない．この停止位置が海底面より上すぎるとパイプの中は海水ばかりになってしまう．またメインワイヤが長すぎるとピストンが海底面に潜ってしまい堆積物の上部を乱してしまうだけでなく，陰圧がかからないので堆積物とパイプの間に大きな摩擦力がはたらいてしまう．さらにこの問題は単にワイヤの長さの問題だけではなく，重りが軟弱な海底面でどの程度沈むかにも関係する．

通常は天秤用の重りとしてパイロットコアラーを使用し，堆積物の上部数十cmを採取しているが，この場合底質によってどこまで堆積物中に沈むか評価しにくい．高知大学では重りにスキーのストックについているリングのような沈み止めを使用し海底面で確実に止まるように工夫した．現在ではより沈みにくく，安価な大きな鉄の鎖を重りとして利用している．

　せっかく完璧に準備し，調整したコアラーでも，投入時にパイプを曲げてしまっては絶対に刺さらない．ピストンコアラーの投入作業は次のような手順で行っている（図3）．1）コアラー本体はクレーンで吊り，パイプは手でもって静かに水面に降ろす．2）パイプの先端はピストンで栓をした形になっているので，これを無理に海中に押し込むと中に入っている空気の浮力がパイプを曲げてしまう．そこでコアの投入時にはパイプの上部からポンプを使って海水を入れてやり，自然にパイプが水中に沈むまで待つ．3）本体を立て，4）天秤に重りをセットする．

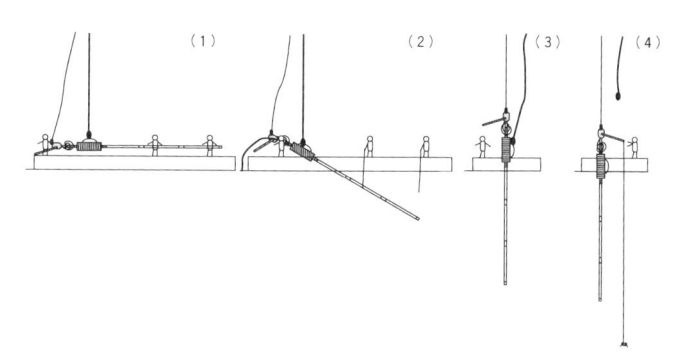

図3　ピストンコアラー投入作業図

　パイプに海水を入れるところが重要で，この作業を行うようになってから成功率は格段にアップした．

採取コアの処理　コアは5mのアルミのコアパイプに詰まったまま運ばれ，研究室内で1mごとに切断される．その後試料は油圧で押し出すと同時にステンレスワイヤで2分割される．このあと大気による酸化が進む前に，帯磁率測定を行う．堆積物は陸源・生物源・火山

起源の3つの物質の混合物であり，その垂直量比変化はコアの対比に利用される．

湖の環境変動を診る：高分解能環境解析に向けて——コアリング筏の製作と福井県水月湖——

　火口湖は天然の雨量計であり，宇宙へ開く情報の窓である．日本は多数の火口湖が分布する．分水嶺をなすその稜線は著しく火口寄りに偏り，このことが浸食堆積物の供給を少なくし，淡水プランクトンや大気を経由してから飛来する，風成塵・花粉や宇宙塵のような微細粒子をトラップする機構として機能していると考えられる．水月湖は火口湖ではないものの火山地形と似通っており，湖水の下方が滞留海水，上方が淡水環境と成層構造が安定的に保持される条件も兼ね備えている．ここでは大型の台船の搬入が不可能で，トレーラで陸送された15m×7m×1mの鉄箱でコアリングを行った．初年度には15mのパイプで11mの，次年度には25mのパイプで18mの不攪乱試料を採取することができた．湖水に浮かぶ不安定な鉄箱に5tクレーン付きトラックを載せ，さらに10m分のパイプは箱からはみ出すこととなった．コアは珪藻と黒色嫌気性泥の細かいラミナから成り(福沢，1993)，これが年縞であることは確からしい(安田，1993)．このコアは約1万3000年の歴史を刻んでおり，今後の高精度の研究が待たれるところである．

　一方水月湖とは異なり，十分な水深のない湖では，喫水の浅い筏でのコアリングを試みている．筏は5m四方で中心に2m×1mの開口部を設け，4mの櫓を備えている(図4)．自重は600kgで，浮力は発砲スチロールのフロート10個により2tあり，4人が作業に当たることができる．筏の上では，200kgのピストン

図4　水月湖でのピストンコアリング

図 5　コアリング筏と 200 kg ピストンコアリング
高知県須崎市糺が池.

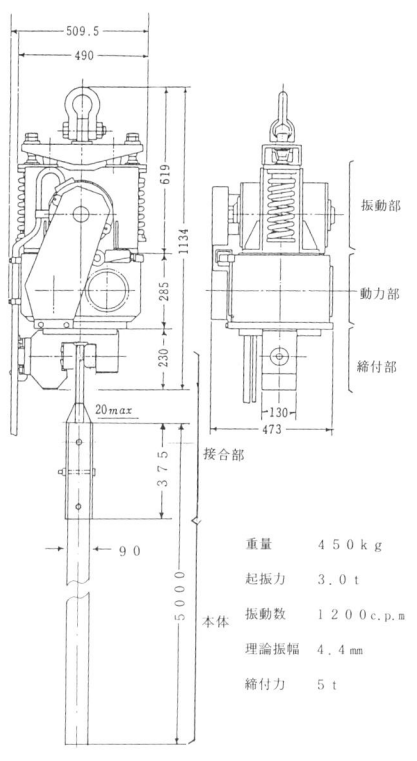

図 6　バイブロコアラーの設計概略図
NVA-5 SS 高周波振動杭打機を用いたバイブレーションコアサンプラー.

　　コアラーを電動ウインチで海底まで昇降させることが可能である．高知県須崎市の糺ケ池において津波堆積物の採取(吉岡・岡村ら，1995；図 5)と，神奈川県小田和湾の地震イベント堆積物の採取を行った．現在は東北地方沿岸の汽水湖における環境変動研究に役立っている．

地盤の変動をみる——バイブロコアラーの製作と陸域地盤の研究に向けて——
　　これまでの堆積物採取法が，コアラーの自重による衝撃で試料を採取する方法であるのに対して，バイブロコアラー(図 6)は高周波振動エネルギーによるコアの採取法である．
　　これまでに圧搾空気や小型の電動ハンマにより海岸の砂浜のコア採

取は試みられたことがあるが(日本ミクニヤ,島根大学など),大型のバイブロハンマを使用することにより,15mまでの粗粒堆積物を採集している.一般に堆積物に振動を加えるとパイプ中の試料は攪拌されると想像されるが,実際の外径80mmのコアでの変形は外周部5mm以内にとどまっており(図7),古環境の復元には問題は少ない.すでに粗粒の底質でピストンコアラーが刺さらなかった江戸川の横ずれ断層(図8)や石狩低地帯における第四紀古環境変動の研究(図9)に使用され,良好な試料採取実績をあげつつある.

システムの概要は,本体が450kgのバイブロハンマ(25KVAの発電器で駆動される

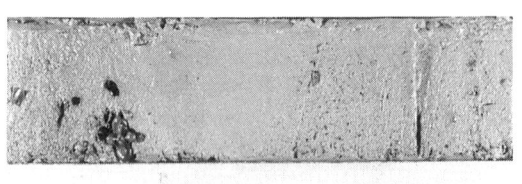

図7 バイブロコア試料
変形は少なく,砂層(5mm)と淡水植物化石(*Trapa* sp.)がみられる.

図8 江戸川におけるバイブロコアリング作業
5mのアルミパイプの連結作業.

図9 北海道の苫小牧天沼における陸上バイブロコアリング

5馬力タイプ）に5mのアルミパイプを自作の矢板アタッチメントに取り付け，5mを押し込んだ後，さらにステンレスジョイントにより連結延長し，掘削する方法をとっている．10m長のコア1本の採取に必要な時間は1時間程度であり，システムの移動はクレーン付き4tトラックを使用している．

現在石狩低地帯では完新世地盤図作成のために150本を超えるバイブロコアの採取計画

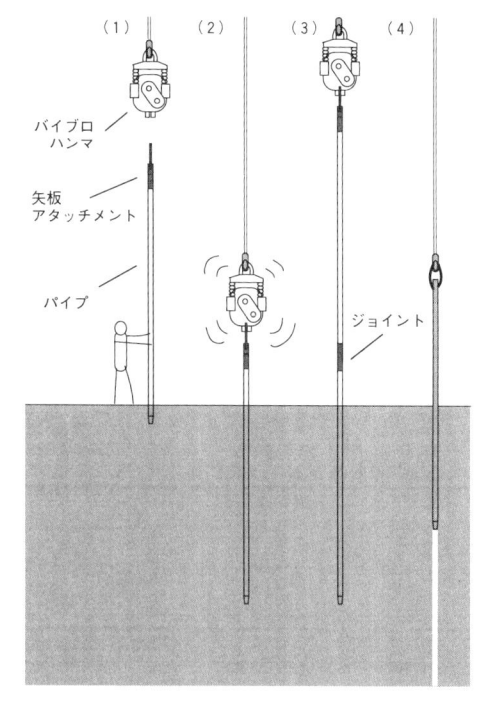

図10 バイブロコアリング概略図

が進行中であり，蛇行河川系を利用した音波探査と合わせて地盤の時間・空間分布が明らかにされつつある．

バイブロコアリング作業の手順　バイブロコアリングはピストンコアリングに比べると非常にシンプルかつ手軽に採泥作業を行うことができる（図10）．1) まずアルミパイプの上部に矢板アタッチメントを取り付け，バイブロハンマで挟み込む．2) ハンマを振動させてパイプを打ち込む．このとき堆積物の圧縮を防ぐためゆっくりとパイプを押し込むように心がける．3) 5m入ったらハンマ，アタッチメントをはずしてジョイントを用いてもう1本のパイプを継ぎ足す．4) 引き抜きはハンマをはずしてスリングなどをパイプにかけて行う．

おわりに

　この20年，深海底に比べ浅海域の研究はすでに過去のものになっと

の感があった．ところが最近，環境問題の高まりの中で，人類環境が地球環境に何をしてきたかとの評価を加える必要性が生じてきた．このための環境変遷の高分解能解析には，陸水や浅海域の堆積物に残された記録をたどる必要があり，新たな試料採取法の改良・開発が望まれている．一方，内陸直下型地震の長期予測に関して，浅海域の堆積物に注目した研究手法が陸上断層と深海活断層研究のすき間領域で開発された．これも長尺サンプリングが可能になったことでその応用領域が広まりつつある．

　新たな研究の必要性に応じて，採泥技術もより高度に，さらに精緻に進化していくことであろう．

文　　献

1) 森山善蔵・日高　稔：別府湾基礎調査（Ⅰ）――(2) ユニブーム地層探査機による別府湾の海底堆積物の構造．大分大学教育学部研究紀要（自然科学），**5**，35-53，1981.
2) 岡村　眞・中田　高・千田　昇・宮武　隆・前杢英明・堤　浩之・中村俊夫・山口智香・小川光明：別府湾北西部の海底活断層――浅海底活断層調査の新手法とその成果――．地質学編集，**40**，65-74，1992.
3) Shimazaki, K. and Nakata, T.: Time-predictable recurrence model for large earthquakes. *Geophys. Res. Lett.*, **7**, 279-282, 1980.
4) 島崎邦彦・中田　高・千田　昇・宮武　隆・岡村　眞・白神　宏・前杢英明・松木宏彰・辻井　学・清川昌一・平田和彦：海底活断層のボーリング調査による地震発生時長期予測の研究――別府湾海底断層を事例として――．活断層研究，**2**，83-88，1986.
5) 島崎邦彦・松田時彦編：地震と断層，239 p.，東京大学出版会，1994.
6) 安田喜憲：気候・植生の変遷と文明の盛衰．文明と環境――新たな文明のパラダイムを求めて――，平成5年度文部省重点領域研究平成4年度報告集，pp. 9-53，1993.
7) 吉岡　崇・岡村　眞・中田　高・松岡裕美・木下博久・中村俊夫・佐藤秀紀・福塚健次郎：土佐湾沿岸低地帯のバイブロコアにみられる完新世地殻変動と津波堆積物．日本地質学会96年大会（広島大学），講演予稿集，1995（印刷中）．

III
火山・地震活動・風成塵の周期性

1914（大正3）年1月12日桜島大噴火
日本の代表的活火山の1つ桜島火山は，135年の休止期の後1914年，爆発的噴火と引き続く溶岩の噴出を行った．日本の歴史時代の噴火のうち屈指の規模であった．有史時代には764（天平宝字8）年，1471（文明3）年，1779（安永8）年，それにこの大正噴火と4回の噴火が記録されている．なお1955年以来現在までしきりに続く活動はごく小規模で，歴史時代の4大噴火とは形式も異なる．

7. 爆発的火山活動の頻度・周期性と気候変化

町　田　　　洋

はじめに

　ごく小さな噴火活動はだらだらと長年にわたって続けられることがあるが，大きな活動になると，一般にかなりの時間をおいて間欠的に発生し，数時間から数年間噴火活動をしてまた休眠期に入るのが通例である．火山の地下数 km にあると考えられるマグマ溜りへの地下深部からのマグマの供給は，一般に継続的に起こっていると考えられるので，地上で発生する火山活動には何らかの周期性または一定の頻度があるとみなされることが多い．

　ところで火山活動に周期性があるか否かという問題には，主に次の2つの意味があると考えられる．1つは火山学の立場から，主に噴火予測の問題に接近するためである．また環境にかかわる地球科学の立場からいえば，噴火は地球環境変動（気候変化・火山災害など）の地質的因子の1つとして重要な役割を果たす．後者について付言すれば，火山活動が短期間の気候に影響するとともに長期間の環境変動のきっかけを与えることはよく知られている．一方，気候変動に基づく海面変動や高緯度地域における氷河の消長などの変動が，マグマを刺激して火山活動の誘因となる可能性も大きい．つまり火山活動と気候-環境変動とはたがいに原因となったり，結果となったりする関係で結ばれている可能性がある．

　かつて町田（1980）は，日本列島の第四紀テフロクロノロジーの資料に基づいて火山活動と気候の関係を論じた．その後知見が増し，テフロクロノロジーも訂正したり付け加えるべき事柄が増大した．本稿では最近のデータや論説を加えてこの種の問題を再び展望し，環境変動とくに気候とのかかわりについて可能な仮説を述べる．

　なお一口に火山活動の周期性といっても，それは地域と時代によって，話は異なる．簡略化すれば，次のどれを対象として議論するかを選択しなければならない．

1) 全球的な火山活動の消長：数百年〜数百万年〜
2) 地域的な火山活動の消長：数百年〜数十万年
3) 個々の火山の活動の消長：数十年〜数万年

ここではあげればきりがない3)は簡略化し，1)や2)について，もっぱら大局的な話に絞る．

地球史の中で第四紀は火山活動が活発な時代か

地球開闢以来，火山活動は地球の本質的な活動の1つとして，綿々と続いてきた．しかし，いろいろな時代の地質を調べていくと，火山活動には地質時代によって波があるらしいことが各地から指摘されるようになった．その中で第三紀中新世と第四紀は火山岩の割合がとくに多く，火山活動のより活発な時代であるといわれることが多かった．しかし場所による違いも大きいし，地質時代の時間の長さも異なるので，話は簡単ではない．そこで1つの弧状列島サイズの活動を記録すると思われる，深海底堆積物中に挟在する火山灰層の数を地質時代別に数えて，時代による違いを求める研究が現れた．ケネットとサネル（Kennett and Thunnell, 1975）は，深海掘削が行われた320地点の柱状コアの報告をもとにして，テフラ層の枚数が地質時代とともにどのように変化するかを，海域別に集計

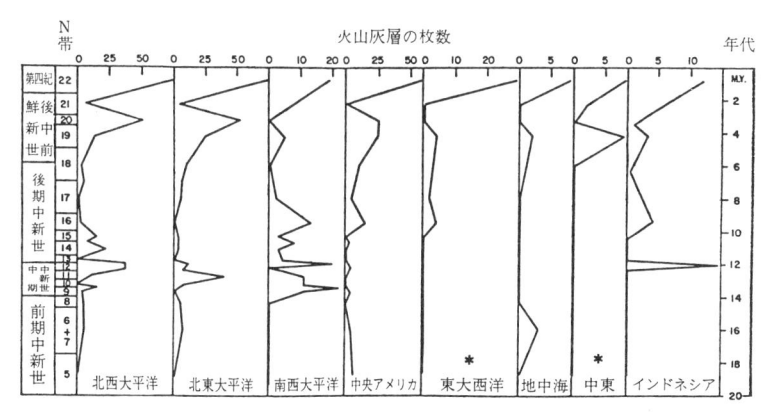

図7.1 世界の各海域において深海底コアから見出された火山灰層の枚数の変化（Kennett & Thunnell, 1975）
中新世初期から現在までを微化石層序によって年代別にし（N帯），その中の火山灰層の枚数を時間間隔でわった値を示した．*印のある海洋は，中央海嶺とホットスポットの影響の大きいところ，他は，島弧地帯の火山活動の影響するところである．MY.：100万年の単位．

した．その結果は図7.1のようである．地質時代の時間目盛りは微化石層序に基づいて分帯し，その中のテフラ層の枚数を時間の長さでわって爆発的噴火の頻度とした．図のように，どの海域でも共通して，1) 最近170万年間の第四紀には著しく多数のテフラ層が存在すること，2) それ以前では鮮新世中期(400〜500万年前)と中新世中期(ほぼ1200万年前)にテフラ層がやや多いこと，が示された．この結果に対して，日本のような沈み込むプレート境界の火山帯では，古いテフラを載せたプレートは火山の方向に移動して沈み込んでしまうので，火山から遠い海域の堆積物コアでは見かけ上新しいものが多くなる．したがって第四紀に火山活動がとくに盛んだったとはいえないのではないかという反論があった．しかし，プレート運動の速さや火山帯に近い位置で採取されたコアのデータに基づけば，第四紀が火山活動の活発な時代という結論は正しいようである．なお図中，プレート境界の性質が異なる火山群の海域を含んでいるにもかかわらず，共通して第四紀に火山活動が激化した傾向がみられるのは注目される．

　全球的な火山活動がなぜ第四紀に活発化したのか．それはプレート運動の消長や地球上の水の移動を起こした全球的な気候変化と関係がありそうに思える．前者に関連すると考えられるのは，ハワイの火山列について火山岩の年代とハワイ島のホットスポットからの距離との関係からみると，太平洋プレートの運動速度が第四紀になって著しく速くなった点が認められる．これを指摘したジャクソンら (Jackson *et al*., 1975) は，さらに，火山島列の並び方が1本の線ではなく，何本かの平行したセグメントの集まりであることにも注目した．彼らは平行列の方向のゆらぎはプレートにかかっていた力の方向が変化（プレートの進行方向が変化）した結果だと考えた．プレート運動のゆらぎは，各地の閉じる境界（海溝）で潜り込むプレートに，海山や大きな地塊が引っかかるといった摩擦の変化で生じる可能性がある．こうした変化は数百万年間のオーダーの火山活動や地殻運動に関連するようであるが，本稿で扱う時間スケールより長大であるので，これ以上深入りしない．

噴火規模と頻度

地球スケール　　地震・洪水・火山噴火などの激しい自然現象は，大規模なものは低頻度で，小規模なものほど高頻度で起こることは明らかである．縦軸と横軸それぞれに対数目盛りで自然現象の規模と頻度をとると，一般に直線的な回帰線

が得られる．これを噴火に適用して，デッカー（Decker, 1990）は第四紀の大規模な爆発的活動の地球全体での頻度を論じた．彼は噴火規模を噴出物の見かけの体積で指標化した火山爆発度指数（VEI）で表し，最近200年間と1万年間についてVEIと発生数との関係を両対数グラフにプロットして回帰線をえがいた．それによると，たとえばエーゲ海で紀元前17世紀まで栄えたミノア文明を崩壊させたとされるテラ（サントリーニ）島の噴火（ミノア噴火）の規模（噴出物量はマグマ換算で$30 km^3$，テフラ総量で$75 km^3$，VEIで6.9とされる）以上の巨大な爆発的噴火は，全球的には300年に1度程度の発生頻度で起こるとされた．これより小規模な爆発的噴火については，彼が用いた歴史時代噴火資料からみると，1883年のクラカトア噴火（テフラ総量＝$18 km^3$，VEI 6.3）以上の規模のものは，80年に1度，1980年のセントヘレンズや1991年のピナツボ噴火のような規模（VEI 5）以上のものは平均10年に1度発生するということになる．なおこれらの規模の噴火は，いずれも大災害を招いた大噴火である．

1963年のインドネシア，バリ島のアグン火山噴火や82年のメキシコ，エルチチョン火山噴火は，多量の火山エアロゾルを大気に注入して，地球の気候に短期的ではあったが大きな影響を与えたことがわかっている．これらはVEIで規模を見積もると，4〜5程度である．VEIの値とエアロゾル量との間におおまかながら比例関係があるとすれば，火山エアロゾルの注入で地球の気候に影響するような噴火は，10年に1度といった程度かそれ以上の高頻度で発生すると考えてよさそうである．火山噴火に関係する気候の悪化が1〜3年程度の長さで続くとすると，火山噴火の頻度の変化がやや長期的な気候の変化を制御する可能性が出てくる．ただし，テフラの噴出量（VEI）と硫酸エアロゾル噴出量との間には必ずしもよい相関があるわけではない．こうした面から，詳しい火山エアロゾル噴出量の定量とその噴出史の構築が，噴火と気候の問題にとって当面要求される重要な研究課題である．

日本地域の火山噴火の頻度　対象地域を日本列島の火山群に限って，大規模な爆発的噴火の頻度を概観してみよう．ここで対象とする日本列島の火山の規模は，火山前線の長さ総計およそ3600 km，第四紀後期に多量のテフラを噴出し活発な火山（群）数は60〜80である．これは環太平洋のプレート境界の火山のうちで10〜15％程度とみられる．

これらの火山の爆発的噴火のデータベースは，歴史記録を含むテフロクロノロ

ジーの研究によってかなり詳しいものが得られている（たとえば，町田・新井，1992）．それを基礎にして最終間氷期以後の噴火史を，まず大規模なものから図示する．図7.2は，テフラの噴出総量 $10 \sim 100 \, \text{km}^3$（VEI 6～7 クラス）の巨大噴火の年表である．VEI 7 クラスという巨大な噴火は，大災害と全球規模の寒冷化を招

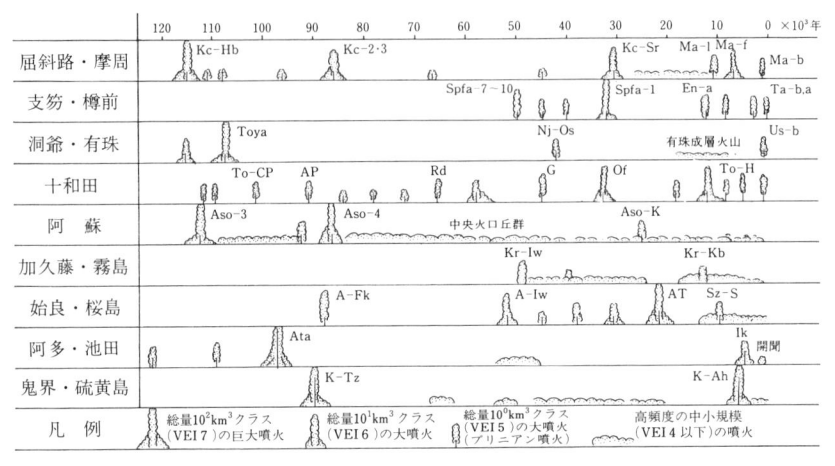

図7.2 第四紀後期（過去12.5万年間）における巨大噴火（$10^1 \sim 10^2 \, \text{km}^3$ のテフラを出した噴火；VEI 6～7）の歴史（町田・新井，1992）

図7.3 第四紀後期（過去12.5万年間）における大噴火（$10^0 \sim 10^1 \, \text{km}^3$ のテフラを出したプリニアン噴火；VEI 5～6）の歴史（町田・新井，1992）

7. 爆発的火山活動の頻度・周期性と気候変化

いた1815年インドネシア，タンボラ大噴火に代表されるもので，歴史時代の人類はほとんど経験していない小頻度のものである．しかしミノア噴火にみるように文明の盛衰にもかかわる大噴火である．日本列島全体では，この図のように，平均すると1万年に1度程度，1つの火山では数万年から数十万年に1度くらいの頻度で発生してきた．過去13万年間に$10 km^3$以上のテフラをもっとも頻繁に噴出したのは，日本最大のカルデラをもつ屈斜路火山で，隣接する摩周火山の7000年前の大噴火を含めると，4回にのぼる．支笏，洞爺，阿多などの諸カルデラは，この間わずかに1回しか大噴火をしていないのは，巨大噴火に反復性がないからではなく，多くの場合発生周期が10万年以上と長いためであろう．

一方，図7.3は，テフラの噴出量がおよそ1～$10 km^3$のオーダー（VEI 5～6クラス）の，プリニアン噴火（高い噴煙柱をもたらし，降下軽石と時に火砕流を噴出するタイプ）を主体とする噴火の年表である．これからは次の諸点が読み取れるであろう．1）歴史時代に活動の記録がない火山でも，先史時代には大きな噴火を起こしたことが明らかである．ただし噴火の規模や頻度あるいは周期には，火山によりかなり差があることがわかる．こうした火山ごとの個性は，個々の火山のマグマの性質や発達段階で決まるのであろう．2）現

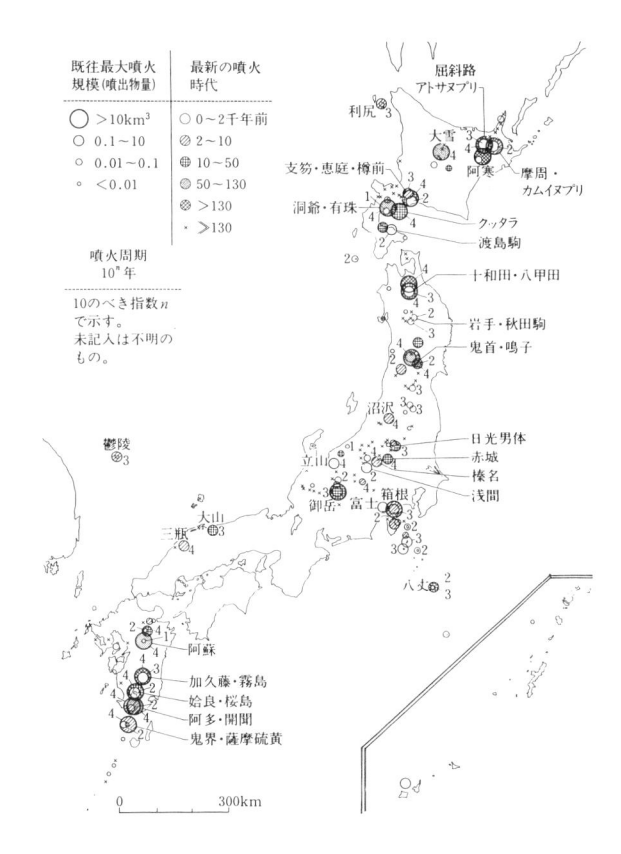

図7.4 第四紀テフロクロノロジーからみた噴火規模・時代・頻度などによる日本と周辺の火山の分類（町田，1987）

在活動的な諸火山，たとえば渡島駒ケ岳，浅間山，伊豆大島，桜島などは，数千年前ないし数万年前から活動的となったごく若い火山である．そして大型の火山ほど活動開始年代は古い．

火山には噴火様式・規模・頻度などにそれぞれ固有の特徴があるらしい．その特徴が年代とともに移り変わっていく火山もあれば，同じようなペースを維持しているとみられる火山もある．図7.4は，長期的噴火予測の基礎資料として，こうした火山ごとの特徴からみた大噴火の規模（起こりうる最大規模を円の大きさで示す），およその噴火周期（10年のべき指数），そして最新の噴火年代範囲（円の中の模様など）をまとめて示してある（町田，1987）．個々の火山の噴火周期に関しては，現在活動的な火山ではかなりはっきり特定できるほどの周期性をもつものがあるが，一般には数十年とか数千年おきといったオーダーでしかものがいえない．活動周期の長さに比べて最新の噴火時代が最近で短いものは，まだ免疫性をもっていて，大噴火についてはしばらくは安全と判断される．免疫性が失われかけ，噴火の危険性が差し迫っていると考えられるものは，大噴火の周期が比較的短い（$n=2\sim3$）にもかかわらず，最新の噴火年代が古いものである．予測がむずかしいのは，活動が長周期でかつ最新の噴火年代が古いものである．ことに後期更新世に噴火した記録のない火山（図中×印）で今後活動する可能性は，きわめて判断しにくい．

第四紀気候変化-海面変化と火山活動

氷期には火山活動が盛んで，寒冷な気候との間に因果関係があるといった議論は，古くから行われていたが，編年の精度が悪かったこと，因果関係のメカニズムが十分明らかでなかったこと，グローバルなデータが欠如していたことなどのため，あまり発展しなかった．しかし最近になってこれらの制約は少なくなりつつあり，議論を発展させるべき条件が整ってきたといえる．

町田（1980）は，主に日本のテフラに基づく編年研究から，氷期-間氷期の繰り返しと大規模爆発的噴火との間に有意な関係があること，とくに最終間氷期最盛期と後氷期前半期には，その前後の時期に比べて爆発的火山活動が全般に穏やかであったことを指摘した．またパテルネ（Paterne et al., 1990）は，イタリア周辺の地中海海底堆積物に含まれるテフラ層の編年を行い，過去19万年間におよそ2.3万年の周期をもって噴火事件は増減を繰り返してきたこと（第四紀後期で

の活動のピークは1.2万年前，3.5万年前，6.5万年前など），この周期は地球の歳差運動のそれと一致することから，これに伴う日射量変化-氷河性海面変動が火山活動に影響したのではないかと考えた．彼らは同様のサイクルをインド洋南部のクロゼ島でも報告している (Paterne et al., 1990).

一方，チェスナーら (Chesner et al., 1991) やデーンら (Dehn et al., 1991) らは，インドネシア，スマトラのトバ火山（長径100 kmに達する大カルデラをもつ火山）の大噴火が，約240万年前以降，およそ40万年の周期で反復してきたことを指摘した．そしてこの周期は地球公転軌道の離心率変動の大きな周期41.3万年とほぼ合致すること，および活発な噴火の開始が寒暖の気候変化が始まった時期（氷河時代の開始期）とだいたい合致することを述べた．

トバの諸噴火のうち，7.4万年前の大噴火は，地球上最大の噴火の1つといわれているもので，マグマに換算して2000 km³ (VEI 8) ものテフラを噴出した．それは火砕流およびそれと同時に噴出した降下火山灰から成る．後者はスマトラからベンガル湾，インド半島に広く分布している．この噴火が起こった7.4万年前とは，やや温暖な亜間氷期（同位体ステージ5a）から本格的な氷期（ステージ4）に移行する時期に当たる．ランピーノとセルフ (Rampino and Self, 1993) はこうした時代関係から，この噴火は海面の低下に伴ってマグマが存在する地殻に大きなストレス変化が起こり，それが引きがねとなって発生したのではないかと推定した．またトバ噴火では，10^{15}〜10^{16} kg もの大量の火山灰と火山ガスが約32 kmの高さに立ち上って大量のエアロゾルが大気に注入し，この噴火のあと数年間は北半球の平均気温が3〜5℃も低下した（夏の平均気温低下は北半球高緯度地域で10℃以上に達した）と見積もった．その結果，北半球高緯度の大陸上に形成されつつあった氷河は加速的に面積を増したに違いないと推定した．

ランピーノとセルフの推論では，上述のような事例からみて，安定した気候/海面の時期からもう一方の安定な気候/海面の状態への移行期に起こる，急速な海面変化や氷河氷の荷重変化が，マグマに与えるストレス変化を増大させ，火山活動の激化をもたらすとする．

この仮説を支持するようにみえるデータは，日本やニュージーランドにもある．最終氷期極相期（同位体ステージ2）といえば，約2〜1.5万年前を中心とする1〜1.5万年間である．この初期または直前，すなわちステージ3と2の移行期には，日本では姶良(あいら)，ニュージーランドではタウポという，ともに大型のカルデラ

火山で巨大噴火（VEI 7〜8）が起こり，多量のテフラと火山エアロゾルが地球上に撒き散らされたのである．それらのテフラは AT（町田・新井，1992）および Kawakawa（Pillans et al., 1993）である．とくに姶良 AT の場合には，テフラ層を境にやや温暖な植生から寒冷気候の植生へと急変することが確かめられている（辻・小杉，1991）．

世界各地の巨大噴火の産物である広域テフラ層の海洋酸素同位体比変化史上での層位をみると，図7.5のようで，すべてが上に述べたように気候-海面-氷河の不安定な移行期に起こったものばかりとは限らないことがわかる．マグマ活動の引きがねになるのは海水や氷河氷の荷重変化ばかりではなく，マグマ自身の進化やテクトニックな作用などもあるので，そう単純ではない．各種地層中に記録されたテフラ層の層序に，地中海でみられたような周期性が検出されるときには，ミランコビッチの天文学的原因論に関係する周期性の表れとみる立場と，偶然の一致にすぎないとみるものと，議論が極端に分かれるに違いない．しかし，Nakada と Yokose（1992）によると，氷期-間氷期の海面変化に基づくストレス変化の総計は，日本の場合，テクトニックなストレスの変化のほぼ半分にも達すると試算されるので，マグマ活動に与える影響は無視できない．また北アメリカ北部やアイスランドなどにおける完新世の噴火活動の激化は，氷床の圧力からの解放で説明されるという（たとえば，Begét, 1993）．今後，テフロクロノロジーの詳しいデータを地域による差異に注意しながら増やすとともに，火山地

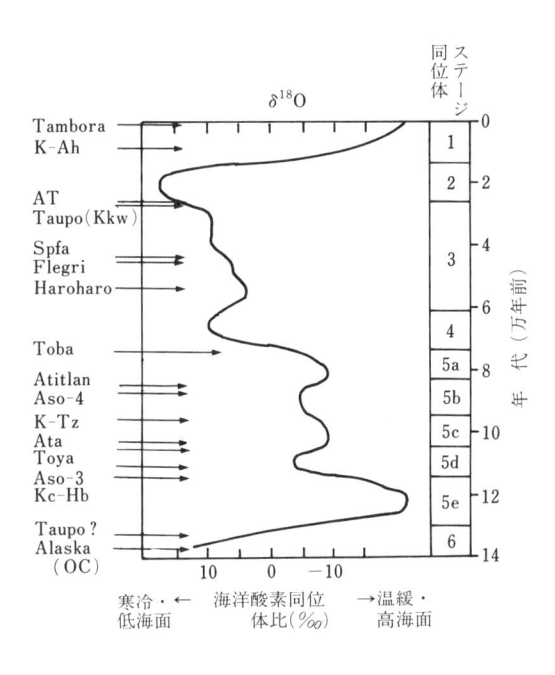

図 7.5 一般化した海洋酸素同位体比変動史における巨大爆発的噴火の時代

噴火は火山名またはテフラ名で示す．Toba のみ VEI 8 クラス，ほかは 7 クラスの大噴火．

域に与える荷重の変化が火山活動にどのような仕組で引きがねとなるのか，また時間のずれはどうかといった面の研究の充実が望まれる．

一方，グローバルな気候変化史を形づくる諸要因の中で，爆発的火山活動が果たす役割は，第1近似的なモデルでは，やや常識的であるが，次のようであろう．ミランコビッチ・サイクルで日射量（とくに北半球中高緯度の夏の日射量）が減少し，氷期に向かっているときに，大噴火（群）が発生すると，寒冷化は加速化される．一方，温暖化の途次に噴火が発生した場合には，短期的な寒冷化は起こるが，長期的には温暖化の傾向が続く．

後者に関して，国際的な研究協力で取り組み始めている課題がある．それは晩氷期に起こったヤンガードリアスと呼ばれる"寒"の戻り，およびほぼ16世紀から19世紀まで続いた"小氷期"と呼ばれる，後氷期でもっとも顕著な寒冷期の形成に，火山活動がどのように関与したか，という問題である．まだ的確な答えは得られていないが，主な論点を次に紹介しよう．

ヤンガードリアス期や小氷期における急速な気候変化の原因と火山活動

今から約1万2950年前，気候が著しい温暖化（氷河の後退）の過程にあった時期に，急激な寒冷化（氷河の前進）が発生した．そして約1400年間続いたのち，気候変化は再び温暖化に戻った．この時期はヤンガードリアス（Younger Dryas）という名で呼ばれ，ほぼ世界各地で確認されるようになった．最近，グリーンランドの氷河氷コアについての高分解能の分析で，始まりと終わりの気候変化がきわめて急速であったことがわかった（たとえば，Mayewski *et al.*, 1993）．すなわち，最終氷期の末1万4700年前ごろ急激に気候は温暖化したが（オールドドリアス（Old Dryas）期からベーリング-アレレート（Bölling-Alleröd）期への移行），再び1万2950年前ごろから寒冷気候に見舞われた（ヤンガードリアス期）．そして再度温暖期（プレボレアル（Pre-Boreal）期）に入るのは，1万1550年前のころである（いずれも暦年）．移行期の気候の変化はそれまで考えられていたよりはるかに急速で，わずか10ないし20年で別な気候状態に移行したことがわかり，世界の科学者を驚かせた．当然その成因に関して世界の科学者は関心を寄せている．

一般に気候変化の要因としてあげられるのは，地球の大気-海洋システムに内在する自己振動を別にすれば，太陽活動の変化と火山エアロゾルなど日射量を減少させる外的な要因，それにエルニーニョ現象などである．これらのどれがヤンガ

—ドリアスの形成に与ったのであろうか．総合的な検討が必要であるが，火山やテフラの研究者としては，爆発的噴火がこのころどうであったかについて詳しいデータを提供する責任がある．ドーソン（Dawson, 1991）は，一般にヤンガードリアス期に火山活動が急増したことを述べている．たしかにアイスランドではスコガル（Skogar）・テフラをはじめとして，この時期に噴火が活発化したらしい（Sejurup et al., 1989）．アラスカや日本でもこの時期の噴火は多い．ただ直接ヤンガードリアスを示唆する証拠がなく，放射性炭素法によってこの時期のテフラを特定する場合には，暦年補正をして判断しなければならない．目下，国際第四紀学連合テフロクロノロジー委員会（INQUA-commission on tephrochronology）では，世界をカバーするテフラカタログが整備されつつあるので，テフラ噴火がヤンガードリアスの気候変化にどのような役割を果たしたかについては，いずれなんらかの答えが得られるであろう．

　日本の江戸時代に当たる時期は，"小氷期"と呼ばれる寒冷期であった．そもそもフランクリンによって欧米の冷害が火山噴火と関係づけられたのも，1783年の世界的な冷害が，アイスランド，ラキ火山の噴火と同時に起こったからである．このときの火山ガスはブルーヘイズと呼ばれ，ヨーロッパからアジアに広がって観察されたのである．しかしその後の研究では，一般に火山エアロゾルによる気候への打撃は，エアロゾルが噴火の数年後には薄まって減少するので，一時的なものにとどまることがわかった．そうなると小氷期というような数百年間続いた気候の成因としては，気候に影響するような噴火の頻発のほかに，太陽活動の消長（黒点数の変化）などに求めなければならない．前者についても目下国際的なデータの集積とそれに基づくモデル化の研究が進みつつある．

あとがき

　火山活動の周期性は，以上の記述のように，過去の歴史に学ぶという立場から，活動規模と頻度という形で，ある程度経験法則を語ることはできるようになった．しかし，噴火の周期性や一定の発生頻度がなぜ起こるかという点になると，いまひとつ明快な解説ができない段階にある．しかし，火山活動の運動法則は，マグマの進化のみに基づいて説明できるものではなく，どうやら気候-海-氷河，それにテクトニックな要因が加わる複雑なシステムの中で理解しようとする姿勢が必要であろう．それは容易でない道かもしれないが，地球をまるごと理解するには

欠かせない道程である.

文　献

1) Begét, J.: Tephrochronology and paleoclimatology in Alaska. In: Abstr. IGBP PAGES INQUA COT Meeting, 1993, pp. 26-27, 1993.
2) Chesner, C. A., Rose, W. I., Deino, A. *et al.* : Eruptive history of Earth's largest Quaternary caldera (Toba, Indonesia) clarified. *Geology*, **19**, 200-203, 1991.
3) Dawson, A.: Ice Age Earth. In: Late Quaternary Geology and Climate, pp. 180-198, Routledge, London, 1991.
4) Decker: How often does a Minoan eruption occur? In: Thera and the Aegean World III (Hardy, D. A. (Ed.)), 2, pp. 444-425, 1990.
5) Dehn, J., Farell, J. W. and Schmincke, H.-U.: Neogene tephrochronology from site 758 on Northern Ninetyeast Ridge: Indonesian arc volcanism of the past 5 Ma. *Proc. Ocean Drilling Prog., Scientific Results*, **121**, 273-295, 1991.
6) Jackson, E. D., Shaw, H. R. and Bargar, K. E.: Calculated geochronology and stress field orientations along the Hawaiian chain. *Earth Planet. Sci. Lett.*, **26**, 145-155, 1975.
7) Kennett, J. P. and Thunnell, R. C.: Global increase in Quaternary explosive volcanism. *Science*, **187**, 497-503, 1975.
8) 町田　洋：第四紀の火山活動の変動と気候. 気象研究ノート, **140**, 51-70, 1980.
9) 町田　洋：火山の爆発的活動史と将来予測. 百年・千年・万年後の日本の自然と人類（日本第四紀学会編), pp. 140-135, 古今書院, 1987.
10) 町田　洋・新井房夫：火山灰アトラス（日本列島と周辺). 273 p., 東大出版会, 1992.
11) Mayewski, P. A., Meeker, L. D., Whitlow, M. S., Twickler, M. C., Morrison, M. C., Alley, R. B., Bloomfield, P. and Taylor, K.: The atmosphere during the Younger Dryas. *Science*, **261**, 195-197, 1993.
12) Nakada M. and Yokose, H.: Ice age as a trigger of active Quaternary volcanism and tectonism. *Tectonophysics*, **212**, 321-329, 1992.
13) Paterne, M., Laberyrie, J., Guichard, F., Mazaud, A. and Maitre, F.: Fluctuations of the Campanian explosive volcanic activity (South Italy) during the past 190,000 years as determimed by marine tephrochronology. *Earth Planet. Sci. Lett.*, **98**, 166-174, 1990.
14) Pillans, B. J., McFlone, M., Palmer, *et al.*: The last glacial maximum in central and southern North Island, New Zealand: A paleoenvironmental reconstruction using the Kawakawa tephra-formation as a chronostratigraphic marker. *Palaeogeog. Palaeoclimat. Palaeoecol.*, **101**, 283-304, 1993.
15) Rampino, M. R. and Self, S.: Climate-volcanism feedback and the Toba eruption of ~74,000 years ago. *Quaternary Res.*, **40**, 269-280, 1993.
16) Sejurup, H. P.: Quaternary tephrachronology on the Iceland Plateau, north of Iceland. *J. Quaternary Sci.*, **4**, 109-114, 1989.
17) 辻誠一郎・小杉正人：姶良 Tn 火山灰（AT）が生態系に及ぼした影響. 第四紀研究, **30**, 419-426, 1991.

8. 西南日本の被害地震発生のリズム

川 上 紳 一

　日本は地震国であり，過去にはたびたび地震による被害を受けてきた．被害の内容も文明の発達に伴って変化してきている．今日の高度情報化社会では，ライフライン・高速交通網や情報通信網の分断による新しいタイプの地震被害が発生する恐れがあり，地震に対する脆弱性が指摘されている．その一方，開発の遅れた国々では自然災害に対する防災意識が不十分なため，建物の倒壊などによる大きな人的被害を受けていることも事実である．

　大地震の発生する場所がわかれば，原子力発電所などの構造物は震源から遠い地域に建設すればよい．また，地震の発生が周期的であり，現在の地殻の状態がわかれば，来るべき地震に対する備えができるだろう．

　関東地方南部では，西暦800年ごろから現在までの間に56年から82年（平均69年）ごとに大地震に見舞われており，69年周期説が唱えられたことがあった．しかし，これは単なる統計にすぎないので，次にいつどこで地震が発生するのかを予測することはできない．地震に周期性があるかどうかを調べるには，地震の発生場所とその原動力を明らかにすることが必要である．

　そこで，まず西南日本において人間活動に影響を与えるような大地震の発生場所について考える．そして地殻ブロックの相対運動によって地震が発生しているとするブロックモデルを提案する．私たちは金折を中心に，ここで紹介するブロックモデルを用いて，内陸地震の危険度評価・長期的地震予知や内陸被害地震の発生メカニズムの解明へ向けて取り組んでいる（金折, 1993, 1994；金折ら, 1994）．ここではこのモデルに基づいて，歴史資料，遺跡の地震跡，湖底堆積物に記録された地震イベントを用いてブロック境界で発生した地震に周期性があるか検討してみよう．周期性という言葉からは，現象が規則的に繰り返すという印象を受けるが，ここでは，被害地震の繰り返しのおおよその間隔という意味で使用することにする．

地震の発生場所はどこか

地震の発生源は地下の"活断層"である　地下の断層に食い違いが生じるときに地震波が発生する．これが地震の正体である．大規模な地震が発生すると岩盤の食い違いが地表に到達することがある．こうした食い違いが地震のたびごとに蓄積されると，大規模な断層崖や河川の屈曲として地形に明瞭に現れるようになる．これが断層地形と呼ばれるものである．

このような特徴をもつ断層は，過去にたびたび活動し，今後も繰り返し地震を発生させる可能性が高い．そこで活断層と呼んで古い時代にできた断層と区別されている．1970年代には活断層研究会によって，日本列島およびその周辺海域の活断層調査が行われ，活断層分布図が作成された（活断層研究会，1980）．これは，日本のどこで地震が発生するのかを知るうえで，貴重なデータとなっている．

地下の"活断層"が活動することで地震が発生するのであるから，地表に現れた個々の活断層の活動周期と最終活動時期を調べれば，いつ地震が発生するのか見当をつけることができる．そうした方針に基づいて80年代には，日本の主要な活断層の表層はぎとり（トレンチ）調査が行われている．その指針となった考え方が，活断層は個々に固有の活動周期をもち，同じような地震が繰り返し発生する，という固有地震説である．

92年にカリフォルニアで発生したランダース（Landers）地震（M 7.4）を契機にして，1つの地震の発生によって周辺の活断層の力学的状態が変化し，連鎖的に地震が発生することが明らかになってきた．また，複数の断層が連動してより大きな地震を発生させる場合もあり，固有地震説が地震発生の実状に合わなくなってきた．

中部日本のブロック構造　こうしたことから，われわれは活断層ひとつひとつの活動度を個別に評価するという固有地震説に代わる，新しいモデルを提案している（金折ら，1994）．自然科学におけるモデルとは，自然現象の認識の仕方の体系であり，研究対象をどのように把握するかによって，さまざまなモデルが考えられる．そこで，このモデルの背景にある考え方を述べることにしよう．

地震には人体に感じないような微小なものからプレート境界で起こる大地震まである．大きな地震ほど震源は大きくなり被害も甚大になる．1960年代に地球科学の分野でプレートテクトニクスが確立されると，海溝沿いで発生する巨大地震の発生メカニズムが，プレートの沈み込みに伴うものであることが明らかにされ

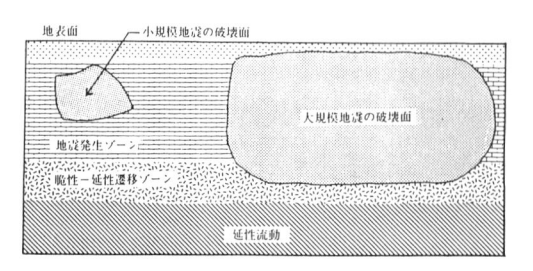

図 8.1 大地震と中小地震の震源の違い（Pacheco et al., 1992 による）
大地震の震源は脆性破壊しない下部地殻まで達している。

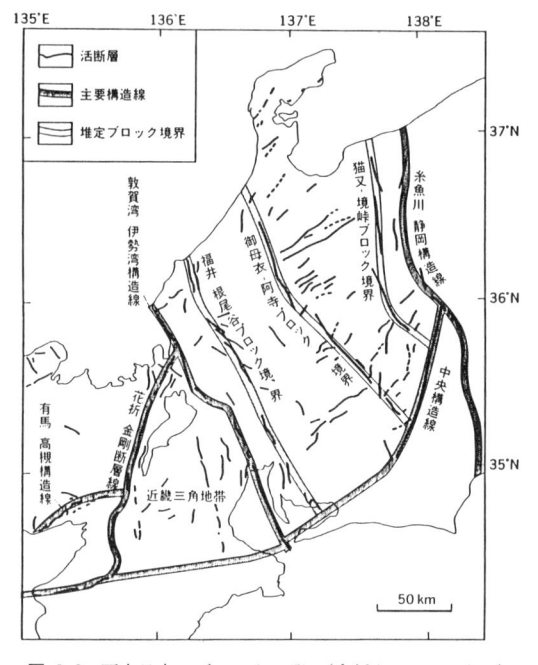

図 8.2 西南日本のブロックモデル（金折ら，1994 による）

最近になって，内陸に発生する大地震についても，震源の大きさから考えて，中小規模の地震と区別したほうがよいとみなされるようになった．図 8.1 に大地震の破壊面と中小規模の地震の破壊面の違いを模式的に示す．地震は破壊現象であるので，地震が発生する部分は低温で脆性的な振舞いをする上部地殻に限られる．微小地震の観測によると，西南日本では微小地震の発生している地殻の厚さは 15 km 程度である．したがって，震源の広がりが上部地殻の下面に達するような地震は，上部地殻を分割するような大規模な活断層や地殻の構造線が運動したものと考えられる．そのような活断層は地表で長さ 15 km 以上である．

こうした見方で西南日本の活断層の分布を調べてみると，大規模な活断層はランダムに分布しているわけではなく，系統的に雁行配列して地殻をいくつかのブロックに分割しているようにみえる．それらをブロック境界として地殻をいくつかのブロックに区分したものが，図 8.2 に示された中部日本のブロックモデルである．

中部地方は，ブロック境界によって 3 つのブロックに区分される．ブロック境

界は東から西に，糸魚川-静岡構造線，猫又-境峠ブロック境界，御母衣-阿寺ブロック境界，福井-根尾谷ブロック境界，敦賀湾-伊勢湾構造線である．敦賀湾-伊勢湾構造線は近畿三角地帯との境界を画する構造線でもある．糸魚川-静岡構造線は駿河湾を通って，フィリピン海プレートが沈み込む南海トラフへとつながっている．

　近畿地方には，北北東-南南西方向に多くの活断層が走っており，花折-金剛断層線と呼ぶことにする．花折-金剛断層線は大阪平野の縁にそって2股に分かれ，一方はそのまま南下して中央構造線へとつながり，もう一方は有馬-高槻構造線に沿って淡路島を通り，中央構造線へ合流している．

　ブロック内部にも活断層は多数存在しているが，多くのものは小規模である．それらについては今後の検討が必要である．

　西南日本の地震に伴う地殻の運動は，ブロックモデルに基づくと図8.3に示すようになる．西南日本は太平洋プレートとユーラシアプレート（アムールプレート）によって東西方向に押されている．この力によって中部地方のブロックは，あたかも本棚の本が傾くような右回りの回転を受けている．この運動によって，

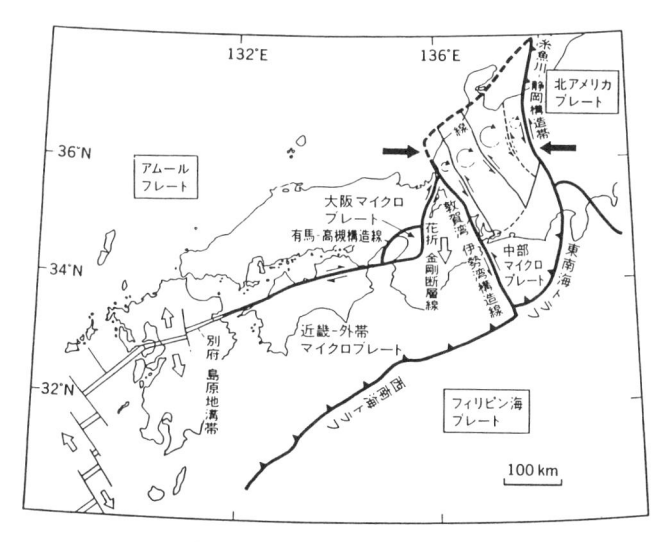

図 8.3　西南日本のテクトニクスモデル（金折ら，1994 による）
プレートの相対運動によってブロック境界でずれが生じ，地震が発生すると考えられる．

さらに近畿3角地帯が東西から圧迫され，中央構造線より南側の西南日本外帯とともに南に押し出されることになる．これが内陸地震の発生メカニズムであると考えられる．一方，太平洋に面した西南日本外帯ではフィリピン海プレートが沈み込んでおり，巨大津波地震が発生している．つまり，日本列島はいくつかのプレート境界部に位置しており，プレート運動が地殻ブロックの相対運動を生じさせ，ひいては地震を発生させているわけである．プレートの運動速度が一定であるとすれば，ブロック境界で発生する地震に周期性がありそうなことは直観的に理解できよう．

このモデルによれば，被害地震を発生させる"活断層"の多くは，ブロック境界に相当することになる．実際，95年1月17日に発生した兵庫県南部地震（M 7.2）は，ブロック境界（有馬-高槻構造線）で発生した地震であった．西南日本でこれまでに発生した内陸被害地震には連動性（続発性）があるという指摘があるので，兵庫県南部地震の発生メカニズムの解明は緊急の課題である．

話が横道にそれるが，筆者らは92年に西南日本で発生した被害地震のリズム（時空間パターン）の解析から，「近い将来，京都府南部の花折-金剛断層線上でM7クラスの地震が発生する可能性」を示唆した論文をまとめた（Kanaori et al., 1993；金折ら，1994）．この論文に対するコメントが地震研究者から寄せられた．その中で，京都大学防災研究所の飯尾（1992）は，近畿地方で発生している微小地震の発振機構の解析から，1）近畿地方は東西圧縮応力が卓越しており，この応力状態では花折-金剛断層線の横ずれ断層運動は起こりにくいこと，2）もし微小地震の発振機構が変化すれば，前兆現象として検出できること，3）現在の東西圧縮応力下では，淡路島付近の有馬-高槻構造線が地震を発生させやすい走向であり，気になること，を指摘した．私たちは，このコメントから，危惧していた京都府南部の地震はしばらく起こらないだろうと考えた．有馬-高槻構造線については，判断する材料に乏しく，近い将来地震を発生させるか検討できなかった．

歴史時代の大地震からみた周期性

日本では奈良時代から多数の史書・古記録・古文書などがあり，それらに地震に関する記事が残されている．地震を記録した歴史資料の重要性は明治時代から認識され，今日までに収集された膨大な資料は，『大日本地震史料』（田山，1904）や『新収 日本地震史料』（東京大学地震研究所）として発行されている．

古文書に記録された資料から過去に発生した地震を探る研究は歴史地震学とか古地震学と呼ばれている（萩原，1982）．古文書の記録を地震学に役立てるには，書かれている内容の信憑性の吟味が不可欠である．これには史学に関する専門的知識が必要とされるため，地震学者と歴史学者の協力が欠かせない．

こうした地道な努力によって，多数の被害記事の残されている地震については，被害域から震源の位置や地震の大きさ（マグニチュード）が推定されている（宇佐美，1987）．さらに，大地震の震源が推定されると，その地域の地質構造や活断層分布をもとに，どの断層が動いたのかを明らかにしようという努力も進められている．

南海トラフで発生する津波地震の周期性

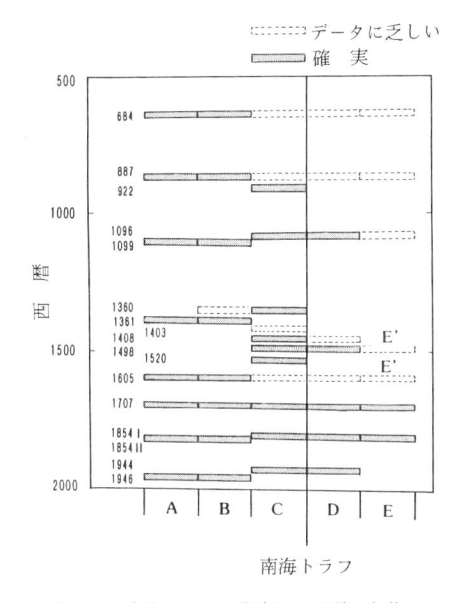

図 8.4 南海トラフで発生した地震の年代と震源の位置（Kanaori et al., 1993 に基づく）

震源の区分 A, B, C, D の実際の位置関係は図 8.5 に示されている．

第 2 次世界大戦の末期の 1944 年，東海道に津波地震（東南海地震）が発生した．それから 2 年後に西側の紀伊半島から四国にかけて南海道地震が発生した．これらはフィリピン海プレートの沈み込みによって発生する巨大地震であり，地震動による家屋の倒壊と太平洋沿岸一帯に津波被害をもたらした．

古文書の記録によれば，そうした津波地震被害は，江戸時代だけでも 1854（安政元），1707（宝永 4），1605（慶長 9）年に発生している．それ以前の 1498，1361，1099，1096，887，734，684 年の地震も同様の性格をもつ津波地震だったらしい．これらの地震の時間間隔がおよそ 100 年から 150 年であることから，南海トラフの地震は，周期的であると考えられている．

しかし，個々の地震の震源域や規模を比較するとそれぞれ相違点があり，より厳密に検討する必要がある．図 8.4 は南海トラフで発生した地震の震源域と発生年を模式的に表したものである．宝永地震の被害域の広がりは，西南日本全域に

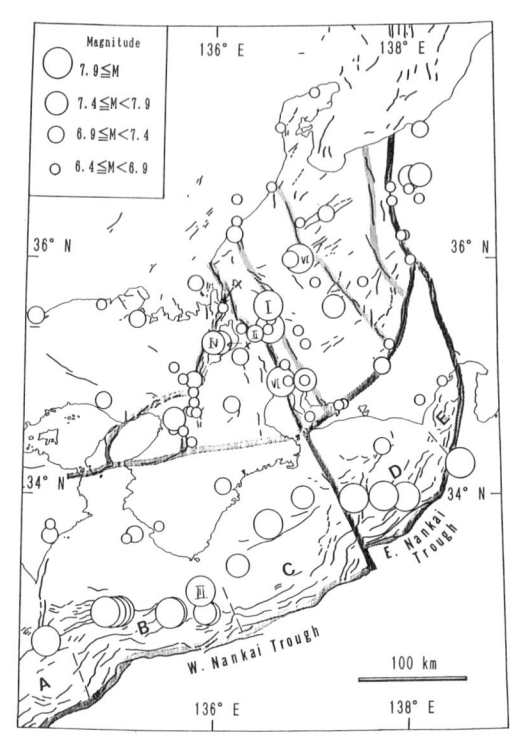

図 8.5 西南日本のブロック構造と歴史地震(M≧6.4)の震央分布(金折ら,1994による)

南海トラフで発生する地震の震源は,A, B, C, Dに分割されている.水月湖の湖底堆積物に記録された被害地震の震央をⅠ～Ⅹで示した.

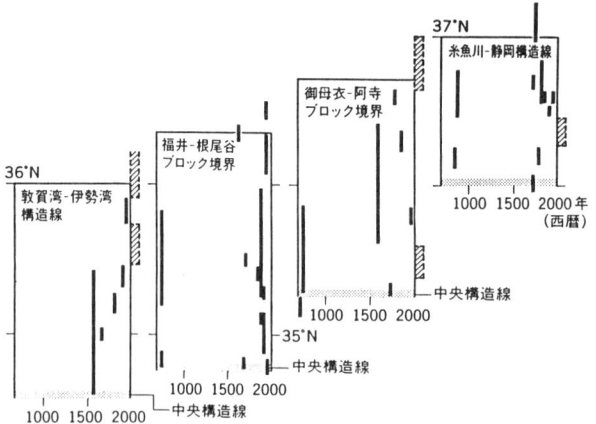

図 8.6 ブロック境界における歴史地震(M≧6.4)発生の時間空間パターン(金折ら,1994による)

斜線で示した領域は,地震の空白域であると考えられる.

及んでおり,日本で発生した歴史時代の地震の中で最大規模のものであった.この地震の4カ月後には富士山の噴火(宝永噴火)やその4年前(1703年)に関東地方に被害を与えた元禄地震の発生も宝永地震と関係していると考えられ,日本における特異な地震火山イベントであった.

宝永噴火より前の富士山の火山活動は9世紀までさかのぼる.また887(仁和3)年の地震が宝永地震と類似しているとされている(大森,1913).すなわち,南海トラフにおける宝永地震や富士山の噴火のような大規模な地震発生は,約1000年に1度の割合で発生しているように思われる.

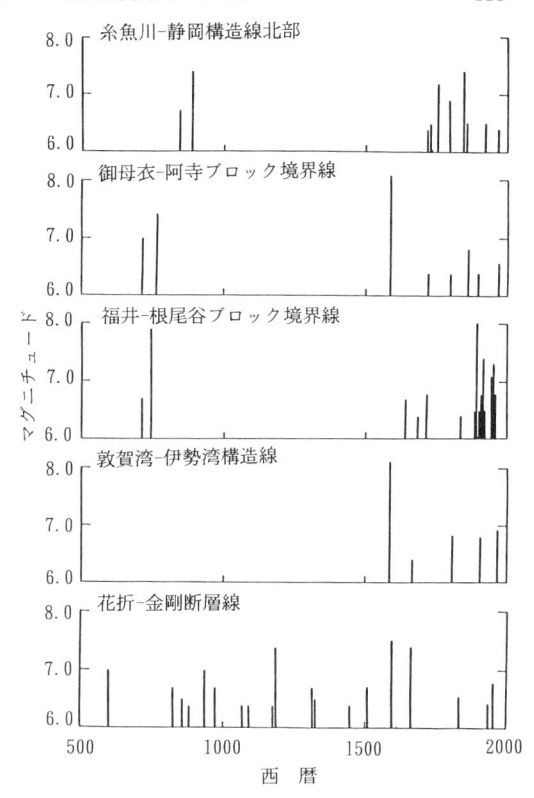

図8.7 ブロック境界における歴史地震(M≧6.4)発生の時間的推移(金折ら,1992による)

内陸被害地震に周期性はあるか

一方,内陸で発生した大地震については,どの断層が活動したのかを明確にできたケースは少なく,しかも内陸地震の繰り返しの周期は10^3年以上であるため,これまで地震の周期性を調べることは困難であった.

ここでは大地震の発生を図8.2に示したブロック境界の活動としてとらえることによって周期性を検討してみよう.その根拠は前に述べたように,大地震を発生させる活断層は規模が大きいので,地殻ブロック境界に対応していると考えることにある.ここでは震源の広がりがおよそ15kmより大きいものとして,マグニチュード(M)6.4以上の地震を考察の対象とする.

図8.5に歴史時代に発生したM6.4以上の地震の推定震源位置を示す.これらの多くのものが先に定義したブロック境界周辺に発生していることが読み取れ

る.そこで明確にブロック内部で発生した地震を除いて,各ブロック境界で発生した地震の時空間パターンを図8.6に示した.また図8.7に地震の発生を時間の関数として示した.これらの図から内陸地震の発生は16世紀以降と7～9世紀ごろに高かったことが読み取れる.しかし,16世紀より前になると地震を記録した古文書が急激に少なくなることから,このような活動期と静穏期の繰り返しは疑わしいという見解もある.そこで,このような約1000年の周期性を遺跡の地震跡のデータをもとに検討してみよう.

遺跡の地震跡は語る

日本の沖積平野や盆地には縄文時代以降人々が住みつくようになり,各地に遺跡が残されている.こうした遺跡の発掘には学術目的のほかに,道路や大規模な建造物を建設する際の調査が含まれており,今日までに発掘された遺跡の数は膨大である.1980年代後半になって,遺跡の発掘現場から地震による地盤の液状化によると思われる砂脈や地割れの跡が発見されるようになった.遺跡の地震跡は,歴史時代以前の人々も巨大地震による被害を受けてきたことを物語っている.地質調査所の寒川(1992)は,遺跡の地震跡の重要性に最初に注目し,その著書で,個々の遺跡の地震跡を詳しく記載し,歴史資料などを踏まえて考古学的な考察を行っている.

図8.8は,中部地方および近畿地方の沖積平野や盆地の分布図に,これまでに地震跡の発見された遺跡の所在地を示したものである(金折ら,1993).一般には,厚い沖積層が堆積している地域が震度V以上の地震動で揺すられると地盤が液状化して砂脈や噴砂現象が起こるとされている.このこ

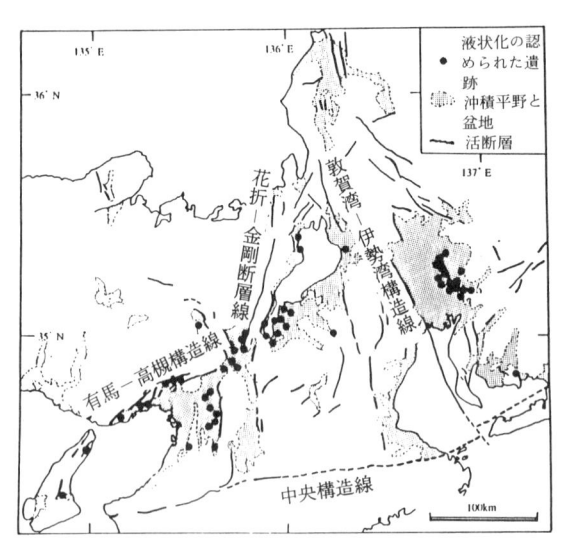

図8.8 中部日本の活断層分布と遺跡の地震液状化跡の発見された遺跡の位置(金折ら,1993に基づく)

とからすれば，強震動を与えた地震の震源は遺跡から遠い場所でもかまわない．しかし，この図をよくみると，地震跡の発見されている遺跡の分布がブロックモデルの境界に沿っている．そこで，地震の液状化跡が直下のブロック境界で発生した地震によるとみなして，地震発生の周期性を調べることにしよう．

遺跡の発掘調査では，出土する遺物から時代面を特定することが可能なので，

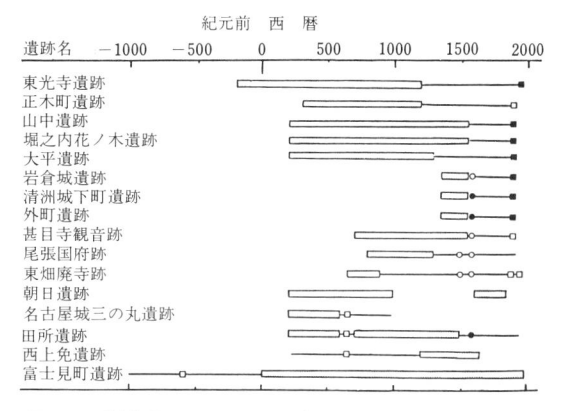

図 8.9 濃尾平野で発見された遺跡における地震液状化跡の発生年代（金折ら，1993に基づく）
空白の長方形部分では液状化が認められない．実線で示された期間で液状化が発生した．四角ないし丸印は検出されたイベントの数を表しており，黒く塗りつぶされたものは歴史地震と対比されているものを示している．

液状化の起こった時代を比較的精度よく見積もることが可能である．図 8.9 は，濃尾平野の遺跡の地震跡の発生年代を遺物の時代から推定したものである．歴史時代を西暦に換算するには，100 年ぐらいの誤差はつきものである．そうした不確定性を考慮して，地震による液状化の発生した時代を細い実線で示した．太い空白の線は，それぞれの遺跡で人間活動の記録があるが液状化イベントが見出されない期間である．このようにして地震による液状化のみられた時期とそうでない時期をそれぞれのブロック境界ごとに調べてみると，地震活動の活発な時期は，紀元前 500～1000 年，西暦 0～800 年および 1500 年以降である．これは歴史地震の記録に認められた約 1000 年の周期性とおおよそ一致している．

室戸岬の隆起段丘に記録された約 1000 年の周期性

1946 年の南海道地震では，太平洋に突き出した潮岬，室戸岬で海岸線が隆起した．明治以後に行われた水準測量によると，地震の前後にはこの地域は逆に徐々に沈降していることが明らかにされている．このようなシーソーのような地殻変動のパターンは，地震と地震の間の歪みの蓄積と地震による歪みの解放として解釈されている．海岸線の隆起の歴史は過去の地震の繰り返しを反映したものであ

るので，長期間にわたる地震の周期性を検証する格好の手段となるだろう．

　低位の海岸段丘や岩場についたヤッコカンザシなどの石灰質遺骸の高度が過去の海岸線高度の指標となる．最近になって室戸岬や潮岬で詳細な調査が行われ（前杢，1988；前杢・坪野，1990），完新世（過去1万年）に形成されたと考えられる高度差約1〜2mの海岸段丘が6段認定されている．放射性炭素による年代測定を行った結果，これらの段丘は過去6000年間に形成されたことが明らかにされている．すなわち，これらの段丘の離水年代の周期は約1000年であり，歴史資料から推定された南海トラフの地震発生に認められる100年から150年の周期性と一致していない．

　この不一致を解釈する材料が，最近地質調査所の岡村（1990）によって明らかにされた土佐沖の海底地質図にえがかれている．図8.10に示すように，室戸岬の海岸線の東側に沿って走る南北走向の逆断層があり，この断層の活動によって室戸岬の隆起が生み出されているものと考えられる．南海トラフで沈み込み地震が発生した際に，この逆断層が連動すると海岸段丘が形成されるのであろう．

　室戸岬の隆起が約1000年に1度の割合で1mずつ繰り返されることは，内陸地震の周期性とほぼ符合している．これは，南北走向をもつ野根沖の逆断層の変位の累積が内陸の地震活動のサイクルと連動していることを意味しているのかもしれない．最近得られたデータは，従来考えられていた室戸岬の隆起の仕組みにも見直しを迫るものとして興味深い．

湖底堆積物は語る
地震記録計としての湖底堆積物
1662（寛文2）年，琵琶湖から三方五湖にかけての地域を震源として，近畿地方の広い範囲を強い地震が襲った．この地震で琵琶湖西岸一帯が沈降して田

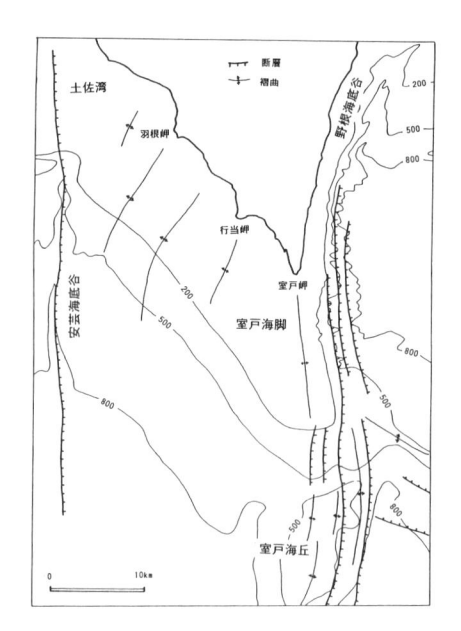

図8.10　室戸岬周辺海域の地質構造（岡村，1990に基づく）

畑が水に浸かり，多数の死者がでた．三方五湖周辺では，湖水の排水路であった気山川の下流が隆起したため湖水が溢れ，周辺集落が水没してしまった．そこで，行方久兵衛の指揮のもとで新たな排水路として，浦見川が開削されたのであった．浦見川によって水月湖の水は久々子湖を通じて日本海へ流れ込むことになり，海水の混入によって湖の環境が淡水湖から汽水湖へと変わった．

三方五湖は，琵琶湖の両岸を敦賀湾-伊勢湾構造線と花折-金剛断層の会合する場所にあり，数多くの活断層が走っている．そのため，この地域ではたびたび地震による被害を受けてきた．大地震が発生すると山崩れや崖崩れが発生したり，それによって河川が堰き止められて土石流が発生する．また，地盤が軟弱な地域では液状化が起こる．こうした地震による土石流や乱泥流が琵琶湖，余呉湖，三方五湖などに流れ込んで湖底に堆積物として記録されている可能性があるように思われる．とくに若狭湾に面する三方五湖では，流れ込む河川は小さいので大雨や洪水の影響は小さいと思われるので，地震によって発生した擾乱が湖底堆積物に記録されている可能性が高い．

堆積物は徐々に蓄積していくので，年代測定によって堆積速度を見積もることができれば，過去の記録媒体としてたいへん貴重なデータを提供する．つまり，日本の湖沼を地震の記録計とみなして，その記録を解読しようというわけである．

水月湖の柱状湖成堆積物　1991年に三方五湖の1つ，水月湖から重点領域研究「気候・植生の変遷と文明の盛衰」の調査費を用いて堆積物コアが採集された．この試料の解析が，北海道大学（当時）の福沢によって進められている．ここでは，その解析結果に地震の記録がないかを検討してみることにしよう．

水月湖から採集された湖底堆積物の全長は11mである．そのうち最上部88.5cmの部分の詳細な解析が行われている（福沢ら，1994）．

このコアには，深度29.5～34.0cmの部分と深度51.5～55.5cmの部分にはタービダイト（乱泥流堆積）が含まれている．深度34.0～29.5cmの部分のタービダイトを境に湖水の環境が大きく変化していることが重鉱物の分析で明らかになった．上位は海水が混入した汽水性の岩層を示すのに対し，下位は淡水性の堆積物なのである．つまり，深度29cmより上位には海水の進入を反映してパイライト（FeS_2）やマーカサイト（FeS_2）粒子が析出しているのに対し，このタービダイトの下位ではシデライト（$FeCO_3$）が卓越しているのである．このような堆積環境の急激な変化は，1664（寛文4）年の浦見川の開削によって生じたものであり，

上位のタービダイトは1662年の地震によってもたらされたものであることがわかった．

そこで，堆積物が採集された最上位の年代(1991年)と1662年のタービダイトの層準および1664年の海水の流入による湖水環境の変化をもとに，堆積速度を一定(0.9mm/年)と仮定して，コアに年代を与えることにした．実際には，堆積物の供給速度にはある程度ゆらぎがあると考えられるので，堆積速度から与えられた年代は10年程度の誤差を含んでいる．この関係から深度51.5～55.5cmのタービダイトは，1450年ごろの地震(1449年文安地震)によるものと推察された．

図8.11は，横軸に堆積物の深度をとり，縦軸にバルク密度(左)と粒子密度(右)をとったものである．バルク密度は試料を乾燥させた後，水銀ピクノメータで測定された．また，空隙率は四塩化炭素吸着法で測定された．粒子密度はバルク密度と空隙率から算出されたものである．また，横軸は深度を西暦に換算してある．

水月湖の湖成堆積物は主として珪藻遺骸や砕屑粒子から構成される．ここでの珪藻粘土の粒子密度は$1.6 \sim 2.0 \mathrm{g/cm^3}$であるが，砕屑性の石英や長石では$2.5 \sim 2.6 \mathrm{g/cm^3}$である．図8.11にみられる密度$4.0 \mathrm{g/cm^3}$以上の粒子は，パイライト・マーカサイトなどの鉱物による．砕屑性粒子が濃集した空隙率の大きい層準では水循環が活発であり，密度の大きい鉄鉱物が2次的に沈澱したものと解釈されている．

砕屑性の粒子が多い部分ほど構成物質の比重が大きいので，通常はバルク密度も砕屑粒子の多い層準で高くなる傾向がある．しかし，最上位30cmの部分はま

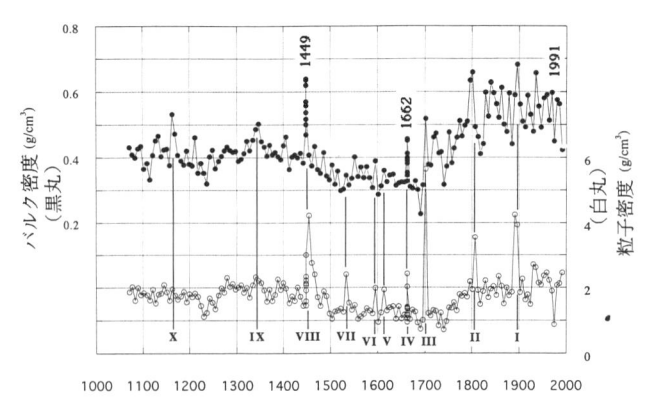

図8.11 三方五湖(水月湖)の湖底堆積物の乾燥後のバルク密度(縦軸左)，粒子密度(縦軸右)と深度の関係(川上ら，1993による)
堆積物のバルク密度と粒子密度に認められたイベント(I～X)．

だ圧密を受けていないため空隙率が高く，乾燥の際にかなり収縮した．このため見かけ上密度が高くなっている．西暦1700年以後の高いバルク密度はこのことを反映している．この部分のバルク密度の変化曲線は変動が激しく，どのピークが有意かはっきりしない．そこで，この期間については，粒子密度のピークに基づいてイベントを認定した．そして，バルク密度と粒子密度の変化曲線に認められる1900年以前のピークに番号をつけた．これらのピークは砕屑性粒子の混入イベントを反映しており，地震によってもたらされた可能性が高いと判断される．実際，1662，1449年の地震によると考えられるタービダイトの層準では，これらに対応して鋭いピークが認められる．

若狭湾周辺の内陸被害地震との対比　1900年以後に，若狭湾周辺に被害を与えた地震には，1909年姉川地震（M 6.8)，27年北丹後地震（M 7.3)，48年福井地震（M 7.1)，63年越前岬沖地震（M 6.9)がある．砕屑性粒子の変動に，これらの地震に対応したピークがあるようにも思われるが，今後の検討が必要とされる．

　図8.11に示された1900年以前のイベントに対応すると考えられる地震を宇佐美（1987）の一覧表の中から選び出し，若狭地方の被害状況を調べた．

　イベントⅠ（1890年ごろ）：1891年の濃尾地震（M 8.0）に対比される．この地震は福井県三方地方にも斜面崩壊を引き起こしており，堆積物に記録されたイベントもこの地震による可能性が高い．

　イベントⅡ（1800～10年ごろ）：1819年に伊勢，美濃，近江を襲った地震（M 7・1/4）に対応する．この地震では，琵琶湖岸で被害が大きかった．この地震による三方地方の震度はVに達したと推定されている．

　イベントⅢ（1700年ごろ）：1707年の宝永地震（M 8.4）に対応すると考えられる．この地震は日本最大級の地震の1つであり，若狭地方でも震度V～VIに見舞われた．

　イベントⅣ（1662年）：寛文2年の地震による．

　イベントⅤ（1610年ごろ）：砕屑粒子密度に顕著な異常が認められる．1) 1614年の地震，2) 1605年の慶長東海地震，3) 1596年の慶長地震（M 7・1/2）のいずれかに対比されるであろう．

　イベントⅥ（1590年ごろ）：西暦1586年の天正地震（M～8）に対比される．この地震は，御母衣断層，阿寺断層，伊勢湾断層が活動したという説がある．近江

長浜で山内一豊の幼女が圧死しており,若狭地方でも震度Vに達した.

イベントVII(1530年ごろ):粒子密度に鋭いピークが認められる.これは,1532年の京都,近江の地震に対比される.この地震については歴史記録が少なく,よくわかっていない.

イベントVIII(1450年ごろ):タービダイトを伴う鋭いピークがある.『康富記』によると,1449年に山城,大和を襲った地震(M5・3/4〜6.5)で,京都市北部の若狭(街)道長坂で山崩れが発生し,人馬が多く死んだという記録がある.若狭地方まで被害が及んだかは確かではない.

イベントIX(1340年ごろ):1325年の近江北部の地震(M6.5)に対応すると考えられる.この地震では琵琶湖と敦賀の中間で山崩れが発生した.琵琶湖の竹生島の一部が崩れて水中に没した.

イベントX(1170年ごろ):1185年の近江,山城,大和の地震(M7.4)に対比される.この地震では,地変によって琵琶湖の水が北流したという記録がある.

以上のように,堆積物に記録された砕屑粒子混入イベントと,歴史地震の発生年代との対比を行った結果,堆積物に記録された10個のイベントの多くに対応する内陸地震を見出すことができた.堆積物に認められたイベントの年代と歴史地震の年代には10年程度の不一致が認められる場合があるが,堆積物の年代の推定の精度からするとよく一致していると考えられる.図8.5に水月湖の湖底堆積物から検出された歴史地震の震央を示した.

京都では,1317,1350,1425,1664,1665,1751,1830年など,M6クラスの地震がたびたび発生しているが,若狭地方まで被害が及んだ可能性は低い.また,南海トラフ沿いで発生した1361,1498,1605年の地震は津波地震であり,若狭地方にまで被害は及んだ可能性は低い.1707年の宝永地震は超特大であり,顕著なピークが認められた.1854年の安政東海地震の被害は若狭地方まで及んだとされているが,堆積物密度に顕著なピークは認められない.これら以外には若狭地方に被害を与えた地震は知られていないので,図8.11に示されたイベントと歴史地震との相関は非常に高いといえる.

さらなる過去へ ここで示した三方五湖の堆積物に記録されたイベントの多くが周辺で発生した大規模内陸地震によるものであるならば,震度V以上の振動に対しては,かなり高い確率で三方五湖の堆積物に記録されていると推察される.

8. 西南日本の被害地震発生のリズム　　143

図8.12に，11mの堆積物コア中に肉眼で認められるタービダイト層の位置とその厚さを示した．堆積速度が一定であるとすれば，これから過去1万年分の近畿地方で発生した大地震の活動サイクルが読み取れる．この図からも数十年から1000年程度で地震活動の高い時期が繰り返しているようにみえる．以上述べたように，湖底堆積物中に記録された地震イベントを検出することで，過去1万年の被害地震の周期性を検討することができるようになった．

被害地震発生に周期性はあるか

ここでは，内陸地震が地殻ブロックの境界で発生するというブロックモデルを導入することにより，歴史資料，断層地形，遺跡の地震跡，湖底堆積物に記録された地震イベントなどのデータを用いて，地震の発生に周期性があるかを検討してきた．そして，内陸地震はおよそ1000年ぐらいの周期で活動期と静穏期が繰り返している可能性を指摘した．現在

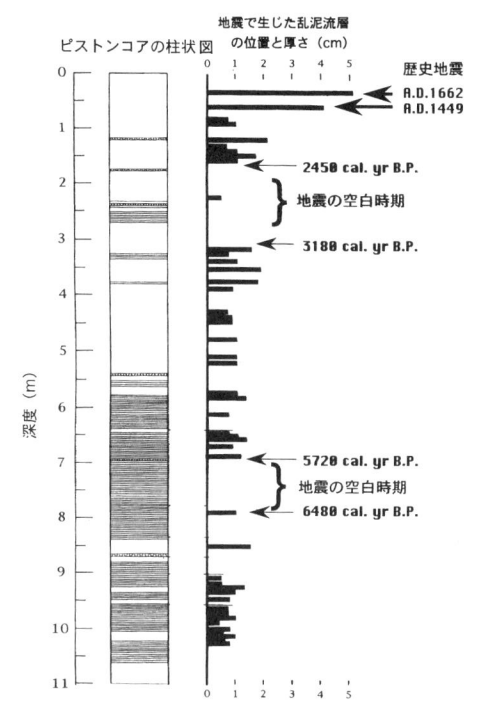

図8.12　水月湖ピストンコア（SG-2）に記録されたタービダイト（福沢，未発表データ）

地震頻度の特徴は海水準上昇時期に湖沼堆積物に痕跡を残す地震が少ないことである．福沢は理由として，(1)海水準上昇時期には湖水域が拡大して，地震による乱泥流の流入範囲から離れるため，記録として残存しない（水月湖の場合，湖岸から乱泥流が流入することによってタービダイトは形成されていない）こと，(2)海水準の上昇は地殻に対する海水の圧力が高まることにより，地震が起こりにくくなる可能性を指摘している．

は16世紀末に始まった活動期にあるが，多くのブロック境界で地震が発生したため，静穏期へと向かっているように思われる．このような西南日本の地震火山活動の長期的な変動は，最近になってようやくみえてきたものである．その検証は，湖底堆積物のような長期にわたって地震を記録した物的試料の採集確保とその解読によって可能となるだろう．

文　献

1) 福沢仁之・小泉　格・岡村　真・安田喜憲：福井県水月湖の完新世堆積物に記録された歴史時代の地震・洪水・人間活動イベント．地学雑誌，**103**，127-139，1994．
2) 萩原尊禮：古地震——歴史資料と活断層からさぐる，312 p.，東京大学出版会，1982．
3) 飯尾能久：11月26日付私信，1992．
4) 金折裕司：甦える断層——テクトニクスと地震の予知，222 p.，近未来社，1993．
5) 金折裕司：断層列島——動く断層と地震のメカニズム，232 p.，近未来社，1994．
6) 金折裕司・川上紳一・矢入憲二：中部日本内陸に起きた被害地震（M≧6.4）の時空分布に認められる規則性——活動周期と発生場所——．活断層研究，**9**，26-40，1992．
7) Kanaori, Y., Kawakami, S. and Yairi, K.: Space-time correlations between inland earthquakes in central Japan and great offshore earthquakes along the Nankai trough: Implication for destructive earthquake prediction. *Eng. Geol.*, **33**, 289-303, 1993.
8) 金折裕司・川上紳一・矢入憲二：西南日本のブロック構造．科学，**64**，186-194，1994．
9) 金折裕司・矢入憲二・川上紳一・服部俊之：中部日本内帯の主要構造線の活動サイクル：沖積平野と盆地内の遺跡発掘で確認された地盤液状化イベント．地震第2輯，**46**，119-133，1993．
10) 活断層研究会：日本の活断層，363 p.，東京大学出版会，1980．
11) 川上紳一・福沢仁之・金折裕司：内陸被害地震の新しい検出法：三方五湖（水月湖）の湖成堆積物に記録された内陸被害地震．地震学会ニュースレター，**5**(3)，12-16，1993．
12) 前杢英明：室戸半島の完新世地殻変動．地理学評論，**61** (Ser. A)，747-769，1988．
13) 前杢英明・坪野賢一郎：紀伊半島南部の完新世地殻変動．地学雑誌，**99**，43-63，1990．
14) 大森房吉：本邦大地震概説．震災予防調査会報告，**68**，乙，1-180，1913．
15) 岡村行信：四国沖の海底地質構造と西南日本外帯の第四紀地殻変動．地質学雑誌，**96**，223-237，1990．
16) Pacheco, J. F., Scholz, C. H. and Sykes, L. R.: Changes in frequency-size relationship from small to large earthquakes. *Nature*, **355**, 71-73, 1992.
17) 寒川　旭：地震考古学——遺跡が語る地震の歴史——，251 p.，中公新書，中央公論社，1992．
18) 田山　実：大日本地震史料．震災予防調査会報告，**46**，甲，1-606，乙，1-595，1904．
19) 宇佐美龍夫：新編　日本被害地震総覧，434 p.，東京大学出版会，1987．

9. 風成塵が記録する気候変動と文明

成 瀬 敏 郎

風 成 塵

　西日本では，春先から初夏にかけて低気圧が通過した後の空が淡黄色に霞むことがある．これはアジア大陸から黄砂が飛来したためで，この季節になると雨に混じって降った黄砂が窓ガラスや自動車を汚すことが多くなる．地域によっては灰西・赤霧・山霧・泥雨・粉雨などとも呼ばれる黄砂は，年間を通して日本列島に降っているが，とくに2月から増加し始め，5月にピークを迎える．ちなみに兵庫県南部では1年間に$4t/km^2$の黄砂が降っている．

　黄砂のような現象は，日本に限らず世界の多くの地域で観察されており，とくに砂漠の周辺ではごく普通にみられる現象である．なかでもサハラ砂漠から南イタリアに吹く乾熱風シロッコは代表的なもので，サハラの細粒物質を地中海地域に運び，"赤い雨"を降らせたり，地中海沿岸一帯の赤土（テラロッサ, terra rossa）の母材になることが知られている．

　風で運ばれる細粒物質は風成塵（eolian dust）と呼ばれている．風成塵とは黄砂だけでなく，氷期に陸化した海底から舞い上げられた細粒物質，海浜や河床から飛ぶ微砂，火山灰，花粉や胞子類，プラントオパール，海塩などの自然物質や，自動車や工場から出る煤煙，都市の塵埃，放射性降下物などの人為物質から成る．ここでいう風成塵とは，自然物質のうち火山灰や花粉・胞子類・プラントオパール・海塩を除いたものを指している．

　給源地で空高く舞い上げられた風成塵は，偏西風や貿易風に乗って風下に運ばれ，植生に覆われた地表や海底・湖底に堆積する．堆積したものは陸上ではレス（loess）と呼ばれ，中国黄土高原のように厚さが300mに達するところもあれば，日本のように雨が多く土壌浸食を受けやすい地域では残りにくい地域もある．一方，海底や湖沼底にはそのまま堆積物として残ることが多い．

氷河レスと砂漠レス

氷河レスと砂漠レス　氷河は，それ自体の重みでゆっくりと谷を流れ下る際，岩盤を擦るので多量の岩粉が生ずる．岩粉は，氷河の下を流れる融氷水に混じって氷河末端まで運ばれた後，周氷河気候特有の強い偏西風によって上空に巻き上げられ，風成塵となって東方に運ばれ，広範囲に堆積する．これが氷河レスと呼ばれるものである．主に氷期に堆積するが，氷河が現存するアラスカなどでは，いまでも盛んにレスが堆積している．

一方，砂漠から飛んでくる風成塵が堆積したものを砂漠レスと呼んでいる．砂漠では露岩が日中は熱せられ，夜間は冷却され，しかも紫外線が強いため物理的風化が進みやすく，岩は短期間に風化する．風化してできた砂は，さらに塩類風化によって細かく砕かれ，シルトや粘土の大きさになる．こうしてできたシルトや粘土は熱せられた地表から空高く巻き上げられて風成塵となり，偏西風や貿易風によって広域に運ばれる．

氷河レスと砂漠レスの分布　氷河レスは，氷期に大規模な氷河が発達したヨーロッパや北アメリカ中央部，シベリア，南アメリカ，ニュージーランドなど偏西

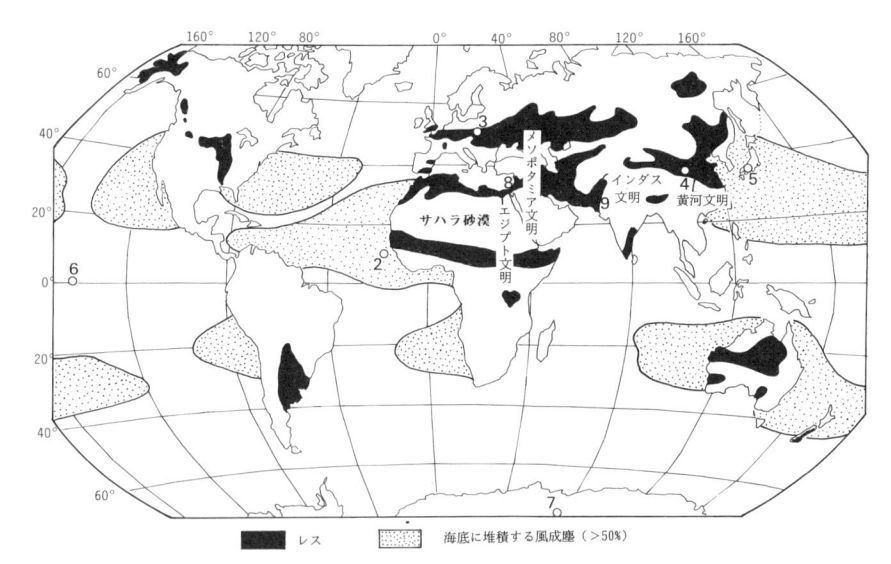

図 9.1　世界のレス，および海底に堆積する風成塵起源物質の分布（Catt, 1991；井上・成瀬，1990 から作成）
2〜7：図 9.2, 8：図 9.3, 9：図 9.4 参照．

風の吹く緯度20～60°に帯状に分布している（図9.1）．この緯度にあるウクライナや北アメリカのグレートプレーンズ，南アメリカのパンパなどに発達するチェルノーゼムやプレーリー土と呼ばれる肥沃な黒土は，偏西風が運んできた氷河レスが母材となっている．

砂漠レスは，世界最大の砂漠であるサハラ砂漠の北方にある地中海沿岸やサハラ砂漠の南にあるサヘル地方などに広く分布している．このほかアラビア半島，イラン，アフガニスタン，パキスタン，インド，中央アジアの砂漠周辺にも砂漠レスが堆積している．東アジアでは，内陸砂漠やチベット高原の風下に当たる黄土高原をはじめ中国東部一帯に黄土が分布する．しかし黄土の場合，氷期にチベット高原や天山山脈の氷河からもたらされた氷河レスが砂漠レスに加わっている点で，他地域の砂漠レスとは多少性格を異にしている．インド南東部にもデカン高原から飛来した風成塵が堆積しているほか，南半球ではオーストラリア大陸の砂漠周辺に分布している．

こうした氷河レスや砂漠レスは陸上だけでなく，偏西風や貿易風によってさらに遠く運ばれ，海洋底にも広範囲に分布している．なかでも北太平洋底にはアジア大陸起源の風成塵が，北大西洋底にはサハラ砂漠起源の風成塵が広い範囲にわたって堆積している．

日本と韓国のレス　日本と韓国は偏西風帯に属し，アジア大陸の風下に当たるため，内陸砂漠やチベット高原，氷期に陸化した東シナ海海底から飛来した風成塵が日本列島最西端の与那国島から南西諸島，九州，本州，北海道をはじめ，中国と日本との間にある韓国にも広域に堆積している（成瀬・井上，1982；成瀬ら，1985；井上・成瀬，1990）．

しかし，日本列島は降水量が多く土壌浸食を受けやすいので，古い時代のものは残りにくく，最終氷期（1万～7万年前）に堆積した厚さ1～2m程度のレスがみられることが多い．一方，韓国では開発の歴史が古く，森林の破壊によって土壌が流亡しているため，レスの残存している場所は限られている．

こうしたレスの堆積層は無層理で，近隣から風で運ばれてきた砂サイズのものと遠距離から飛来した3～30 μm ほどの風成塵が混じり合ったものから成っている．また寒冷で乾燥した最終氷期に堆積した風成塵は，完新世の温暖湿潤な気候環境下で風化作用が進み，その性質も多少変化したレス質土壌になっている場合が多い．

風成塵が記録する気候変動

風成塵は風で運ばれる物質であり，過去の風の状態や乾湿の度合を反映しているので，気候変動を解明するのによい指標となる．そのため陸上をはじめ海洋底に堆積した風成塵の堆積量や粒子の大きさなどが研究されてきた．

陸上の風成塵堆積量の変化 ヨーロッパをはじめ，北アメリカ，ニュージーランドなどでは寒冷な氷期に氷河レスが堆積し，温暖な間氷期や亜間氷期に古土壌が生成したことが知られている．ポーランド南部のレス地域でも，レスは氷期に，主な古土壌は間氷期にそれぞれ対比されている（Maruszczak, 1985；図9.2）．

一方，砂漠レスに氷河レスが一部混じった中国黄土は約240万年前から氷期に堆積し，間氷期に古土壌の生成が繰り返されてきた（Lieu, 1985）．最近の研究によると，黄土高原では，黄土のフラックス（$g/cm^2/1000$年）は最終間氷期に当たるアイソトープステージ5で少ないものの，最終氷期に増加し，とくに寒冷なステージ2と4で多くなること，完新世になると温暖湿潤な気候に変わり，減少したことが指摘されている（An *et al.*, 1991）．

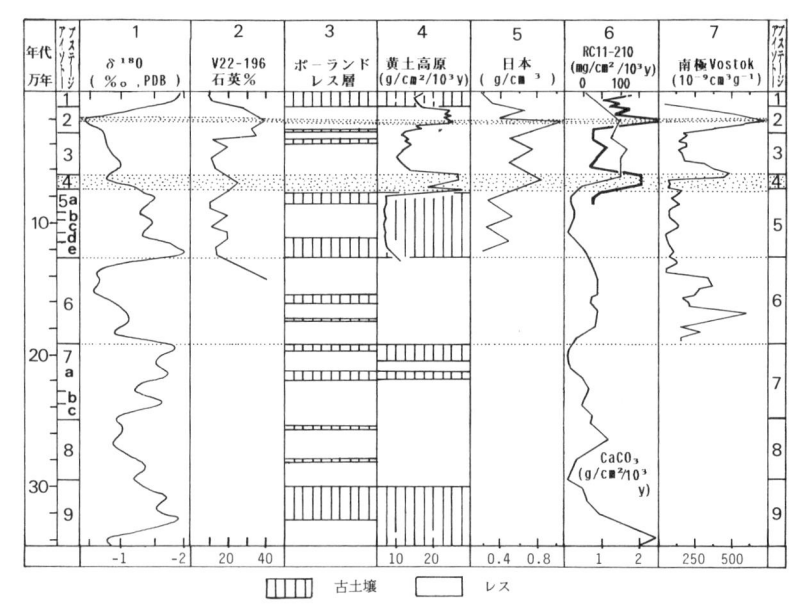

図 9.2 世界のレス堆積時期，風成塵の堆積量変化
2：Kolla *et al.*, 1979, 3：Maruszczak, 1985, 4：Lieu, 1985；An *et al.*, 1991, 5：成瀬，1993；成瀬ら，1994, 6：Cheuey *et al.*, 1987, 7：Petit *et al.*, 1990.

日本では九州から東北にかけて風成塵堆積量（g/cm³）の平均値がアイソトープステージ2でもっとも多く，4がこれに続いている．このほかステージ3や約1.1万年前のヤンガードリアス期にやや増加し，ステージ5と完新世に減少している（成瀬，1993；成瀬ら，1994）．

南極のボストーク（Vostok）基地で掘削された深度2202mの氷床ボーリング分析結果も風成塵フラックスがアイソトープステージ2でもっとも多く，次いでステージ4に多いことが報告されている（Petit et al., 1990）．

海洋底の風成塵堆積量の変化　コラら（Kolla et al., 1979）は，サハラ西沖（北緯13°50′，西経18°57′；図9.1(2)）の大西洋底でボーリングV22-196を行い，1万8000年前とリス氷期に対比される層準に風成塵起源の石英が多く含まれ，バルバドスIの直後である約7万年前にもやや多いことを指摘した．この時期はアイソトープステージ2と6，それに4にそれぞれ対比される（図9.2(2)）．

一方，赤道直下（北緯1°49′，西経140°03′）の太平洋底ボーリングコアの分析では（Cheuey et al., 1987），カルサイト（g/cm²/1000年）が寒冷な氷期に多く，間氷期に少ないこと，風成塵フラックスがアイソトープステージ2でもっとも多く，4がこれに続くことを指摘した．このほかアラビア海やオーストラリア北部沖合の海底堆積層中の石英％も同じ傾向を示しており（Kolla and Biscaye, 1977），ほぼ同時期に風成塵起源物質が陸地から多く供給され，海底に堆積したことがわかっている．

風成塵が記録する気候変動　図9.2に示した研究例は，陸上や海底の堆積物に記録されている風成塵の量が，ほぼ共通して寒冷な氷期に多く，温暖な間氷期に少ないことを示している．さらに最終氷期中の最寒冷期であるアイソトープステージ2でもっとも多く，次いでステージ4に多いほか，ステージ3や最終氷期末期のヤンガードリアス期にも増加すること，最終間氷期のステージ5のbやdでも量的には少ないけれども増加するというように，気候変動と風成塵の堆積量の間に規則性が認められている．

それは，気候が寒冷化すると氷河や砂漠からもたらされる風成塵が多くなると同時に，優勢になった極気団が気圧傾度を強めることによって偏西風や貿易風が強くなり，風成塵の大気輸送が活発になったからである．なかには風成塵が長期間大気中を浮遊し，エアロゾルとなって地球全体を覆う状態が生じ，南極のように偏西風や貿易風帯に属さない地域にさえも風成塵が多く堆積するようになって

いる．これに対して，温暖な時期には風成塵の供給が減少し，風化が進み古土壌が生成される場合が多い．

このように氷河レスや砂漠レスともに，風成塵が生産される環境は異なるけれども，風で運ばれる物質という点では同じであり，第四紀の気候変動に伴って周期的に風成塵の堆積量が変動しているのである．

古代文明を支えた砂漠の恵み
西アジアの砂漠レス

西アジアの"肥沃な3日月地帯"をはじめ古代文明が興った地域には，いずれも豊かな水量を誇る大河川が流れるほか，肥沃な砂漠レスが堆積している．

図9.3は，イスラエルの中央平原にある砂漠レス断面から採取した土壌試料の分析結果である．サハラ砂漠やネゲブ砂漠から飛来した厚さ8mの砂漠レス中には，乾燥した気候下で地下水に含まれるCa^{2+}が地表面近くに集積してできたカンカルと呼ばれる6層の古土壌が埋没している．

古土壌に含まれるカルサイトのESR年代を測定してみると，いずれもミランコビッチによる北緯65°の夏の太陽放射量が増加した高温期に一致し，反対に砂漠レスは減少期に堆積したことがわかる．この分析結果から，イスラエルでは減少期，つまり寒冷期に湿潤化して草原が広がったこと，サハラ砂漠北部もこの時期，雨が多く降るようになったためワジ(涸れ川)に流れ込む細粒物質が増加し，ワジから舞い上げられた風成塵が当時草原であったイスラエルに盛んに堆積したこと，風成塵の堆積量が0.1mm/年であったことが明ら

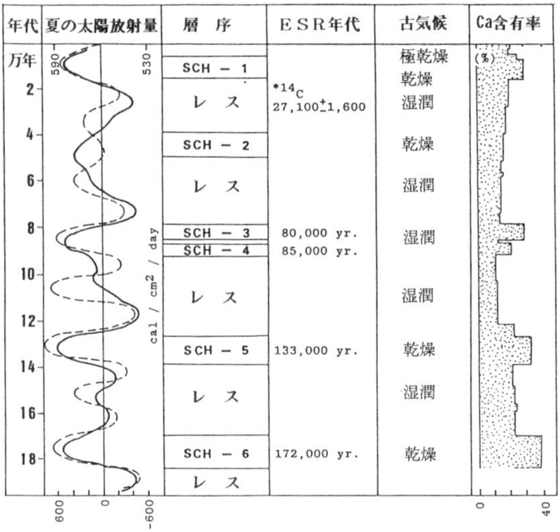

図9.3 イスラエル，ネティボツの砂漠レス断面の分析結果
夏の太陽放射量：実線は Milankovitch, 1930, 破線は Kashiwaya et al., 1987 による．

かにされている（Naruse and Sakuramoto, 1991）.

このようにイスラエルをはじめとする地中海沿岸地域や西アジア一帯では、氷期の寒冷な時期に湿潤化し、サハラ砂漠やアラビア半島などのワジから風成塵が飛来して砂漠レスが堆積した．肥沃な土壌成分を多く含んでいる風成塵は、やがてこの地で始まる農業にとってなによりの贈り物になった．こうした地域には、最終氷期ほどではないけれども現在もなおサハラやアラビア半島の砂漠から風成塵が飛来している．

一方，標高1000mほどのトルコ，アナトリア（Anatoria）高原には黒土チェルノーゼムが発達している．この土壌は氷期に北のヨーロッパから飛来し堆積した氷河レスが母材となったものであり、かつてはアナトリアは麦の収穫が約束された豊かな土地であったとみられる．しかし現在では、この地で長く行われてきた放牧によって肥沃な黒土は流亡し、ほとんど残っていない．

インド，タール砂漠のレス　　インド北西部に広がるタール砂漠の地下には、少なくとも3層の古土壌が埋もれている（Naruse, 1985；図9.4）．最下部の古土壌は、8～13万年前の間氷期にできたカンカル層である．その上には、最終氷期にタール砂漠が極乾燥気候であったことを示す古砂丘が堆積している．

1万～3500年前になると、活発化した亜熱帯モンスーンがアラビア海の湿気を内陸奥深くまで送り込むようになり、タール砂漠は高温で湿潤な気候に変わり、植生が回復した．一方、流量を増したインダス川とその支流の広い氾濫原にはヒマラヤから運ばれてきた大量の沖積土砂が堆積するようになった．この氾濫原から舞い上げられた風成塵が平原の植生に捕獲され、砂漠レスが堆積していった．やがて、砂漠レスが堆積した緑の平原にインダス文明（4500～3500年前）が開花したのである．砂漠レスには土器や炭化物が埋もれており、当時、活発に農業生産が行われたことがわかる．しかし、3500年前

移動砂丘
0-100年前

古土壌（砂漠レスを母材）
100-1,500年前

固定砂丘
1,500-3,500年前

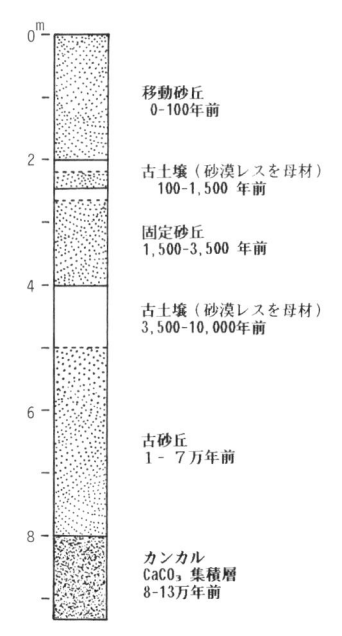

古土壌（砂漠レスを母材）
3,500-10,000年前

古砂丘
1-7万年前

カンカル
$CaCO_3$集積層
8-13万年前

図 9.4　インド，タール砂漠，トシャン（北緯28°50′，東経75°50′）の地質断面

にこの地は再び乾燥化した．巨大な砂丘が緑の平原を埋め尽くし，インダス文明を支えた農業が壊滅したのである．

1500年前ごろからこの巨大な砂丘の上に植生が回復し始め，砂漠レスが堆積するようになった．ところが，19世紀末から砂丘地の耕地化が進展するにつれて飛砂が発生するようになり，人為的な砂漠化が深刻になっている．

中国の黄土　　中国の黄土地帯では最終氷期に厚い馬蘭黄土が堆積した．完新世になると活発化したモンスーンが内陸部にも湿潤な気候をもたらすようになり，黄土地帯は草原や森林に変わった．そこでは黄土中のカルシウムが腐植を結合させることによって，チェルノーゼムに似た豊かな黒土が生成されることになった．

この黒土は穀物の生産，ことに麦類の生育にとって最適であり，黄河流域に開花した黄河文明の礎になったと思われる．しかし，黄土高原の過度の開発は植生の破壊，豊かな黒土の浸食をもたらしただけでなく，尘暴(チェンパオ)・雨土(ユトウ)と呼ばれるような激しい砂塵嵐や黄砂が頻発するようになった．

最　後　に

イスラエルの土地は，勤勉で細心の者にとって豊饒だが，少しでも油断すると雨が土壌を流し去り，すぐさま細々と羊を飼う以外に方法のない荒撫地に変わってしまうといわれる．たしかに地中海の冬雨は，雷鳴を伴って地表を激しくたたきつけ，土壌を洗い流してしまう危険性がある．そのため古くから石を積み重ねて畦をつくり，土壌の流出を防ぐなどの工夫が凝らされてきた．

しかし，長い遊牧の歴史は貴重な土壌をすっかり流し去ってしまった．ベツレヘムの南に広がる岩だらけの荒野に残された壮大なシナゴーグ（会堂）の廃墟は，私たちに土壌保全の大切さを無言で訴えかけている．この地は『旧約聖書』にブドウや穀物の収穫が約束された豊かな地であったと記されている．同じように，かつて森林に覆われ，サハラ砂漠がもたらした肥沃な砂漠レスが堆積するギリシアの土地

図 9.5　イスラエル，ベツレヘム南部の荒野
（筆者撮影）

も，細心の土壌保全がなされず，たちまちのうちに岩だらけの痩せた土地になったのである（安田，1990）．

私たちの文明は，気候変動がもたらした過去の遺産の上に成り立っていることを忘れてはならない．最終氷期の厳しい気候がもたらした風成塵も遺産の1つである．

もともと自然条件の劣悪な土地に砂漠や氷河からの贈り物である風成塵が飛来し，肥沃な土壌を形成した．こうした地に古代文明が開花したが，やがてインダス地域のように乾燥気候に変わったり，西アジアのように土壌の管理をおろそかにした結果，たちまち元の厳しい自然に還ってしまった例をいくつかみてきた．

しかし，幸いなことにこうした地域には現在もなお砂漠から風成塵が盛んに飛来している．したがって積極的に緑化を進めれば，大気中を浮遊する風成塵が植物に捕獲され，私たちの手で大地に再び肥沃な土壌を取り戻すことができる．

エジプトがナイルの賜物といわれるように河川の恵みは流域に古代文明をもたらしたけれども，砂漠や氷河がもたらした肥沃な風成塵もまた古代文明の発展に寄与したことはいうまでもない．その点で，地中海沿岸や西アジアの文明はサハラやアラビアの砂漠の賜物，中国の文明はアジアの内陸砂漠やチベット高原の賜物といってもよいであろう．

文　献

1) An, Z. S., Kukla, G., Porter, S. C. and Xiao, J. L.: Late Quaternary dust flow on the Chinese loess plateau. *Catena*, **18**, 125-132, 1991.
2) Catt, J. A.: Quaternary Geology for Scientists and Engineers. 340 p., Ellis Horwood, Chichester, 1988.
3) Cheuey, J. M., Rea, D. K. and Pisias, N. G.: Late Pleistocene paleoclimatology of the central equatorial Pacific: A quantitative record of eolian and carbonate deposition. *Quaternary Res.*, **28**, 323-339, 1987.
4) 井上克弘・成瀬敏郎：日本海沿岸の土壌および古土壌中に堆積したアジア大陸起源の広域風成塵．第四紀研究，**29**, 209-222. 1990.
5) Kashiwaya. K., Yamamoto, A. and Fukuyama, K.: Time variations of erosional force and grain size in Pleistocene lake sediments. *Quaternary Res.*, **28**, 61-68, 1987.
6) Kolla, V. and Biscaye, P. E.: Distribution and origin of quartz in the sediments of the Indian Ocean. *J. Sedimentary Petrology*, **47**, 642-649, 1977.
7) Kolla, V., Biscaye, P. E. and Hanley, A. F.: Distribution of quartz in late Quaternary Atlantic sediments in relation to climate. *Quaternary Res.*, **11**, 261-277, 1979.

8) Lieu, T.: Loess and the Environment. 251 p., China Ocean Press, Beijing, 1985.
9) Maruszczak, H. (Ed.): Guide Book of the International Symposium, Problems of the Stratigraphy and Palaeogeography of Loesses, Poland, 6 th-10 th September, 1985. 156 p., Marie Curie-Sklodowska Univ., Lublin, 1985.
10) Milankovitch, M.: Mathematische Klimalehre, Handbuch der Klimatologie. I Teil A. 150 p., Berlin, 1930.
11) 成瀬敏郎・井上克弘：北九州および与那国島のレス——後期更新世の風成塵の意義——. 地学雑誌, **91**, 164-180, 1982.
12) Naruse, T.: Aeolian geomorphology of the Punjab Plains and the north Indian desert. *Ann. Arid Zone*, **24**, 267-280, 1985.
13) 成瀬敏郎・井上克弘・金　萬亭：韓国の低位段丘上に堆積するレス土壌．ペドロジスト, **29**, 108-117, 1985.
14) 成瀬敏郎：東アジアにおける最終間氷期以降の広域風成塵の堆積量変化．地形, **14**, 265-277, 1993.
15) 成瀬敏郎・横山勝三・柳　精司：シラス台地上のレス質土壌と堆積環境．地理科学, **49**, 76-84, 1994.
16) Naruse, T. and Sakuramoto, Y.: Dating the paleosols in loessial deposits in Netivot, Israel by electron spin resonance. 兵庫教育大学研究紀要, **11**, 147-153, 1991.
17) Petit, J. R., Mounier, L., Jouzel, J., Korotkevich, Y. S., Kotlyakov, V. I. and Lorius, C.: Palaeoclimatological and chronological implications of the Vostok core dust record. *Nature*, **343**, 56-58, 1990.
18) 安田喜憲：森林の荒廃と文明の盛衰, 277 p., 思索社, 1990.

コラム：電子スピン共鳴年代測定

池 谷 元 伺

　ネアンデルタール人とホモサピエンスサピエンスと呼ばれる現代人との共存が，新しい年代測定の結果から明らかになり，人類の進化の歴史が書き改められようとしている．そのきっかけとなった電子スピン共鳴（ESR）と熱ルミネッセンス（TL）を用いた年代測定法は，自然放射線による照射効果に基づき，都市遺跡コンヤ盆地の石膏の年代測定にも利用されている．電子スピン濃度の分布を画像化するESR顕微鏡を用いて，縞模様から古環境の周期的変動の評価も可能である．

時の流れの追跡

　時の経過とともに変化する量を追跡すると，変化する量から逆に時の経過を求めることができる．過ぎ去った時を求める年代測定法では

1) 放射性炭素（^{14}C）法など放射能の半減期
2) 自然放射線の照射効果の蓄積
3) 風化・劣化・酸化あるいはラセミ化など化学反応

を時の尺度として利用する（池谷，1987；Ikeya, 1993；池谷ら，1992；木越，1987；東村，1980；馬渕・富氷，1986）．

　ここに述べる電子スピン共鳴年代測定は，試料内外に存在する放射性元素からの放射線照射効果により生じた電子スピンの蓄積量から，時の経過を求める年代測定法である（池谷，1987；Ikeya, 1993）．

ESR年代測定の原理

　図1にESRとTL年代測定の解説のためのイラストを示す．逆向きにスピン（自転）のダンスを踊る電子の対（少年と少女で表現）は

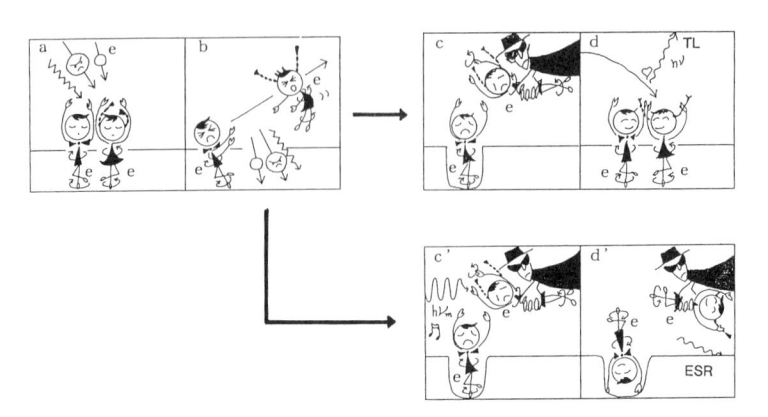

図1 熱ルミネッセンス（TL）と電子スピン共鳴
（ESR）年代測定法の原理（Ikeya, 1993）
a：スピン（自転）の方向を逆にする電子対（少年と少女）とα線・β線・γ線，b：対電子の電離，c：生じた不対電子（少女）の不純物（ギャングで表現）による捕獲，d：加熱による捕獲電子の開放と正孔（少年）との再結合発光（TL）.
ESR測定の場合は，c′：マイクロ波の音楽，d′：マイクロ波吸収によるスピンダンスの逆転（ESR）．マイクロ波吸収量からスピン濃度を得て年代値を評価する．

(a)，自然放射線のα線・β線・γ線によって電離され(b)，物質中に存在する格子欠陥か不純物（ギャングで表現）に捕らえられる（c）．この電子を捕獲電子という．試料を加熱すると捕獲電子は解放され，正孔（少年）と再結合して光を放出する（d）．これが熱ルミネッセンス(TL)である．この光を測定すると蓄積した捕獲電子濃度がわかる．

捕獲電子はスピンをもつ不対電子であり，磁石の性質をもつ．試料を磁場の下に置き，マイクロ波を照射すると(c′)，その吸収により電子スピンの方向が逆転する(d′)．電子スピンをマイクロ波吸収で検出するのが，ESRである．その量は，濃度（放射線の被曝量）による．

ESRは放射線の線量を評価できるので，年代測定のほかに抜歯エナメルを用いて，原爆やチェルノブイリ事故の放射線被曝量を測定するのにも利用されている(Ikeya, 1993)．また，スピンの濃度分布を画像化するESR顕微鏡も開発されており（池谷ら，1992），鍾乳石の縞模様やサンゴの不純物分布の画像化によって古環境の評価にも利用されている．

時の流れに身を委ね——法医学のポテトチップス法——

時々刻々変化していくスピンの量を計測できれば，年代を求めることができる．これが待ち時間方式である．ポテトチップスの酸化により生じる過酸化脂肪ラジカルの信号強度を図2(a)の生成曲線に当てはめ

$$N(t) = N_0(1 + t/T)$$

として年代値を求めたので，ポテトチップス法ともいう（池谷，1987）．血液のヘモグロビンが血液の乾燥と血痕化，すなわち時の経過に伴って Fe^{3+} に変わるのを追跡すると，法医学のESR年代測定法になる．

タイムマシンの人為放射線

自然放射線の被曝により信号強度が増大する場合，増大率は試料中の放射性元素の濃度や種類に依存する．

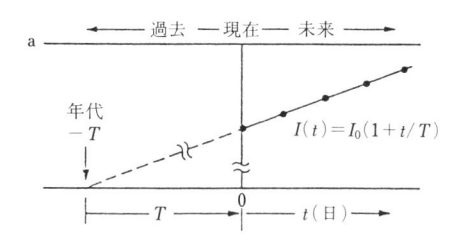

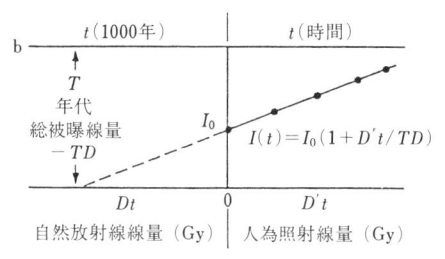

図2 年代測定の手法
a：待ち時間方式による信号強度の増大と年代値の推定，b：人為放射線による信号強度の校正．
ESRとTL年代測定では，自然放射線の年間線量率 D を評価し，蓄積線量 TD から年代値を求める．

そこで，実験的に不可能な長い待ち時間の代わりに，時間経過を追うことに対応する1種のタイムマシンとして，図2(b)に示すように人為的に放射線を照射して信号強度の増大を測定する．この感度で信号強度を校正すると，信号強度に対応する自然放射線の被曝線量（TD）を求めることができる（単位：Gy（グレイ）；1Gy=1J/kg）．人為的に γ 線を既知線量 Q（Gy）だけ照射し，信号強度の増大を線量 Q の関数として

$$N(Q) = N_0(1 + Q/TD)$$

に当てはめる．ここで，$Q = D't$（D'：人為放射線量率，t：照射時間）である．

ESRやTL年代測定法では，捕獲電子をつくる放射線は，内部の放射性元素からのα線・β線・γ線のほか，環境からのγ線（時にはβ線）もあり，放射性元素の分析とともに環境放射線の評価が必要となる．平均的な年間放射線量率D（mGy/年）を評価し，

$$T = TD/D$$

から年間線量率の精度に依存する年代値Tを得る．

地球上物質から太陽系物質へ

年代測定の応用例

化石骨と歯，炭酸塩鉱物：生物試料と鉱物　　秋芳洞鍾乳石をはじめ，周口店，トータベル(南フランス)，ジャワの化石骨や洞窟石筍などのESR年代を行った(馬渕，1986)．ヨーロッパでは，ネアンデルタール人とホモサピエンスの遺跡がいずれも同じ時代であることが明らかにされた．人類学のESR年代測定は，ほぼ確立した（横山，1987）．

段丘サンゴと貝化石，深海底堆積物：海洋化石　　鍾乳石と同じ$CaCO_3$から成る貝殻化石や琉球列島の造礁サンゴのESR年代から，

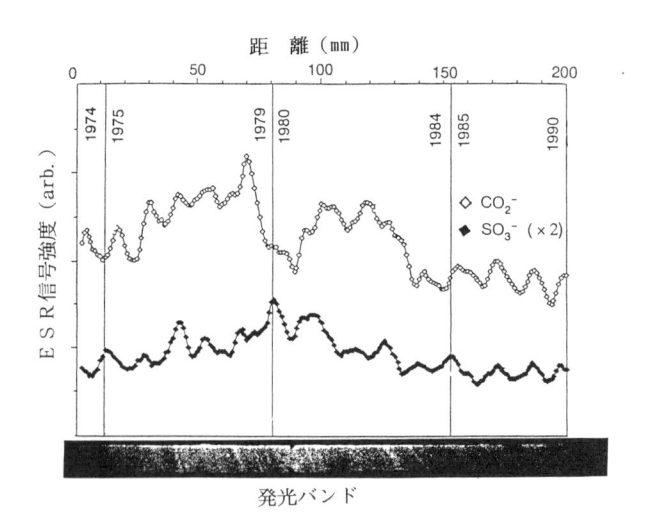

図3　サンゴ年輪縞模様からみた年代値とESRによる捕獲電子のSO_3^-，CO_2^-信号強度分布（1次元ESR顕微鏡画像）
不純物濃度の歴史上の変化もわかる．蛍光バンド写真を下に示す．

海水面変動や古環境評価の研究が進み，深海底の有孔虫微化石も対象である．図3にESR顕微鏡観察による現世サンゴの年周期を示す（池谷ら，1993）．

砂漠の蒸発鉱物：結晶化　　砂漠のバラとして知られるバライト（$BaSO_4$）や析出物である$NaHCO_3$，ジプサム（$CaSO_4, 2H_2O$）など．

火山灰と地熱試料：熱アニール（焼鈍）　　熱によって格子欠陥が消えることを利用して，土器や焼石のESRやTL年代測定が行われている．

堆積層：太陽光の下の電子スピン　　捕獲電子があると，試料に色がついてみえることもあり，色中心と呼ばれる．捕獲電子は光によっても励起されて，色も消える．色中心を含む砂が太陽光に曝されると退色（ブリーチ）して，一度濃度がゼロになる．地層に堆積して光を遮断されると，再び自然放射線を曝びるので，その濃度から堆積層の年代測定が可能になる．

活断層：断層粘土中の石英粒子　　地質安全評価とも関連した断層の

図4　ESP装置と年代測定対象資料のイラスト

活動年代を求める研究が行われている．

惑星探査の年代測定：氷・ドライアイス　彗星の氷や惑星の物質も太陽風の陽子や宇宙線を曝びているので，不対電子ができているはずである．将来，小型探査装置を送り込んだり，試料回収（サンプルリターン）が実現すると，ESR年代測定の対象に入る．太陽系の外惑星の衛星であるタイタンやトリトンにはメタン（CH_4）から成る火山も観測されている．そこには，無機起源の固体石油も豊富に存在するに違いない．将来このような物質をESRで年代測定できるであろう（Ikeya, 1993；江尻ら，1994）．ESR年代測定の対象資料を図4にイラストで示した．

追　記

　　　　兵庫県南部地震で動いた野島断層のボーリングコアを測定し，断層面での温度上昇を欠陥のESR信号強度から評価した（山中ら，1998）．ESRを用いた断層物質の研究と断層活動について，その電磁気的挙動から，科学者がほとんど研究していない"地震前兆（宏観）現象"も電磁気現象として解明できそうである（池谷，1998）．

文　献

1) 江尻宏泰・櫛田孝司：量子の世界——物理研究のフロンティア——, 217 p., 大阪大学出版会, 1994.
2) 池谷元伺：ESR年代測定, 210 p., アイオニクス, 1987.
3) Ikeya, M.: New Applications of Electron Spin Resonance: Dating, Dosimetry and Microscopy. 520 p., World Scientific, 1993.
4) 池谷元伺：地震の前，なぜ動物は騒ぐのか——電磁気地震学の誕生——, 日本放送協会出版, 1998.
5) 池谷元伺・池田すみ子：電子スピン共鳴（ESR）による惑星物質の年代測定と地球環境評価．応用物理, **62**, 703-706, 1993.
6) 池谷元伺・三木俊克：ESR顕微鏡——電子スピン共鳴応用計測の新しい展開——, 285 p., シュプリンガー東京, 1992.
7) 木越邦彦：年代を測る, 193 p., 中公新書, 中央公論社, 1987.
8) 馬渕久夫・富永　健編：続　考古学のための化学10章, 246 p., 東京大学出版会, 1986.
9) 東村武信：考古学と物理化学, 195 p., 学生社, 1980.
10) 山中千博・松本裕史・池谷元伺：月刊地球, 号外 **21**, 186-190, 1998.
11) 横山祐之：人類の起源を探る, 289 p., 朝日新聞社, 1987.

IV

湖沼に記録された周期性

福井県三方湖のボーリング
湖底に櫓を組んで，湖底下 108 m の連続不攪乱試料を採取する．

10. 有機分子が記録する環境変動を読む

西 村 弥 亜・三田村緒佐武

はじめに——情報記録装置としての湖——

　湖は小宇宙である，といわれる．その宇宙を支える物質循環の一環として，水中には，たゆまない物質の沈降・堆積作用が進行している．つまり，周辺の陸上から河川や風のはたらきによって，湖へ運ばれてきたさまざまな物質，および湖水中で生きている種々の生物の遺骸とが，湖底に降り積もっていく．長い年月を経て，湖底には，湖を形づくっている基盤から何十m，何百m，さらには何千mの厚さに及ぶ堆積層の重なりが形成される．それは，いわゆるタイムカプセルである．その中には，おのおのの湖が誕生して以来，汎地球的，および地域的な環境変動の歴史を，いわばさまざまな"言語"で記録しているのである．したがって，見方を変えれば，湖は自然の環境情報記録装置であり，湖底堆積物は環境情報を記録したテープであるとみなされる．

　この章では，湖底から柱状に掘り抜かれた堆積物（柱状堆積物；情報記録テープ）の中に，有機物の"言語"で書かれた情報の解読法とともに，約13万年前から現在に至るまでの環境変

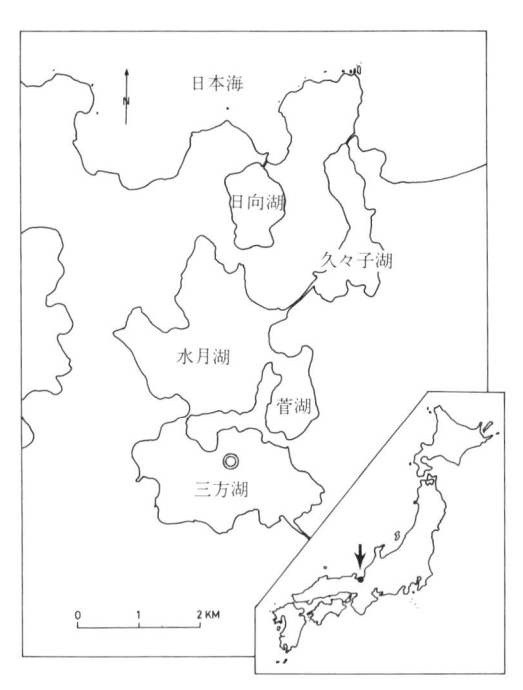

図 10.1　三方湖（面積：3.6 km², 最大水深：3.7 m）と柱状堆積物試料の掘削地点（◎）

動の一端について述べる.

　柱状堆積物中の有機物から，環境変動の歴史を読み取る研究は，海洋においても活発に行われ，多くの実績があげられている．しかし，湖底堆積物を使った場合，海底堆積物からは得がたい，いくつかの利点がある．まず第1に，湖における堆積速度は，海のそれに較べて数十倍～数千倍も大きいという点である．つまり，湖底堆積物から得られる情報は，海底堆積物から得られるものより年代解像度がきわめてすぐれているということである．もう1つの点は，海底堆積物には存在がまれな陸上特有の有機分子が，湖底堆積物に比較的高濃度で，かつ広く存在していることである．このような利点を生かして，海からはみえがたい環境変動の情報を，湖の堆積物から読み取ることができる．

　ここで対象とする試料は，若狭湾に面した福井県の三方湖（図10.1）の湖心近くにおいて，1991年7月に掘削された100.3mの柱状堆積物である．

有機分子と環境情報

　湖底堆積物中には，生物から由来したさまざまな有機分子が存在する．しかし，それらはすべて，古環境についての情報を提供することができる有機分子，すなわち，分子化石として使用できるわけではない．目的にかなった分子化石となりうるためには，少なくとも次の2条件を兼ね備えていなければならない．まず第1点は，湖底に沈降するまでの間，および堆積物中に取り込まれた以後とに受ける，微生物学的・化学的，および物理的な要因などによって，情報源となる分子構造が容易に分解・変質されることなく，数十万年以上安定に存続することができる有機分子であること．もう1点は，起源となる生物種が特定されていて，さらに，その種特異性がかなり高いものでなければならない．種特異性が高ければ高いほど，問題とする環境要因について，より明確な情報を得ることができる．第1条件に，よりかなった有機分子の多くは，生体有機物の主要成分である糖類やアミノ酸系の物質ではなく，脂質化合物（アルコール・クロロホルム・ベンゼンなどの有機溶媒に溶解する物質の総称）に限定される．それらの中で，さらに第2条件をある程度満たす物質として，直鎖状炭化水素・脂肪酸・ステロイド化合物・トリテルペノイド・クロロフィル誘導体などが代表的なものとしてあげられる．これらの脂質化合物は，それぞれ環境変動について，種々の情報をもたらしうる可能性の高い分子化石として，有機地球化学の分野を中心に活発に研究さ

れている．研究の中心の1つは，それぞれの特定の脂質化合物種を構成している類似体の組成，または総量と，それらを支配する環境要因との間の対応関係を，確立することに置かれている．それをもとに，気温の変化，湿潤・乾燥度の変動，森林の盛衰，湖の生物的生産性の変化，湖水域（深さ・広がり）の変動などなどの情報を読み取ることが可能になる．しかしながら，いずれの有機分子も，十分信頼できる情報を提供できるところまでには研究が進んでいない．このような事情から，ここでは，ある特定の有機分子について，これまで得られた結果をもとに，それがどのような環境情報を，どの程度定量的に提供しうるかを考察・議論しながら進める形式をとる．

降雨・降雪量の変動を記録する高分子脂肪酸

三方湖の柱状堆積物中に記録されている環境変動の歴史の一端を，脂肪酸の1種を使って読み取った結果について述べる．

ここでは，化学分析法については，概略的に述べるにとどめる．柱状堆積物から10～15cm間隔で切り取られたおのおのの堆積層（時間幅は約100～150年と考えられる）は，あらかじめ，湿式法で60 meshの篩にかけられ（理由は後述される），いわゆる粗粒物質を除去した堆積物について分析を行った．堆積物から有機溶媒を使って抽出した脂質成分を，シリカゲルのカラムクロマトグラフィーによって細分画し，脂肪酸分画を得た．精製した脂肪酸の各成分の分離・同定およ

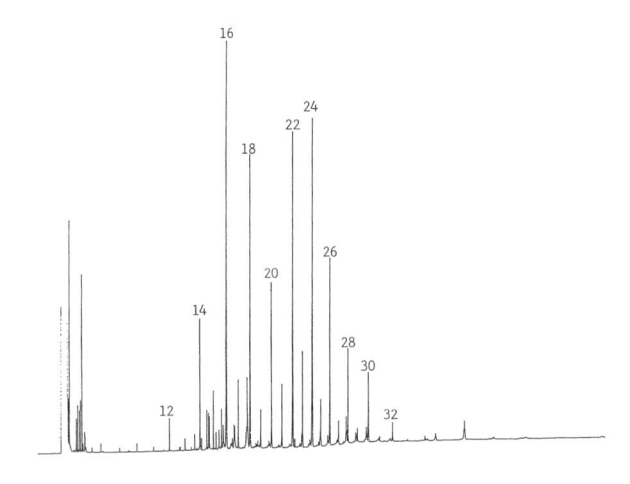

図 10.2 三方湖柱状堆積物の深さ約5mから得られた脂肪酸のメチルエステル誘導体のキャピラリガスクロマトグラム
ピーク上の数字は脂肪酸を構成する炭素数．ただし，奇数の炭素数をもった脂肪酸の表示は省略されている．

び定量は，ガスクロマトグラフィー/質量分析計（GC/MS）を使って行った（Nishimura and Baker, 1987）.

堆積物中に認められた主要な脂肪酸は，その構成炭素数が，一般に12から36までの多成分（類似体）から成っている（図10.2）．このうち，C_{12}からC_{18}までの脂肪酸は，植物および動物プランクトン，バクテリア，陸上植物など大きく分けても4種以上の生物起源をもっている．それに対し，C_{20}からC_{36}までの直鎖状飽和成分（分子内に2重結合をもたない成分．以後，高分子脂肪酸と呼ぶ）の起源は，主として陸上高等植物に限定されている．加えて，後者の成分は，堆積物中に安定に長期間保存されることが知られている．これらのことは，先に述べた分子化石としての2条件を，比較的よく満たしているものといえる．高分子脂肪酸の湖底堆積物中における存在量を支配する環境要因については，いまだ解明されていない．1つの可能性としては，陸上の植物相，取り分け湖周辺の森林の変化と対応していると考えられる．たとえば，森林の広範囲な繁茂と衰退による変化，あるいは，落葉樹と常緑樹の全体的な比率が大きく変化するなどが考えられる．また，森林起源の物質が湖に運搬される必要性を考えると，森林の変化もさることながら，その運搬力の変化もまた見落とすことはできない．こうした可能性を念頭に置きながら情報解読を進めよう．

情報解読の問題点

三方湖柱状堆積物中における，高分子脂肪酸量の鉛直分布を図10.3に示した．存在量は，1g dry sed.（乾燥堆積物重量）当り0μgから2000μgまでの間で，きわめて躍動的な変化をしている．しかし，われわれは，この結果をそのまま，特定の環境要因の変動に即関係づけるわけにはいかない．なぜならば，以下に述べるように，情報記録装置としての三方湖が，終始正常に機能していたかどうかを確認したうえで，情報解読をする必要があるからである．

湖が，水を広く安定にたたえている状態，つまり滞水状態においては，河川から運ばれてきた種々の物質は，図10.4に示すように，それぞれの形状や比重に応じて淘汰作用を受ける．それによって，河口からの距離に対応した，ある程度の組成的秩序を保持しながら湖底に沈積してゆく．つまり，形状や比重の大きいものほど河口に近く，小さいものほど湖心部に近い所に堆積する．これに対し，湖水域が大きく後退した状態になると，滞水状態で機能していた堆積物の淘汰作用

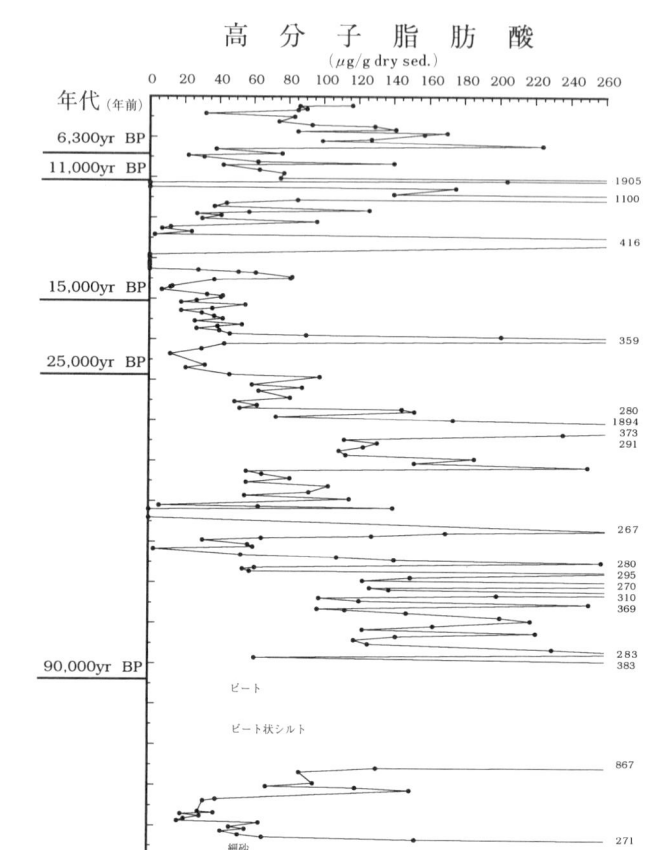

高分子脂肪酸
(μg/g dry sed.)

図 10.3 三方湖柱状堆積物 (100.3m) における高分子脂肪酸量の鉛直変化

存在量が 260μg/g dry sed. 以上の場合は，その量を右に表記した．左欄の年代は火山灰（竹村ら，1994），および ^{14}C（北川，執筆中）によって決定された．

は，大幅に乱されるか失われる．結果として，湖心部といえども，砂粒・小石・木片などいわゆる粗粒物質が，無秩序に堆積する状態，たとえば氾濫原の状態となる．あるいは，そのような状態に至らないまでも，湿地的になった湖盆の中に，草や木など維管束植物が自生し，それらの遺骸が堆積する湿原状態が出現する．こうした湖水域の相互変化は，湖の長い歴史の過程で，湖の遷移とは別に，地形・地質学的および気象学的な要因によってしばしば起こりうる．このような変化の中で，湖が環境変動の情報を記録する装置として正常に作動するのは，当然のことながら滞水状態を維持しているときである．その状態が続く限り，湖の同一地

点に運ばれ，沈積する種々の無機物質，および高分子脂肪酸を保持した陸上植物起源物質の質（形状・比重・粒度など）が，ある範囲内でほぼ一定に保たれているはずである．この状況の連続性は，ここで取り上げる高分子脂肪酸のように，分子化石の存在量，すなわち情報を堆積物の重量（1g dry sed.）を基準として表示する場合，きわめて重要な条件となる．つまり，少なくとも滞水期層の基準（主として粘土）と，氾濫原・湿原期における基準（主として砂・礫・小石・木片など）とは，質的にまったく違ったものを対象としているため，両者の間で，分子化石の存在量が意味する情報は，まったく異なることになる．以上のことから，湖水域の歴史的な変動についての把握なしでは，1本の柱状堆積物試料から得られたデータすべてを，深さ（時代）にかかわらず対等に相互比較することができなくなるのである．

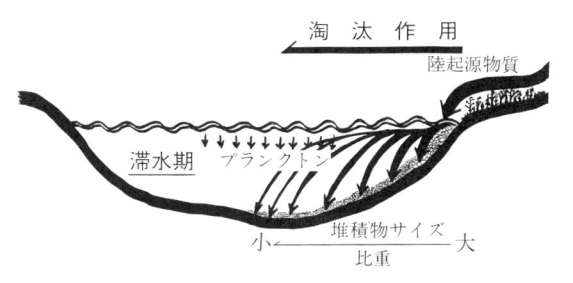

図 10.4 河川から運ばれてきたさまざまな陸起源物質が滞水期にある湖水域で比重やサイズなどによって淘汰作用を受けながら湖底に沈積していく状態

湖水域の変動を知る
湖水域の変動を記録する植物性残存物　堆積物の粒度組成とともに，堆積物に含まれる植物性残存物（以下，植物片）の分布を併用することによって，湖水域の歴史的変化を読み取ることができることが新たにわかってきた．まず，その手法を述べておこう．

滞水期にある湖に運搬されてきた陸上起源の植物片は，先に述べた淘汰作用の結果，湖の中心部付近では，かなり細かく軽い植物片ばかりが堆積している．そのような堆積物中の植物片のほとんどは，湿式法で，70 または 60 mesh の篩を通過することができるものから成っている．このことは，逆に，70～60 mesh の篩目を通過できないサイズをもつ植物片の存在量は，湖が本来もつ堆積物の淘汰作用が損われた程度を反映しているものと考えられる．

これまでの結果を総合すると，粒度組成，および 60 mesh の篩を通過できなかった植物片（そのほとんどは，陸上植物起源であることが肉眼および顕微鏡観察

から確認されている）の量とサイズをもとに，滞水期・氾濫原期および湿原期に対応する堆積層を，次の判断基準で識別可能である．

1) 安定した滞水期層

粘土から成り，植物片は少量のみ存在するか，ほとんど存在しない層（ただし，存在する植物片のサイズはほとんどが3mm以下である）

2) 氾濫原期層

ⅰ）少なくとも細砂以上の粒度から成る層

ⅱ）シルト，あるいは，それより細かい粒度から成るが，～3mm以上のサイズをもつ植物片が比較的目立つ（三方湖堆積物の場合，$\geqq 1\,\mathrm{mg/g\ dry\ sed.}$を1つの基準とした）層

3) 湿原期層

粘土，あるいは，シルトから成る場合が多いが，それらとともに，比較的多量の細かい植物片とが，いわゆるピート状の泥粒を形成している層

上記の基準のうち，2)のⅱ)は，堆積層がシルトであれば，一般に滞水期層に区分されるが，植物片側からは，少なくともそうとは考えがたい場合である．このような場合を，明確に示す例をあげよう．1992年9月，トルコのアナトリア（Anatolia）高原西南端近くに位置したケステル（Kestel）湖から得た柱状堆積物である．図10.5は，その層相と植物片量の鉛直分布を示したものである．堆積物は，表層から5mまで粘土かシルトから成っている．このことから判断すると，ケステル湖は，その期間ほとんど変わらず滞水状態を維持し続けてきたと推定される．しかしながら，現在この湖は，ほとん

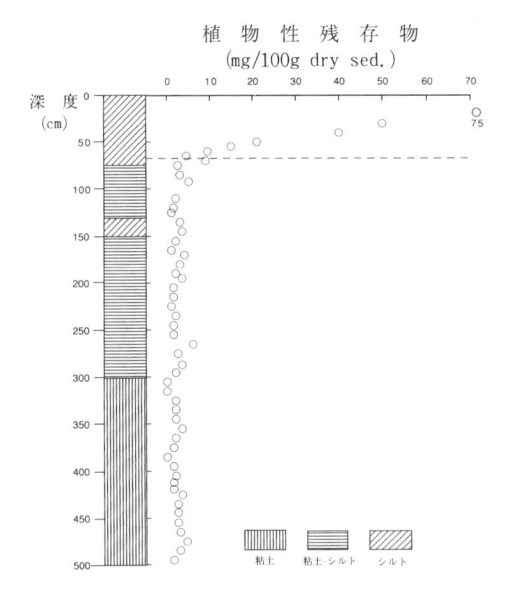

図 10.5 ケステル湖（トルコ，アナトリア高原）の柱状堆積物（5m）の層相と植物性残存物（>60mesh）の鉛直変化

点線部は，湖水域が陸地化に向かって縮小し始めた時期を示す．

ど陸地化してしまって，一部が農地として使われている．つまり，この堆積物の粒度組成からは，湖がいつごろまで滞水状態であったかを判定することは不可能なのである．これに対し，植物片量の鉛直分布をみてみよう．その量は，この地域の乾燥気候が原因となっている植物相の乏しさを反映して，全体的にたいへん少ないが，深さ70 cm付近から表層に向かって急激に増加する．これは，70 cm層のころまでのケステル湖は滞水状態であったが，その後，湖水域が急速に後退していったことを物語っている．このように，植物性残存物の量とサイズを詳細に観察することによって，湖それ自体が，歴史的に，どのような環境変化をしてきたのかを読み取ることができるのである．

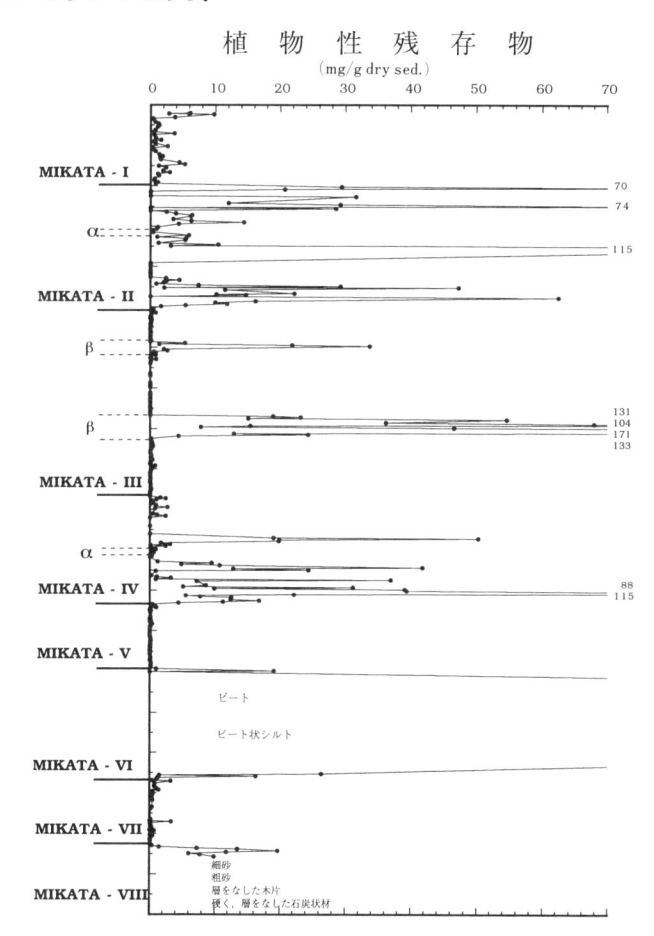

図 10.6 三方湖柱状堆積物中の60 mesh以上の大きさをもつ植物性残存物の鉛直変化と湖水域の変動

存在量が70 mg/g dry sed.を超えた場合は右に表記した．MIKATA-I・III・V・VII，およびαは滞水期，MIKATA-II・IV・VI・VIII，およびβは氾濫期または湿原期を示す．

三方湖における湖水域の歴史的変化　三方湖柱状堆積物から得られた，植物片の鉛直分布を図10.6に示した．その図には，同時に，先に述べた基準から読み取れる湖水域の状態を，竹村ら（1994）によって報告された区分にならって記載した．つまり，奇数番号のMIKATA-Ⅰ・Ⅲ・ⅤおよびⅦは，滞水期に対応し，偶数番号のMIKATA-Ⅱ・Ⅳ・ⅥおよびⅧは，氾濫原期または湿原期に対応している．これらの図に示された結果は，粒度組成を中心として出された結果（竹村ら，1994）とは，いくつか異なる点がある．たとえば，滞水期の期間は，いずれも前者の結果のほうが，後者のそれよりも短かくなっている．とくに，MIKATA-Ⅴは，堆積層にして2～3m縮小され，その幅だけMIKATA-Ⅳ氾濫原期が長くなっている．また，MIKATA-ⅡおよびⅣの氾濫原期の途中に，ある期間滞水状態（図では，αで表示）が出現したことが読み取れた．一方，MIKATA-Ⅲの滞水期において，比較的長期間，2度にわたって湿原状態（図では，βで表示）になっていたと判断された．

　このような比較的小さな変化が途中に入るものの，全体として，三方湖には，長期間の滞水期と，長期間の氾濫原期（または，湿原期）とが，交互に繰り返し出現していたことがわかった．さらに，隣り合う滞水期と氾濫原期とを1周期とすると，各周期が，比較的よく似た幅をもって推移している．これらの繰り返し現象は，汎地球的，あるいは地域的な環境変動の歴史を反映していると考えられる．

高分子脂肪酸が記録する環境変動

　先に述べたように，氾濫原期および湿原期における高分子脂肪酸量と，滞水期におけるそれらとは，情報として対等に相互比較することはできない．したがって，図10.3から，前者のデータを削除しなければならない．その結果が，図10.7である．

　KawamuraとIshiwatari（1984）は，琵琶湖柱状堆積物の研究から，湖底堆積物中の高分子脂肪酸の量を支配する環境要因は，湖周辺の植物の増減であると結論づけている．しかしながら，われわれの解析からは，それとは違った支配要因が読み取れる．その結果を，同一の三方湖柱状堆積物から得られた花粉分析，および日本の気候を支配する主要因の1つである，南西モンスーンの歴史的変化などのデータをもとに，以下に述べる．前者のデータは，すべて守田（1994）に，

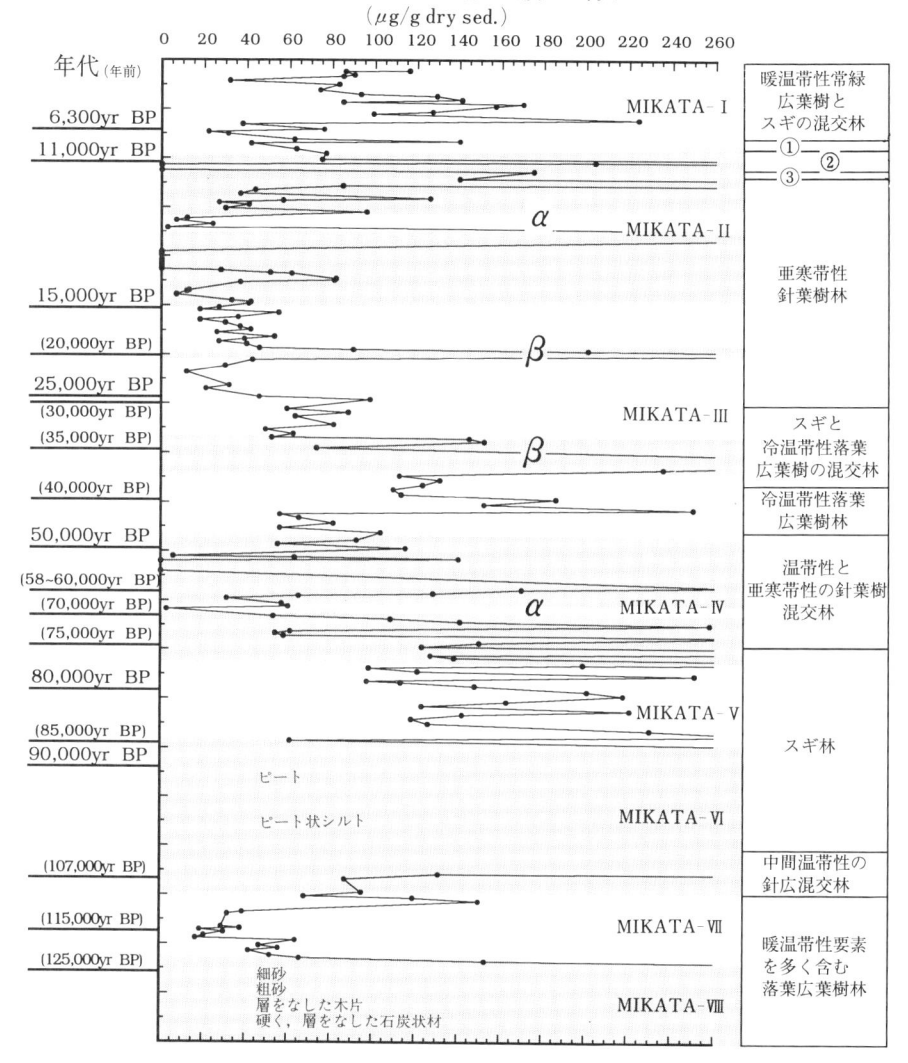

図 10.7 三方湖の滞水期に焦点を当てた高分子脂肪酸の鉛直変化

1：冷温帯性落葉樹とスギの混交林，2：冷温帯性落葉樹林，3：亜寒帯性針葉樹と冷温帯性落葉樹の混交林．

右欄の周辺森林の植生変化は守田（1994）のデータから引用した．左欄の年代は火山灰（竹村ら，1994）および ^{14}C（北川，執筆中）によって決定された．（ ）内の年代はそれらをもとに見積もられたものである．網目の部分は，三方湖が滞水状態ではなかった時代を示し（本文 p.170 参照），今回の情報解読からはずされた．

後者のデータは基本的にヴァン・カンポら(van Campo et al., 1982)に依拠した．

本筋に入る前に，滞水期にあった MIKATA-VII から MIKATA-I までのそれぞれの時代において，三方湖周辺の環境が，どのようであったかについて，まず概略的に述べておく必要があろう．ここで，とくに注目した点は，スギ花粉の出現率から判断される，気候の湿潤・乾燥度，もう1点は，森林の植生の変化である．

三方湖集水域の環境変動の概要

1) **MIKATA-VII（約12万〜10万年前）** この時代の南西モンスーンの活動は，現在と同様，活発であったといわれる．このころの三方湖を取り巻く植生は，暖温帯性要素を多く含む，サルスベリなどの落葉樹林が支配的であったと報告されている．

スギ花粉の出現率は，この時代の最初の約2/3の間，現世（MIKATA-I）に較べると著しく少ないが，残り1/3の期間では増加傾向にあり，10％近くになっていた．このスギ花粉出現率の増加傾向に対応して，サルスベリの花粉出現率は減少傾向をたどっていた．以上のことから，この時代の前半約2/3の期間は，雨雪量が少なく温暖な気候であったと考えられる．それに較べて，残り約1/3では，温かさが弱まり，かつ，雨雪量が増加する気候へと変化したことがうかがわれる．

2) **MIKATA-V（約8万5000〜7万7000年前）** この堆積層からは，きわめて多くのスギ花粉が検出されている．その多さから，付近にあった森林は，スギ以外の樹種をほとんど伴わないスギの純林であったと考えられている．また，スギ花粉は，三方湖柱状堆積物全体の中でも，とくにこの区間において，もっとも著しい出現率を示した．したがって，この時代は，過去約13万年間において，もっとも湿潤な気候であったと考えられる．また，当時，日本海は，対馬暖流が，ほとんど流入しないほどの閉鎖型寒冷海況になっていた（Oba et al., 1991）といわれている．このことから，その湿潤性の大部分は，降雪によるものではなく，依然と活発であった南西モンスーンがもたらした，夏雨によるものであろう．

3) **MIKATA-III（約4万7000〜1万5000年前）** この時代には，途中2回の湿原期（図10.6では，βで表示）が挟まれているので，これらを境界として，MIKATA-III を，年代の古いほうから前期・中期および後期の3区間に分けて述べる．

　i）前期（約4万7000〜3万8000年前） この区間の森林の植生は，全般的に，冷温帯性落葉広葉樹林が支配的であった．当時は，南西モンスーンの活動が比較

的衰え，かつ，日本海が閉鎖型寒冷海況におかれていた．これによって，湿潤度が，MIKATA-Vよりかなり減少した時代になっていたと考えられる．しかし，スギ花粉の出現率をたどると，この時代の湿潤度の変動が，よりはっきりみえてくる．すなわち，スギ花粉は，この時期の前半部にはほとんど検出されていない．しかし，その出現率は，この後，10％程度へと急速に増加してくる．したがって，その増加の時点から，湿潤度が高まる何らかの気候変動があったものと考えられる．

　ⅱ）中期（約3万3000～2万1000年前）　植生は，前半の2万5000年前ごろまで，スギと冷温帯性落葉広葉樹林との混交林であったが，それ以後は，亜寒帯性針葉樹林へと変化している．この植生の変化からもわかるように，スギ花粉は，3万3000年前ごろから増加し，2万5000年前ごろまでは比較的多くみられるが，それ以後は，ほとんど認められなくなる．こうしたスギ花粉や植生の変化は，ちょうど3万3000年前ごろを境として始まる，日本列島はもとより，地球規模での一層の寒冷・乾燥化という気候転換の過程で引き起こされたものである．この気候転換は，約1万3000年前ごろまで続く．

　ⅲ）後期（約1万9000～1万5000年前）　当時の森林は，上記した中期の後半と同様に，スギはほとんどみられず，亜寒帯性樹林によって占められていた．しかし，この時代は，南西モンスーンの著しい不活発化に伴い，乾燥化と寒冷化が，最終氷期の中でもっとも進んだ時期であったことはよく知られている．

　4）MIKATA-Ⅰ（約1万年前以降）　約1万年前以降の三方湖周辺の森林植生は，冷温帯性落葉広葉樹林から，冷温帯性落葉樹林とスギの混交林へ，さらに，暖温帯性常緑広葉樹林とスギの混交林へと，比較的短い期間（約4000年）内に大きく変化した．

　スギ花粉は，初め，ほとんど検出されない状態からしだいに増え，途中，大小いくつかの増減をしながらも，全体的に大きな増加傾向を示した．

　これらの変化は，最終氷期が終了した後のこの時代に，南西モンスーンの活動が再び活発化し，かつ，日本海に対馬暖流が本格的に流入するなどして，気候が急速に湿潤温暖化していったといわれることとよく対応している．

高分子脂肪酸量を支配する環境要因　陸上高等植物に起源をもつ高分子脂肪酸の，湖底堆積物中における存在量を支配するメカニズムについては，先に述べたように，ほとんど解明されていない．しかし，現在，これまでの報告と三方湖柱状試料の結果をもとに，われわれはその主要な支配環境要因を引き出すことがで

きる．以下に，主な可能性として，森林の盛衰，植生の変化および降水量の変化を取り上げながら述べる．

1) 森林の盛衰　湖底堆積物中の高分子脂肪酸量を支配する要因は，湖周辺の植物の増減，つまり森林の盛衰であろう，とする説(Kawamura and Ishiwatari, 1984) があることは，すでに触れた．この考えは，三方湖柱状堆積物の，とくにMIKATA-Ⅲ の中期・後期，およびMIKATA-Ⅰにおける高分子脂肪酸量の時間変化を，以下に述べるように，大筋においてではあるが，説明できうるかのようにみえる．

安田 (1990) は，約3万3000年前ごろから1万5000年前ごろまでの間に，気候の急速な寒冷・乾燥化によって，三方湖周辺の森林の減少，つまり，疎林化が進行したことを，樹木花粉含量をもとに示した．一方，約1万年前以降は，逆に温暖・湿潤化によって，森林は回復し，繁茂の方向へ向かった(安田, 1990)．これらのことから，MIKATA-Ⅲ の中期から後期の間にみられる，高分子脂肪酸量の減少は，森林の減少によって，また，MIKATA-Ⅰにおける，激しく変動しながらも増加するその量は，森林の回復およびそれに続く繁茂によって，それぞれ引き起こされたものとの見方が成り立つ．

しかしながら，柱状堆積物全体にわたって，高分子脂肪酸の量的変化を，さらに詳細にたどると，その変化と森林の増減との間に同調が認められないのである．その1例をあげよう．

寒冷・乾燥化が強く進行する，約2万5000年前から2万年前ごろの間で，疎林化がもっとも激しく進んだことが，別の三方湖柱状試料の花粉分析から指摘されている (安田, 1990)．図10.7をみると，その期間に対応する所で，脂肪酸量の急激な減少がみられ，その量は，$10\sim40\ \mu g/g\ dry\ sed.$ ときわめて低い値を示している．これと同レベルの高分子脂肪酸量が，他の2層においても，認められる．その1つは，MIKATA-Ⅰの約1万年前から6000年前ごろの堆積層と，もう1つは，MIKATA-Ⅶ の約11万5000年前ごろを中心とした前後の堆積層である．これらの低い存在量も，MIKATA-Ⅲ の中期に起こったと同等の疎林化によって生じたのであろうか．

上記の3つの堆積層を，以後，脂肪酸極小域と呼ぶことにする．まず，MIKATA-Ⅰの脂肪酸極小域において，疎林化が起こるような気候条件が，存在したことを示す報告はない．前に述べたように，この時代は，むしろ湿潤・温暖化が進

行するとともに，気候最適期と呼ばれる時期を迎えている．したがって，当時は，少なくとも，MIKATA-Ⅲ の中期後半とはまったく違って，森林は拡大・増加の一途をたどっていたはずである．一方，MIKATA-Ⅶ の場合についても，その期間，森林の成長を強く抑制する気候条件があったことを示す証拠はみつけられていない．サルスベリが繁り，年間を通じて寒暖の差が少ない温暖な気候であったと報告されている(守田，1994)．これらのことから，MIKATA-Ⅲ の脂肪酸極小域は別にしても，少なくとも MIKATA-Ⅰ および MIKATA-Ⅶ に認められた脂肪酸極小域の出現は，"森林の減少"とは異なった環境要因によって支配された結果であると考えられる．

2）植生の変化　次に考えられる可能性は，森林の増減と強く関係する部分があることはいうまでもないが，森林を形成している植生の変化があげられよう．植生が変化するということは，高分子脂肪酸の供給源であるリター（落葉枝）の地上への供給量が，変化することにつながる．したがって，リター供給量のかなり少ない植生に森林が遷移した場合，その変化が，三方湖のような湖底堆積物中に，高分子脂肪酸の目立った減少として記録されうると考えられる．この可能性について検討してみよう．

以下の議論で，比較の基準となる MIKATA-Ⅲ の脂肪酸極小域における植生は，亜寒帯性針葉樹林であった．しかし，当時の強い寒冷・乾燥化による森林の成長抑制および疎林化の影響のもとで，その森林のリター供給量は，本来のそれよりかなり小さくなっていたはずである．そのようなリター供給量の減少が，MIKATA-Ⅲ の脂肪酸極小域を出現させた主要な要因とみなされうる．MIKATA-Ⅰ の脂肪酸極小域では，6500 年前ごろを境として，以前には，リター供給量が，亜寒帯性針葉樹林とほぼ同等である（斎藤，1985）冷温帯性落葉樹林によって占められ，以後は，リター供給量が，上記樹林の 2 倍近いとみられる（可知・中根，1985）暖温帯性常緑樹林によって占められている．この植生の変化（加えて，森林の興盛）から判断すると，MIKATA-Ⅲ の脂肪酸極小域におけるよりも多くの脂肪酸量が，MIKATA-Ⅰ の極小域に存在していなければならないはずである．しかし，これは事実に反している（図 10.7）．一方，MIKATA-Ⅶ 全域においては，植生の大きな変化は基本的にみられず，亜寒帯性針葉樹林よりリター量の多い暖温帯性落葉樹林が存在していた(守田，1994)．したがって，MIKATA-Ⅶ の脂肪酸極小域で予想されるはずの高分子脂肪酸の存在量については，上で述

べた，MIKATA-Ⅰの場合と同様なことになると考えられる．しかし，この予測も，図10.7でみるように事実と反する．

　以上のことから，脂肪酸極小域の出現をもたらす主要な環境要因としての"植生の変化"の可能性は，きわめて低いと考えざるをえない．さらに，MIKATA-Ⅶにおけるように，植生が基本的に変化していないMIKATA-Ⅴ全域，およびMIKATA-Ⅰの6500年前ごろ以降においてみられる，きわめて激しい高分子脂肪酸量の変動は，植生があまり変化しなくても湖底堆積物中の高分子脂肪酸の存在量は，大きく変化する可能性を示している．

　3）降水量の変化　　ここで，高分子脂肪酸量を支配する環境要因として，降雨・降雪量（以下，降水量）を問題とする．森林が発達し，どれだけたくさんのリターが森林内に蓄積したとしても，それが湖へ運ばれない限り，陸上起源の高分子脂肪酸は，湖底堆積物に取り込まれることはない．その運搬には，風の寄与もいくらかあるであろうが，水がもっとも重要な役割を果たしているであろう．すなわち，雨雪水の運搬力によって，高分子脂肪酸を保持し，細かくなった（とくに，60 mesh以下の）リターや土壌粒子が，湖内にもたらされるのである．したがって，そのような物質が，湖内に運ばれてくる量は，基本的に降水量によって支配されることになる．このような観点に立つと，まず，先の脂肪酸極小域の出現は，当然，降水量が，かなり少なかったという共通の要因に帰結される．

　まずMIKATA-Ⅲの場合については，事実，繰り返し述べているように，当時南西モンスーンが著しく不活発で，かつ，日本海が実質的に閉鎖型寒冷海況となっていたこととあいまって，もっとも強い乾燥的な気候状態であったということとよく対応している．その気候状況は，内陸的で，たとえば，現在のモンゴルは，ウランバートルのそれと共通する所が多かったのではないだろうか．一方，MIKATA-ⅠやMIKATA-Ⅶの場合については，いずれも当時，MIKATA-Ⅲの場合のように，森林の成長を抑制するほどの強い乾燥状況があったという報告はない．しかし，両者の脂肪酸極小域の出現には，必ずしも，MIKATA-Ⅲの中期同様な強い乾燥状態を必要とはしない．たとえば，雨雪が降っても，年間を通して，森林内のリターや土壌粒子などが，湖まで運搬されがたい程度であると同時に，森林の成長抑制を引き起こさない水量であればよい．それがどのような降水状態であったのか，についてはまったく推測の域を出ない．

　この降水説に対するもっとも強い根拠は，MIKATA-Ⅴから引き出される．前

にも述べたように，MIKATA-Vの時期は，過去13万年の間で，雨（主として，夏雨）がもっとも多い湿潤な気候であった可能性が高い．この時期全体を通じて，柱状堆積物中でもっとも高い濃度レベル（100～280 μg/g dry sed.）の高分子脂肪酸が認められる（図10.7）．これは，多量の降水に応じて，当時発達していた周囲のスギ林から，60 mesh に近い，あるいはそれ以下の細かなリターや，その他関連物質が，湖内に搬入され続けた結果によるものと説明できる．これに対して，この高い脂肪酸量は，降水量によるよりも，スギ林から供給されるリターや土壌粒子などに本来特有なものである可能性が考えられる．もし，そうであるとすれば，スギ林が新たに出現し，拡大するような時期では，高分子脂肪酸量も相対的に増加する傾向がみられるはずである．確かに，スギ林の著しい復興が認められるMIKATA-Ⅰ（守田，1994）で，70～220 μg/g dry sed. とかなり高いレベルの高分子脂肪酸量が存在する（図10.7）．しかしながら，その脂肪酸量の時間的な変化傾向は，スギ花粉の出現率のそれと大幅に異なっているうえ，先に述べたように，濃度の著しく低い高分子脂肪酸量（40 μg/g dry sed. 以下）が，スギ花粉の出現率の高い（≧30%）数カ所で認められる（図10.7）．ほぼ同様なことは，MIKATA-Ⅰにおけると類似した，スギ林の拡大傾向があったと考えられるMIKATA-Ⅲの中期前半（守田，1994；図10.7）についても言及できる．一方，スギ林の発達が乏しく，冷温帯性落葉広葉樹林が占有していたMIKATA-Ⅲの前期後半において，MIKATA-Vで認められた存在量に次ぐ，110～250 μg/g dry sed. もの高分子脂肪酸が検出されている（図10.7）．これらの事実から，MIKATA-V全域にわたる，高濃度の高分子脂肪酸の出現は，湖の集水域に拡がるスギ林の発達という，特定の森林環境に由来するものではなく，当時の持続的な降水の多さによるものと結論できる．同じことは，MIKATA-Ⅲの前期後半における，高レベルの高分子脂肪酸量の出現に対してもいえる．

　もう1つの根拠をあげよう．三方湖柱状試料中の花粉分析の結果をもとに，最終氷期における気候変動が報告されている（安田，1990）．それによれば，寒冷化に平行した乾燥化は，4万1000年前ごろから始まり，3万3000年前ごろに確立したと判断される．その後，乾燥化はさらに強まり，寒冷化のピークであったと考えられる2万1000年前ごろに最高に達し，その後も，強い乾燥気候が，1万5000年前ごろまで続いたとされている．この4万1000年前ごろ（MIKATA-Ⅲの前期後半）から，1万5000年前（MIKATA-Ⅲの後期終点）までに至る，乾燥気候の

強化および持続傾向と，その期間における高分子脂肪酸の存在量の変化傾向とが，きわめてよい同調性を示している（図10.7）．

以上の議論から，湖底堆積物における高分子脂肪酸の存在量を，支配している主要な環境要因は，降水量であると結論できる．

過去約13万年間における降水量の変動の特徴

過去の降水量に関する情報は，湖水位の変動，段丘地形，年輪などの解析，および花粉分析などによって得られている．その中で，とくに年輪は連続した比較的定量的な降水変動の情報を与えうる（たとえば，Hunchington，1914）．しかしながら，得られる情報の時間は，数千年以内で1万年を超えることはほとんどまれである．一方，湖底柱状堆積物中の花粉分析をもとに，降水の多寡についての情報を，連続的，かつ長期間にわたって得ることができる．だが，その情報は定量的ではない．これに対し，これまで議論してきた湖底堆積物中の高分子脂肪酸は，それらの短所を克服し，それが少なくとも同一の柱状堆積物試料中のものであれば，降水量について，定量性の高い情報を，連続的，かつ長期間にわたって提供できる，初めての分子化石として有望である．ただし，先に議論したように，湖底堆積物中に記録されるさまざまな情報は，湖自体の環境変動によって攪乱を受けるので，その堆積層を明確に特定し，その部分から得られるデータを除外して考えなければならない．結果として，三方湖柱状堆積物の場合のように，情報を完全に連続的な形で得られない場合もあるが，湖の歴史を，前に述べたような仕方であらかじめ調査することによって，それを避けることができよう．

三方湖柱状試料中の高分子脂肪酸の分布（図10.7）から考えられる，過去約13万年間における降水量の変動の特徴について，以下に要約する．

現在から11万5000年前ごろを中心とした，前後約1万年の間，降雨・降雪が，かなり少ない時期が続いたと考えられる．しかし，この降水の少なさは，この時代における，夏と冬との温度差が小さく，年間を通して暖かい気候状況の中で，森林の成長を大きく抑制することはなかったようである．この気候は，降水が少なく，寒暖の差が比較的小さくなった，日本本州の1994年の夏から冬のそれと共通する状況があったかもしれない．この後，降雨・降雪が，かなり増大する気候へと変化したと考えられる．こうした降水の増加と，スギ林の拡大（湿潤性の増大）との平行（MIKATA-VIIにおける，気候の変化の項を参照）が認められる．

8万5000年前ごろから約7万7000年ごろまでの約1万年近くの間，降水，とくに夏雨が著しく多い時期が続いたと考えられる．この降水量は，一様ではなく，きわめて多量（おそらく，洪水を引き起こしたのではないか）の時期と，相対的に少ない時期とが，交互に訪れていたことが読み取れる．いずれにしても，このMIKATA-Vの時代は，通常と違って，降水がきわめて多い気候状況が続いていたに違いない．こうした夏雨が多い状況は，1993年の日本の夏のような気象を想い起こさせる．

　およそ4万7000年前ごろから数百年の間の降水は，比較的少ないが，その後，MIKATA-Vで起こったと同程度の急激な降水の増大が，引き起こされたと考えられる．このような降水量の大きな変動の原因については，現在憶測の域を出ないが，当時の日本海の海洋環境の変化が関係しているかもしれない．日本海は，8万5000年前から2万7000年前までの間，海水準が低下し，基本的に閉鎖型寒冷海況であった（Oba et al., 1991）．しかし，5万5000年前から4万4000年前ごろにかけては，日本海へ，雨や雪をもたらす主な要因の1つである対馬暖流が，著しい増減を繰り返しながら流入していたことを示す，珪藻化石が発見されている（小泉，1993）．したがって，そのような日本海への対馬暖流の著しい増減が，当時の降雨・降雪の急激な変動をもたらしたのかもしれない．その後，4万年前ごろから1万5000年前ごろに至る間，降水量は，時代とともに急速に減少していく．この変化は，先に述べたように，4万年前ごろから始まる著しい寒冷・乾燥化の傾向とよく対応している．

　1万年前以降から現代に至るまでの降水量は，きわめて躍動的に変動している．約5000年前の気候最適期のころにみられる，急激に増大した降水は，洪水をもたらす規模のものであったかもしれない．一方，降水がたいへん少なかった時期が，6300年前ごろの前後，および2000年前ごろに，比較的短期間ではあるが存在したと考えられる．

　以上，図10.7をもとに，過去約13万年間の降水量は，大きく，かつ激しく変動しているようすを推察することができる．加えて，その変動は，いずれの時期においても，周期が小さく，かつ，激しい脈動を伴って進行している特徴をみることができる．この脈動の周期を正確に知ることは，古環境変動の解析を行ううえで重要なことであるが，今回，分析を行った堆積層の間隔が大きく，それを求めることができるほどの年代解像度を得ることはできなかった．今後の問題である．

三方湖柱状堆積物から得られた結果の古環境学的意味

　地球上の気候は，少なくとも100万年前ごろから約10万年を1周期として，氷期-間氷期を繰り返していることは広く知られている．こうした汎地球的な気候変動のようすは，琵琶湖（Horie, 1984）や三方湖（安田, 1990）などの湖底堆積物においても，明確に記録されている．このことから，上記した三方湖柱状堆積物中に記録された，過去13万年間の降水の変動の特徴も，過去100万年間に，何度も繰り返されてきたものと考えられる．たとえば，その繰り返しの主要な特徴として，少なくとも以下の3点があげられよう．

1) 間氷期に入ってしばらくののち（5000～1万年後？　MIKATA-Ⅶの中ごろの時代に対応），温暖な気候のもと，降水がかなり少ない時代（5000～7000年間？）
2) 氷期ののち，4万～5万年後（MIKATA-Vに対応）に，冷涼な気候のもとで，5000年以上続くと思われる，降水（とくに，夏雨）が著しく多く，かつ激しく変動する時代（洪水の時代？）
3) 氷期に突入していくとともに進行する，急速，かつ著しい降水量の減少の時代（約3万～4万年間？　MIKATA-Ⅲの中期から後期に対応）

　これらを1セットとした繰り返し現象の存否を，数十万年の歴史を連続的に記録している柱状堆積物を使って検証することが望まれる．

おわりに——降水と文明——

　たとえば，1915年，ハンチントン（Huntington, E.）は，その主著『気候と文明』の中で，文明の分布と，温度や湿度が深く関与する気候要素との間に，密接な関連があることを論じている．また，その前年には，降水量の変動と文明の盛衰とのかかわりを示唆している（Huntington, 1914）．一方，1935年，和辻哲郎は，風土を規定する重要な要因として，寒暖以上に乾湿を重視して，自然と人間とのかかわりを論じた『風土』を著した．そこでは，気候の乾湿を基準として，ユーラシア大陸を大きく3つの風土（モンスーン・牧場・砂漠）に分けている．このように，降雨・降雪の多寡は，人間の世界観，そして文化・風土を決定づける気候の主要因の1つとして，歴史的にすぐれた気候=文明論の中で取り扱われてきた．こうした視点は，現在，さらに深まりつつある．したがって，文明の歴史を気候変動との関連で考察しようとする場合，気温の変化とともに，降雨・降雪

量の変化について，より定量的な情報を得ることが現在強く求められている．そのためにも，陸上起源の，どのような種類の高分子脂肪酸保持物質が，どのような仕方で，雨雪水によって湖へと運搬され，沈積し，保存されていくのかといった機構について，より詳細な検討がされなければならない．

文　献

1) Horie, S.: Lake Biwa. 473 p., Junk, Dordrecht, 1984.
2) Hunchington, E.: The Climatic Factors as Illustrated in Arid America. 118 p., The Carnegie Institution of Washington, Washington, 1914.
3) Hunchington, E.: Civilization and Climate. 263 p., Yale Univ. Press, New Haven, 1915.
4) 可知直毅・中根周歩：物質循環．現代生物学大系 12，生態学 A（沼田　真監修），pp. 79-82, 中山書店，1985.
5) Kawamura, K. and Ishiwatari, R.: Fatty acid geochemistry of a 200 m sediment core from Lake Biwa, Japan. Early diagenesis and paleoenvironmental information. *Geochimica et Cosmochimica Acta*, **48**, 251-266, 1984.
6) 小泉　格：日本海の変遷と日本文化．海・潟・日本人（梅原　猛・伊東俊太郎監修），pp. 163-193，講談社，1993.
7) 守田益宗：気候・植生の変遷と文明の盛衰．文明と環境，**12**，23-28，1994.
8) Nishimura, M. and Baker, W. B.: Compositional similarities of nonsolvent extractable fatty acids from marine surface sediments deposited in different environments. *Geochimica et Cosmochimica Acta*, **51**, 1365-1378, 1987.
9) Oba, T., Kato, M., Kitazato, H., Koizumi, I., Omura, A., Sakai, T. and Takayama, T.: Paleoenvironmental changes in the Japan Sea during the last 85,000 years. *Paleoceanography*, **16**, 499-518, 1991.
10) 斉藤　紀：リターの分解．現代生物学大系 12，生態系 A（沼田　真監修），pp. 71-74，中山書店，1985.
11) 竹村恵二・北川浩之・林田　明・安田喜憲：三方湖・水月湖・黒田低地の堆積物の層相と年代．地学雑誌，**103**，233-242，1994.
12) van Campo, E., Duplessy, J. C. and Rossignol-Strick, M.: Climatic conditions deduced from a 150-kyr oxygen isotope-pollen record from the Arabian Sea. *Nature*, **296**, 56-69, 1982.
13) 和辻哲朗：風土．299 p., 岩波書店，1935.
14) 安田喜憲：気候と文明の盛衰，368 p., 朝倉書店，1990.

11. 化石花粉が語る植生変遷とその周期性

三 好 教 夫

はじめに

　植物の生活には，さまざまな環境要因が複雑にからまりながら，影響を与えている．ふつう環境要因は，気候・土壌・生物・複合の4つに大別されるが，地球規模での環境の変動には，気候要因がもっとも強く関与しており，植生（ある地域に植物が生活しているとき，その全体を漠然と指したもの）の変遷にも大きな影響を及ぼしている．気候要因は，さらに温度・光・水・大気・風の5つに分けられ，そのうち大規模な気候の変動で植物の生活に強い影響力をもつ要因は，温度と水（乾湿）である．第四紀に入って何回も氷河の発達と衰退が繰り返されてきたが，それに伴って植物も平地では北進と南下を，山地では上進と降下を繰り返してきた．また，この激しい気候変動に対応しきれずに絶滅してしまった植物も多い．とくに最終氷期のヨーロッパでは，スカンジナビア半島を中心に発達したバイクセル氷河とアルプス山地に発達したウルム氷河に"はさみうち"にあって，多数の植物が絶滅した．そのため現在のヨーロッパの植物相（フロラ：ある範囲の空間・地域に生育している全植物種のリスト）は，大きな氷河の発達しなかった日本列島と比べると，かなり貧弱である．もちろん日本でも第四紀に入って絶滅した植物はかなりあり，そのうちとくに有名なのは，生きた化石と呼ばれているメタセコイアである．

　花粉は，内蔵する雄核をめしべの柱頭に送りとどけるための袋である．その外壁は，たいへん丈夫なスポロポレニンという成分（酸にもアルカリにも不溶の物質で，たとえばテッポウユリのその化学式は $C_{90}H_{144}O_{37}$ で，5.1％含まれる）を含み，適当な堆積環境のもとでは，何万年・何百万年も化石（厳密には遺体）として残ることができる．花粉の移動手段は，陸上では大きく動物媒と風媒に分けられる．そのうち前者は昆虫や鳥などにより確実にめしべの柱頭に花粉が送りとどけられるため，花粉の生産量は少ないが，後者は風まかせで不確実なため，大量

11. 化石花粉が語る植生変遷とその周期性   183

図 11.1 現生花粉
a：アカマツ（×600）．2つの気嚢をもち，空中で浮遊しやすくなっている典型的な風媒花粉．b：コバノミツバツツジ（×600）．四集粒が成熟後も分離せず接合した状態にあり，表面に糸状の粘着糸があって，昆虫に接着しやすくなっている典型的な虫媒花粉．

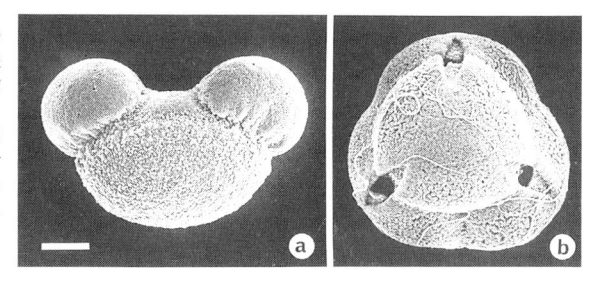

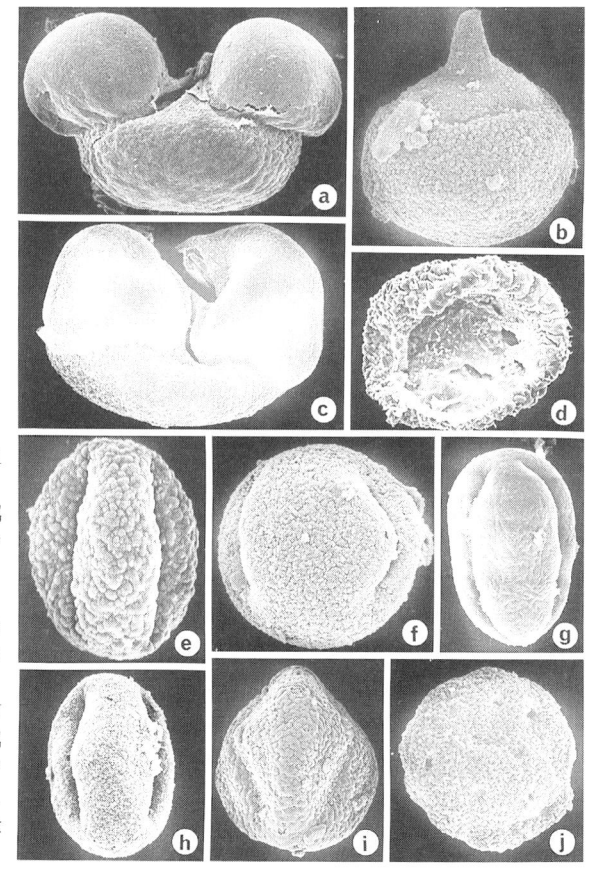

図 11.2 化石花粉
a：モミ属（×380，BW-91m），b：スギ属（×1300，TK-33m），c：トウヒ属（×300，TK-18m），d：ツガ属（×500，TK-18m），e：コナラ亜属（×1300，BW-91m），f：ブナ属（×1000，BW-244m），g：クリ属（×1900，TK-18m），h：アカガシ亜属（×1300，BW-90m），i：サルスベリ属（×1000，TK-25m），j：ツゲ属（×1000，TK-21m）．BW：琵琶湖，TK：徳佐盆地．

の花粉を生産する（図11.1）．これらの花粉のうち本来の役目である受粉の目的を達成できるものは，ほんのごくわずかで，残りの99.99％は地上に落下して分解してしまい，湖沼・湿原・海底などに堆積したものだけが，化石として残る．花粉は，植物の種類によって集合状態・外観・大きさ・花粉管口・花粉外壁の構造と模様などが異なり，その特徴によって植物分類群の科や属まで，まれには種のレベルまで同定することが可能である．そのため，化石花粉の形態的特徴から，過去の植物を同定することができる（図11.2）．

バイクセル氷河の後退した跡に湖沼や泥炭地が大規模に広がった北欧で，20世紀の初めにこのような化石花粉という微化石を使って過去における植生変遷と，その原因となった気候の変動を研究する"花粉分析"が，ラーゲルハイム（Lagerheim, 1902）やフォン・ポスト（von Post, 1916）によって誕生し，現在では世界各地でこの研究が行われている．ここで述べる植生変遷とその周期性も，湿地堆積物から分離・抽出した化石花粉にもとづく古生態学的立場からの紹介である．

湿地堆積物

日本の花粉分析は，沼田（1928）がヨーロッパ各地の花粉分析結果5編の抄訳を「林学会誌」に紹介したのに始まる．続いて中野（1929）は，『植物生理及生態学実験法』の6章「群落遷移研究法」の2節「微小遺骸研究法」の中に，花粉分析法を5ページにわたって紹介している．これらはヨーロッパの花粉分析の単なる紹介だけであったが，1930年代初めに北欧の留学から帰国した東北大学の吉井義次が，花粉分析に関する情報をもち帰り，同大学の神保忠男を中心にして，八甲田山でその研究が始まった．その成果は，「火山灰上に形成された泥炭の花粉分析」（英文；Jimbo, 1932）と題して，日本最初の論文が発表された．続いて花粉分析の基礎として絶対必要な木本花粉の図譜を，「森林樹木花粉の記述」（英文；Jimbo, 1933）と題して発表している．それ以来日本の花粉分析は，主に手動採泥器（ハンドボーラ）で採取した山地の湿原堆積物を対象にして発展してきた．最初は後氷期数千年間の植生変遷の解明が中心であったが，しだいに晩氷期から最終氷期最盛期にまで発展し，最近では最終氷期初期にまで達する成果も得られるようになってきた．ここではその1例として，福井県三方町岩屋の15m堆積物（おそらく日本における手動採泥器による最長の柱状堆積物）に基づく植生変遷に

ついて述べる.

　過去何十万年・何百万年に及ぶ植生変遷の周期性については，上記のような手動採泥器での試料採取ではとうてい不可能で，動力掘削機によるより長い柱状堆積物の採取を必要とする.大阪市総合計画局が1963年に地盤沈下対策として,大阪国際見本市恒久展示場内で実施したボーリング調査では，907mもの柱状堆積物が得られ，完新世・更新世を貫いて第三紀鮮新世にまで達するものであった.この試料の花粉分析をした田井 (1966) の花粉分布図には，マツ科・スギ科など針葉樹とブナ科・カバノキ科・ニレ科など落葉広葉樹が，第四紀200万年間に何度も増減を繰り返した周期性が示されている.続いて堀江 (Horie, 1984) は,1982～83年に琵琶湖で1422mにも及ぶ深層掘削を行い，911mの堆積物と511mの基盤岩を採取した.この試料は藤 (Fuji, 1988) が分析し，温かさの指数 (温量指数：吉良が1949年に発表した積算温度の1つで,植物の生育温度を日平均気温5℃以上とみなし,各月の平均気温から5℃をひいて1年間合計した値を月・℃で示す) によって植物群に分け,気候の変動を明らかにしている.しかし，本報告には花粉分布図が示されておらず,植生変遷の周期的な変動についても，言及されていない.ここでは，この琵琶湖湖底堆積物のうち，上部250m(T層：ほとんど粘土層から成る；図11.5参照)の花粉分析結果 (Miyoshi, Horie and Takemura, 1992) の花粉分布図をもとに，過去約45万年間における植生変遷の周期性について述べる.また，琵琶湖との比較のため，山口県徳佐盆地84m湖底堆積物の花粉分析結果についても言及する.

植生の変遷

　アカマツ林は,山の尾根部や湿地のような特殊な条件のところを除けば，西日本ではしだいにカシ・シイ・タブなど常緑広葉樹の極相林に遷移（サクセッション）していく（極相とは，植物群落は周囲の環境とたがいに影響し合いながら遷移していくが,その最終段階で,群落と環境の間に一定の動的平衡が成立し,群落は安定して構造や組成が変化しなくなった状態）.これは，主に気候要因の中でも,とくに光条件が主因になっている.しかし，この安定した極相林も，長い時間が経過する間には，温度・乾湿などの変動によって，別の植生に変遷していく（変遷とは，遷移が,同一の環境条件のもとで,数十年から数百年の比較的短い期間の植生の移り変わりに用いられるのに対して，変遷は，数百年から数千年以上

の比較的長い期間に，環境条件の変動に伴って生じる植生の歴史的な移り変わりの場合に用いる）．第四紀には氷期と間氷期を1組とする何サイクルもの気候変動が繰り返されてきたが，ここでは，この1サイクルの中でどのような植生変遷がみられるかを，もっともよく研究されている最終氷期と後氷期（現間氷期）を取り上げて説明する．

最終氷期について　第四紀更新世最後の氷期を，北欧ではバイクセル氷期，アルプス山地ではウルム氷期，北アメリカではウィスコンシン氷期と呼んでいる．日本では，これまでウルム氷期という名前がもっともよく使われてきたが，ここでは，これらさまざまな氷期の名前を総称した"最終氷期"を使うことにする．

図11.3は，福井県三方町岩屋の手動採泥器で得られた15m堆積物の高木花粉分布図である．今回の文部省科学研究費重点研究「文明と環境」の一環として岩屋に隣接する黒田で得られた45mの分析結果と対比すると，14～15mのところに阿多火山灰（ATA；約10万5000年前）の存在が推定されることから，図11.3の花粉分布図は，約10万年間の植生変遷を含んでいるとみられる．ここで主役を演じる木本類は，マツ科・スギ属針葉樹，カバノキ属・ブナ科・ニレ科などの落葉広葉樹，アカガシ亜属の常緑広葉樹の4群である．これらの増減を目安にして，15mの花粉分布図は，下層から表層に向かってIW-1からIW-12まで，12の局地花粉帯に区分されている（IW：岩屋）．

IW-1はスギ属が全般的に優占するが，ブナ科・カバノキ属などの落葉広葉樹とマツ科針葉樹も伴い，とくにIW-2との境界付近ではスギ属が減少してブナ科・マツ科などの増大が顕著になる短い時期がある．IW-2は，スギ属だけが優勢になっている．IW-3はスギ属が減少し始め，次帯への移行期である．そのIW-4はブナ属・コナラ亜属で特徴づけられ，マツ科とカバノキ属も多い．IW-5とIW-6はマツ科とカバノキ属が顕著で，前者はスギ属が5％以下なのに対して，後者は10％前後まで回復していることで区別している．IW-7はマツ科とカバノキ属が減少し，ブナ属・コナラ亜属・サワグルミ属・クマシデ属・トチノキ属などが増加し，次帯への移行期である．IW-8ではスギ属が30％以上に急増し，以後表層のIW-12までずっと続く．本帯では前帯に続いて落葉広葉樹も多い．アカガシ亜属も本帯の中ごろから出現し始める．IW-9になるとIW-7, 8の落葉広葉樹は減少し，別のエノキ属・ムクノキ属などニレ科落葉広葉樹が多くなる．IW-10とIW-11はアカガシ亜属により特徴づけられ，前者はニレ科が5～10％も出現して

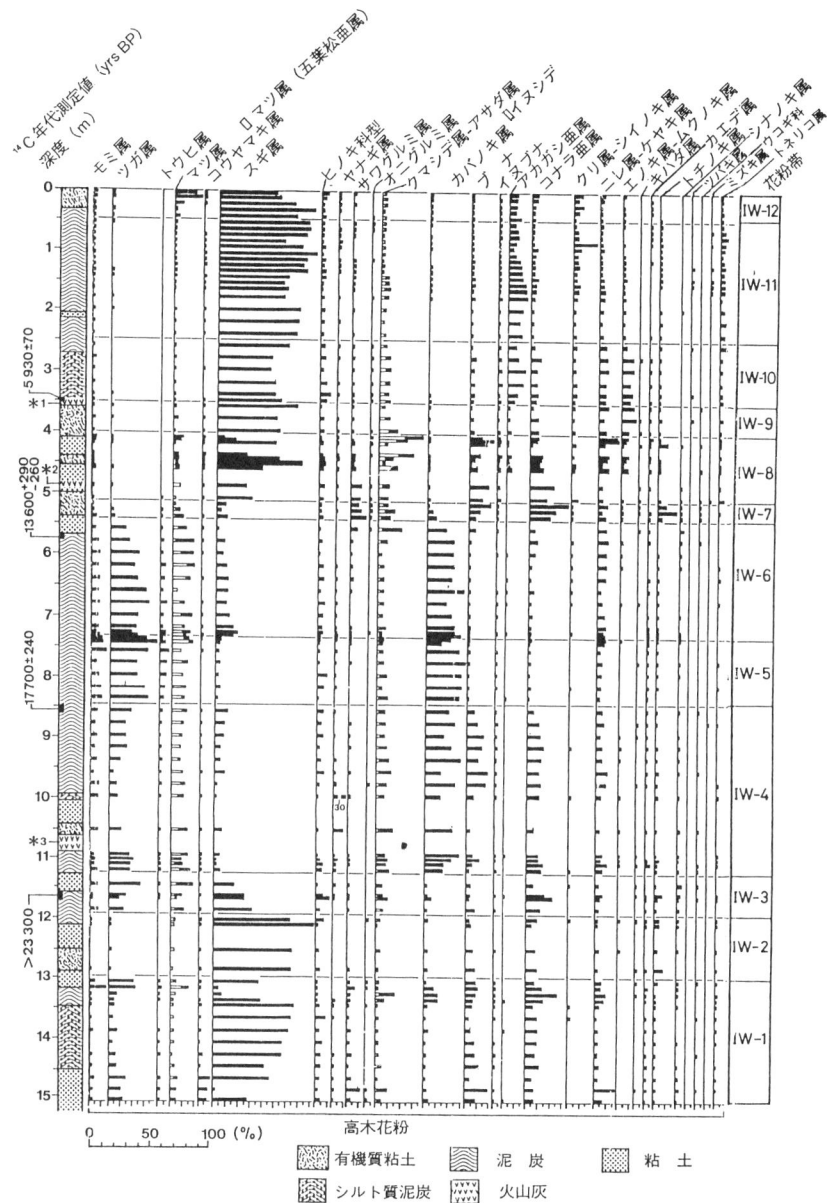

11. 化石花粉が語る植生変遷とその周期性

図 11.3 福井県三方町岩屋の高木花粉分布図 (Takahara and Takeoka, 1992 より抜粋)

*1 K-Ah 火山灰 (約6300 yrs BP)　*2 U-Oki 火山灰 (約9300 yrs BP)　*3 AT 火山灰 (21000〜25000 yrs BP)

いるが，後者ではそれが減少する．表層の IW-12 は，マツ属二次林要素の出現によって特徴づけられている．

　これらの局地花粉帯を時代区分し，気候的特徴（温度と湿度）について検討してみよう．IW-1 は最終氷期前期の後半に当たり，前半は試料が欠けているとみられる．この IW-1 はほとんどスギ属が優占し，マツ科・ブナ属を伴う温和～冷涼な湿潤期であった．ただ IW-1 の末期には，スギ属が一時的に減少し，ブナ科とマツ科が増加する冷涼・やや湿潤期がある．IW-2 は最終氷期中期の前半に当たり，スギ属だけが優勢であることから，亜間氷期の温和・湿潤期である．IW-3 は最終氷期中期の後半に当たり，スギ属が減少し始め，亜間氷期が終わって再び減暖化を始めた時期で，冷涼・やや湿潤期となる．IW-4，5，6，7 は，最終氷期後期となる．IW-4 は，その後期前半の前部に当たり，ブナ科により特徴づけられるが，マツ科・カバノキ属も多く冷涼～寒冷でやや乾燥期となる．IW-5 は前半の後部に当たり，マツ科とカバノキ属だけが優勢となる最終氷期の最寒冷期となり，寒冷・乾燥期である．IW-6 は後半の前部に当たり，前帯とほぼ同様であるが，スギ属が 10％ まで回復するので寒冷～冷涼・やや乾燥期となる．IW-7 は後半の後部で一般に晩氷期と呼ばれている時代で，最終氷期から後氷期への移行期である．ブナ科・サワグルミ属・トチノキ属など落葉広葉樹が増大した向暖期で，冷涼・やや湿潤期となった．ここまでが最終氷期で大きく 3 時期に区分でき，植生は，スギ属針葉樹→ブナ科落葉広葉樹→スギ属→ブナ科→マツ科針葉樹→ブナ科へと 6 回の変遷を繰り返している．

後氷期について　　後氷期は，第四紀更新世の最終氷期以降の温暖化した完新世に当たり，人類の繁栄する現代は，まさに間氷期のまっただ中にある．その始まりは，低緯度・低地で早く，高緯度・高地では遅れるが，一般に約 1 万年前ごろとされている．日本では中部地方と北海道の山岳地帯の一部に氷河が発達しただけなので，真の意味での後氷期はないが，最終氷期最盛期以降の後氷期には 100 m 以上に及ぶ海水準の上昇があり，また人類繁栄の時代でもあり，たいへん重要な意義をもつ期間である．

　三方町岩屋での後氷期は，IW-8 から始まり，スギ属が全帯にわたって優勢な湿潤期である．IW-8 は，スギ属以外ではブナ科・ニレ科・ハシバミ科などによって代表され，花粉帯 R-I（R（＝Recent）は，日本の後氷期を広域的な花粉帯で区分するときの名称）に当たり，冷涼～温和期となった．IW-9 と IW-10 は，前者が

ニレ科によって代表されるのに対して，後者はアカガシ亜属が顕著となり，花粉帯 R-II の前半と後半に当たり，温和〜温暖期となった．なお，アカガシ亜属の本格的な増加は，アカホヤ火山灰（K-Ah；約 6300 年前）の直上から始まっており，照葉樹林が同火山灰の直下ですでに成立している太平洋側と比べて，日本海側での照葉樹林の拡大が遅れていることを示している．IW-11 になると前帯よりスギ属が増大し，アカガシ亜属も後半で減少することから，やや減暖化・湿潤化が進んだものとみられ，花粉帯 R-IIIa に当たる．IW-12 は，マツ属の増加とスギ属の減少がみられる．これらは，いずれも人類が材や燃料として原生林を伐採したため，アカマツ二次林の増大をもたらしたことに起因している．

このように，後氷期は大きく3つの時期に区分でき，スギ属を除く植生は，ニレ科落葉広葉樹→アカガシ亜属常緑広葉樹→マツ属二次林という変遷がみられる．また，本地点ではスギ属が後氷期全般にわたって優占するが，これは北陸地方，近畿地方北部や中国山地東部などに特有のものである．その他の地域で後氷期にとくに優占するものとしては，北海道の低地ではコナラ亜属とカバノキ属，東北地方の低地ではブナ属とコナラ亜属のいずれも落葉広葉樹である．それに対

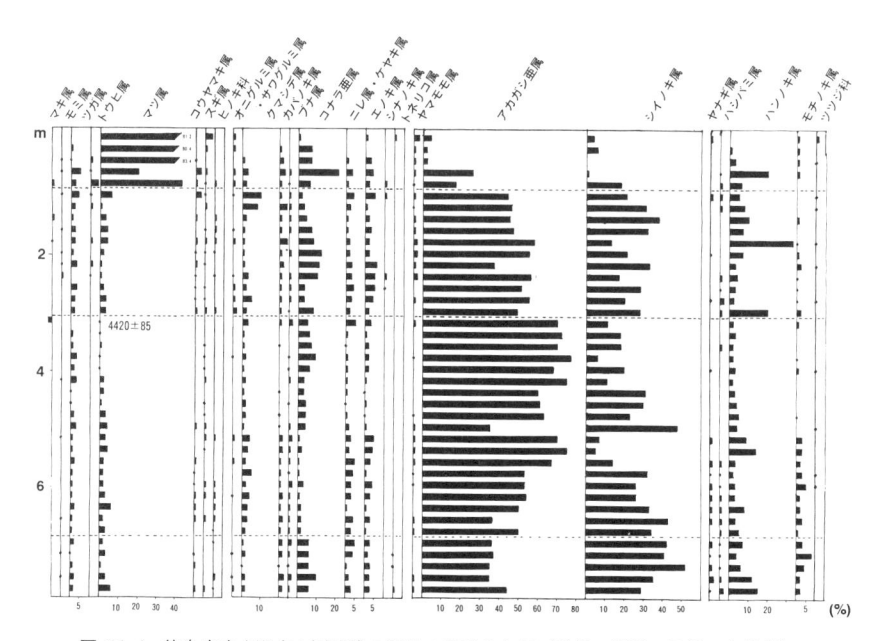

図 11.4　徳島市丈六町丈六団地隣の湿地の花粉分布図（竹岳・阿賀・三好，未発表）

して西日本の低地では，アカガシ亜属とシイノキ属の常緑広葉樹が中心となる（図11.4）．また山地帯については，地域や高度により温帯性針葉樹・冷温帯性落葉広葉樹・亜寒帯性針葉樹が優占し，低地とは異なる出現傾向を示す．

植生変遷の周期性

前節で述べた最終氷期と後氷期という1回の氷期と間氷期が1組になって，第四紀更新世の間には，何サイクルもの寒暖が繰り返されてきた．それに伴って植生変遷も周期性を示すが，ここでは琵琶湖と徳佐盆地の花粉分析結果を中心に紹介する．

琵琶湖について　琵琶湖湖底堆積物250m（T層）の層序は，図11.5に示したようにほぼ全層が粘土から成り，その中に38層もの火山灰を含んでいる（本図には33層示している）．このうち27mで姶良火山灰(AT；約2万5000年前)，75mで阿多火山灰(ATA；約10万5000年前)が確認されている．また，これらの火山灰を11点使ってフィッショントラック年代の測定がなされており（本図には5点の測定値を示している），最深部237mで0.69 ± 0.26 Ma（1Ma＝100万年）の値が得られている．マイヤー・竹村・堀江(Meyers, Takemura and Horie, 1993)は，この250mのT層を花粉・珪藻・粒度・^{13}C・TOC・C/Nなどの研究成果をもとに，これまで70万年間とみられていた年代を，約43万年間という値に訂正することを提案している．そして各間氷期を12万・24万・32.5万・40万年前としている．

花粉分析で出現する主要な木本類の化石花粉の出現傾向には，比較的きれいな周期性を示すものと，示さないものがある（図11.6，11.7）．モミ属・トウヒ属・ツガ属・マツ属を含むマツ科は，カバノキ属とほぼいっしょに周期性をもった増減を繰り返している．スギ属とヒノキ科

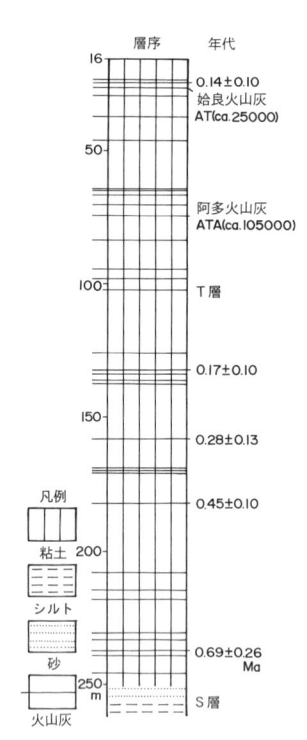

図11.5　琵琶湖湖底堆積物T層(250m)の層序と年代

もほぼ同時期に増減を示している．ブナ属・コナラ亜属・クマシデ属・ニレ属-ケヤキ属・オニグルミ属-サワグルミ属などの落葉広葉樹も，ほぼいっしょに周期性をもった増減をしているとみなしてよい．サルスベリ属（図11.2(i)）は，本試料ではごくわずかしか検出できないが，間氷期の指標となる重要な化石花粉で，周期性をもっている．常緑広葉樹では，アカガシ亜属が唯一の間氷期の指標として，きれいな周期性がみられる．これに対して，あまり明確な周期性を示さないものとしては，針葉樹のコウヤマキ属，常緑広葉樹のシイノキ属などがある．

　これらの周期性をもつ分類群を中心にして，2つの方法によって花粉帯の区分を試みた．その1つは，マツ科・スギ属・ヒノキ科などの針葉樹と，ブナ科・カバノキ属・ニレ科など落葉広葉樹の両方の増減を考慮しながら分帯したもので，BW-2（BW：琵琶湖）からBW-10まで9帯に分けた（BW-1は掘削作業台の設置による攪乱で試料が採取されていない．後氷期に当たる）．この方法で分帯すると，偶数の氷期と奇数の間氷期の期間が等間隔になっている．他の1つは，アカガシ亜属・シイノキ属の常緑広葉樹と暖温帯性の落葉広葉樹であるサルスベリ属が出現するところを間氷期とみなして分帯したもので，分帯数は前者と同じであるが，間氷期（I・G・E・Cの4期，Aは後氷期で欠落している）が非常に短くて，氷期（J・H・F・D・Bの5期）が長くなっている．2つの分帯法のうち，どちらがより正しいかは今後の検討課題であるが，前者がこれまでの氷期-間氷期区分に近いものであるのに対して，後者は最近の研究成果に基づく区分に近いと思われる．ここでは，いちおう後者の分帯（J～A）を中心にして，植生変遷の周期性について考えてみたい．

　間氷期には必ずアカガシ亜属が出現しているが，現在の後氷期（A間氷期）と同じかそれ以上にシイノキ属を伴って50％前後も常緑広葉樹の繁茂を示すのは，I間氷期だけで，E，C間氷期では5～10％，G間氷期にいたっては5％以下で，サルスベリ属が出現していなかったら間氷期と決めにくいほど貧弱である．サルスベリ属はC間氷期のみ1％以上の出現がみられるが，G，E間氷期は1％以下で，I氷期には出てこない．このようにサルスベリ属は出現頻度は低いが，過去3回（G・E・C）の間氷期の指標となる大切な化石花粉である．これまでにも，サルスベリ属は下末吉層（横浜北方の下末吉台地を構成する上部更新統．相当層は全関東に広く連続）でブナ属といっしょに出現すると報告されているが，この琵琶湖でも同様の傾向を示した．このことは，暖温帯性のサルスベリ属が低地に

生育していた時期に，山地ではブナ属が繁茂した湿潤で温暖な時代を示すものであろう．あるいは，アカガシ亜属とシイノキ属が顕著な後氷期とⅠ間氷期には，サルスベリ属が出現しないことから，現後氷期とは異なる気候，すなわちサルスベ

図 11.6 琵琶湖湖底堆積物 T 層（250 m）の裸子植物花粉分布図

11. 化石花粉が語る植生変遷とその周期性

リ属が越冬できるような暖冬と，ブナ属が低地で生育できるような冷夏からなる気候を想定しなければならないかもしれない．

以上のことから，間氷期はアカガシ亜属とシイノキ属によって示されるタイプ

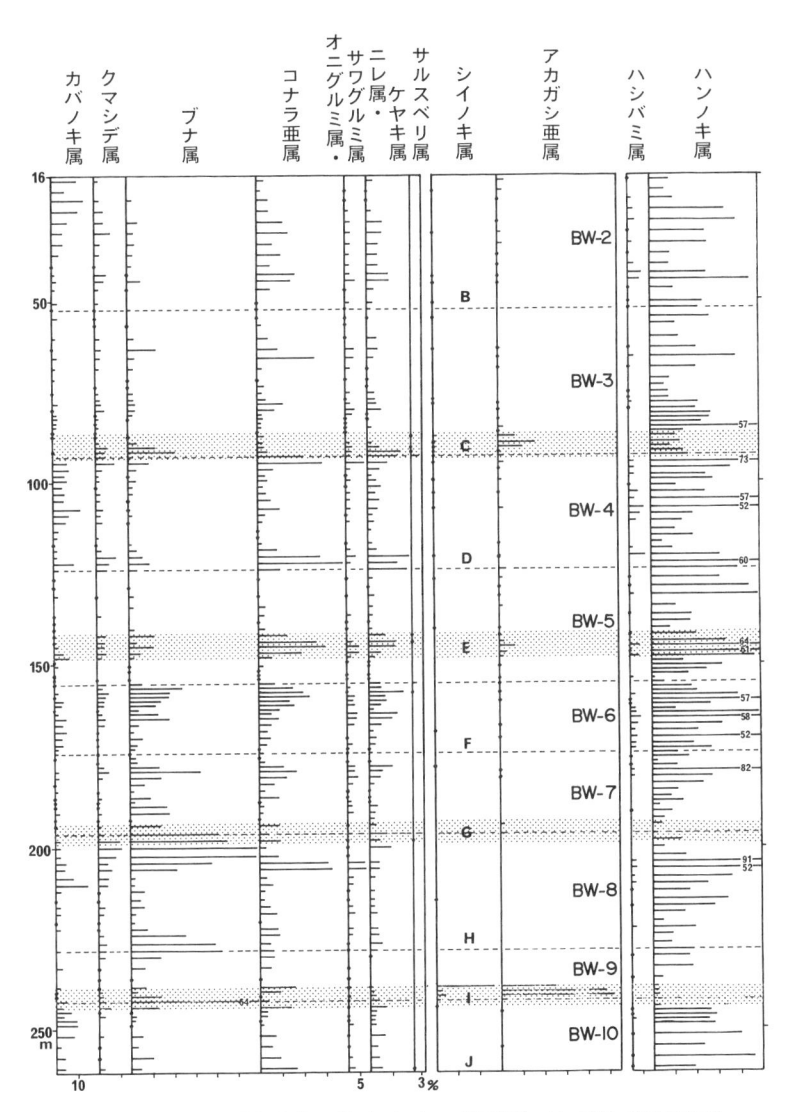

図 11.7 琵琶湖湖底堆積物 T 層 (250m) の被子植物（木本類）花粉分布図

(I, A間氷期)と，アカガシ亜属・サルスベリ属によって代表されるタイプ (G, E, C間氷期) の2通りあることがわかる．その他の樹種で目立つものとしては，C間氷期にはスギ属・ヒノキ科針葉樹が多く，I, G, E間氷期にはブナ属・コナラ亜属など落葉広葉樹が顕著である．間氷期に出現する樹種は，好湿性のものが多いことから，間氷期は一般的に温暖・湿潤期とみなしてよさそうである．

氷期に入るとスギ属とヒノキ科の急増がみられるH，D氷期，間氷期からすでにスギ属とヒノキ科の増加がみられ，コウヤマキ属も増加するB氷期，さらにスギ属だけでなくブナ科やマツ科もかなり出現するF氷期がある．この後F，D，B氷期ではブナ属・コナラ亜属になり，続いて短いスギ属の時期（ここが亜間氷期に当たる）を経て，マツ科・カバノキ属の氷期最寒冷期に移る．H氷期はブナ属・コナラ亜属のあと，すぐにマツ科・カバノキ属に移り，スギ属の時期が欠ける．各氷期最盛期を代表するマツ科・カバノキ属の後，ブナ属・コナラ亜属に変遷して氷期を終わるH，D，B氷期（前節の福井県三方町岩屋の結果から推定）と，ブナ属・コナラ亜属の後さらにスギ属・ヒノキ科が増加してから氷期が終わるF氷期がある．J氷期については全期間を含んでいないが，マツ科・カバノキ属の氷期最盛期の後ヒノキ科だけの急増によって氷期を終わっており，H氷期以降とやや異なるようである．

これらのH〜Bまで4回の氷期については，各氷期で部分的に異なる点はあるが，おおまかにまとめると次のようになる．D・Bの2氷期については，スギ属・ヒノキ科針葉樹（氷期前期前半，温和〜冷涼・湿潤期）→ブナ属・コナラ亜属落葉広葉樹（氷期前期後半，冷涼・やや湿潤期）→スギ属（氷期中期：亜間氷期，温和・湿潤期）→マツ科針葉樹（氷期後期前半：最盛期，寒冷・乾燥期）→ブナ属・コナラ亜属（氷期後期後半：晩氷期，冷涼・やや湿潤期）の5回の変遷を繰り返したとみられる．F氷期は，さらに6回目のスギ属・ヒノキ科が加わり，逆にH氷期では3回目のスギ属の亜間氷期が欠けているだけである．

このように氷期といっても，温暖な間氷期が終わって一気に寒冷化したのではなく，温帯性針葉樹→冷温帯性落葉広葉樹→温帯性針葉樹→亜寒帯性針葉樹へと，何万年間も時間をかけてゆっくり最寒冷期に到達している．それに対して氷期の終末は，冷温帯性落葉広葉樹に変遷して完了するか，さらに温帯性針葉樹にまで変遷して終わっているが，いずれにしても比較的短期間に進行しており，B氷期の晩氷期で3000〜5000年間とみられ，他の氷期についてもおそらく1万年間を超

11. 化石花粉が語る植生変遷とその周期性

えることはないと推定される．

また，氷期は寒冷な乾燥気候の時代というイメージが強いが，周囲を海に囲まれた日本の氷期では，本当に寒冷で乾燥した大陸性気候の時代は，氷期のうちでも最盛期のマツ科・カバノキ属が優占する最寒冷期だけである．この最盛期前後の期間は，いずれも温和〜冷涼：やや湿潤〜湿潤な海洋性気候下にあったようで，ヨーロッパや北アメリカのような大氷河の発達した地域とは，かなり異なっている．

ここまでは，花粉分布図の出現頻度で基本数に入れる木本類を中心に述べてきたが，次に木本類でありながら湿地性で局地性が強いため，木本類の基本数から除外され低木類に入れられることの多いハンノキ属についてその消長をみてみたい．琵琶湖畔の湿地にもハンノキがよく繁茂し，250mの全層を通して出現する全植物の化石花粉・胞子の中で，本属の出現頻度がもっとも高く，最高で91％にも達している（図11.7参照）．本属も全層にわたって多く出現し

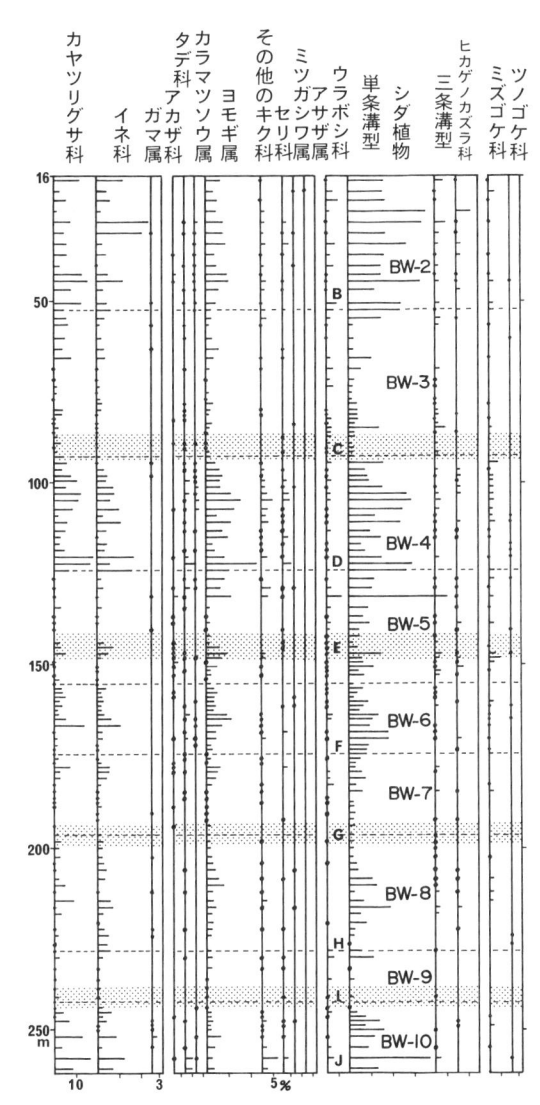

図11.8 琵琶湖湖底堆積物T層（250m）の被子植物（草本類）花粉分布図

ながらも，増減がみられ，花粉帯I・G・Cの間氷期とみられるところで減少し，J・H・F・D・Bの氷期に増加している．このように，E間氷期だけは例外的に本

属が多く出現しているが，全般的に本属は氷期に多く現れ，間氷期に少なくなる傾向を示している．ただ氷期中でも本属の出現頻度が低いところもみられるので，このような傾向が普遍的なものかどうかは，今後の検討課題である．また，氷期に本属が比較的高頻度になる理由については，湿地性のハンノキは，日本では北海道から九州まで分布がみられるが，本来朝鮮，ウスリー，満州など北方に分布の中心のある植物なので，暖かい間氷期よりも寒い氷期に分布を拡大したことが考えられる．

　草本類についても，かなり明瞭な周期性がみられる（図 11.8）．すなわち，カヤツリグサ科・イネ科・ヨモギ属・シダ植物単条溝型のいずれの化石花粉・胞子も J・H・D・B の各氷期に多く出現し，I・G・C の間氷期の出現率はきわめて低い（E 間氷期だけは，ハンノキ属と同様に例外的に草本類も多い）．氷期といっても琵琶湖周辺の山地に氷河が発達したわけでもないのに，なぜ草本類の出現率が氷期に高くなるのかについての解答は，まだ得られていないが，おそらく氷期には森林帯が何百 m も降下したことから，広域的にみれば森林の占める面積比率は，間氷期に比べて低下したことや，さらには最寒冷期の乾燥化により草本類の占める割合が全般に高まったことが考えられる．

徳佐盆地について　　山口県北部の島根県との県境にある徳佐盆地は，現在水田地帯になっているが，かつては古徳佐湖があり，84 m もの湖底堆積物を埋蔵し，約 70 万年間の植生変遷史を含んでいるとみられている（Miyoshi, Horie and Takemura, 1991）．本盆地は中国山地西部の海抜 400 m に位置するため，琵琶湖と比べるとより冷涼な気候を示し，アカガシ亜属がほとんど間氷期に確認できない．しかし，25～24 m と 14～12 m のところにサルスベリ属がわずかではあるが出現し，琵琶湖の E，C 間氷期に相当するとみられ，木本類の出現傾向も，ほぼ琵琶湖と同様な植生変遷を示している（図 11.9）．氷期についても，最終氷期は琵琶湖の B 氷期と同様な変遷を示しているが，もう 1 つ前の D 氷期はかなり異なる変遷がみられる．さらに F 氷期以前については，両地点で明瞭な植生変遷の類似点が認められず，今後より詳細な研究が必要である．ハンノキ属については，25～24 m の間氷期には出現頻度が低くなっているが，14～12 m の間氷期ではかなり高い値を示している．また，草本類については，両間氷期とも出現頻度は低くなっているが，氷期にも低頻度のところがみられる．このように，今後さらに検討すべき課題がたくさん残っている．

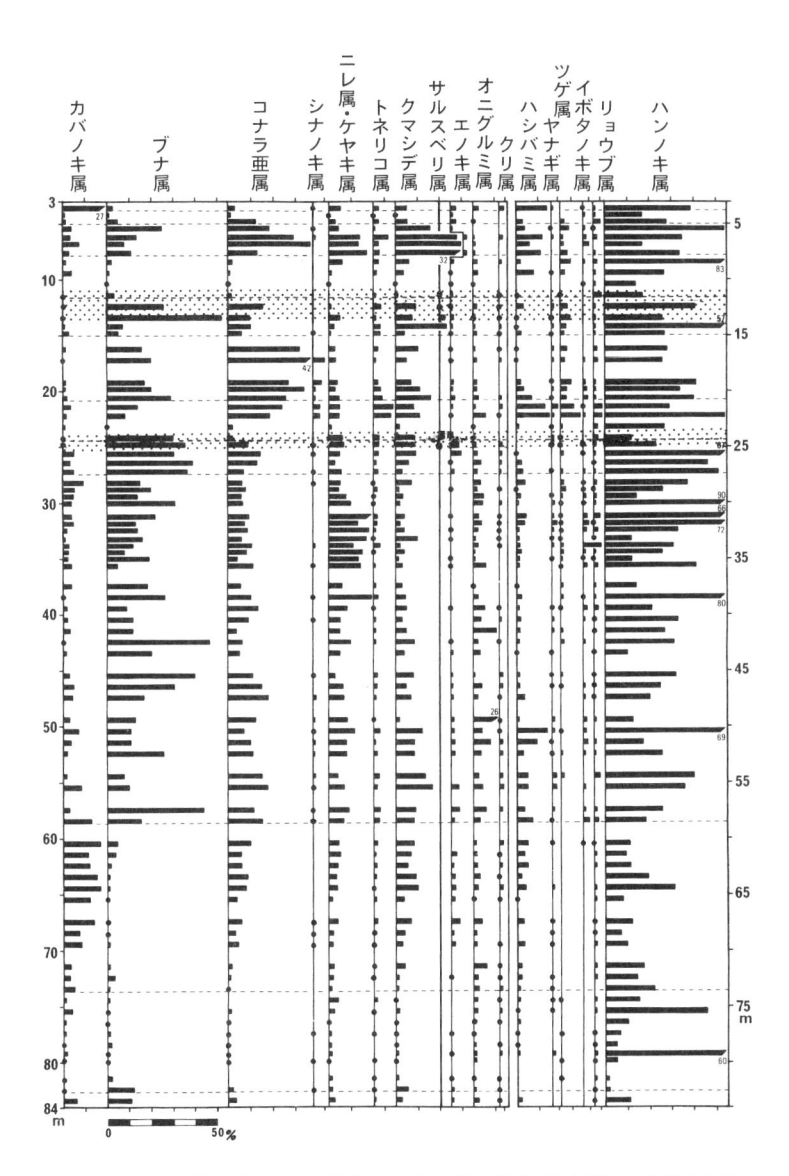

図 11.9 山口県徳佐盆地湖底堆積物（84m）の被子植物（木本類）の花粉分布図 裸子植物と被子植物草本類は省略．

稿を終わるに当たり，琵琶湖の貴重な試料を提供して下さった京都大学理学部地球物理学研究施設堀江正治名誉教授，同竹村恵二助教授に厚くお礼を申し上げる．また，福井県三方町岩屋の分析結果を，心よく提供して下さった京都府立大学農学部演習林の高原光博士に深謝する．

文　献

1) Fuji, N.: Palaeovegetation and palaeoclimate changes around Lake Biwa, Japan, during the last ca. 3 million years. *Quaternary Sci. Rev.*, **7**, 21-28, 1988.
2) Horie, S.: Lake Biwa. 654 p., Monographiae Biologicae, 54, Dr. W. Junk Publishers, Dordrecht, Boston, Lancaster, 1984.
3) Jimbo, T.: Pollen analytical studies of peat formed on volcanic ash. *Sci. Rep. Tohoku Imp. Univ.*, 4 th ser. **7**(1), 129-132, 1932.
4) Jimbo, T.: The diagnoses of the pollen of forest trees. 1. *Sci. Rep. Tohoku Imp. Univ.*, 4 th ser., **8**, 287-296, 1933.
5) Lagerheim, G.: Metoder för pollenundersökning. *Bot. Notis.*, 75-78, 1902.
6) Meyers, P. A., Takemura, K. and Horie, S.: Reinterpretation of late Quaternary sediment chronology of Lake Biwa, Japan, from correlation with marine glacial-interglacial cycles. *Quaternary Res.*, **39**, 154-162, 1993.
7) Miyoshi, N., Horie, S. and Takemura, K.: Pollenanalytische Untersuchungen an einem 85-Meter-Bohrkern aus dem Tokusa-Becken, Präfektur Yamaguchi, Western-Japan. In: Geschichte des Biwa-Sees in Japan (Horie, S. (Ed.)), pp. 243-256, Universitätsverlag Wagner, Innsbruck, 1991.
8) Miyoshi, N., Horie, S. and Takemura, K.: Vegetational history of Lake Biwa-250 m core sample, Japan. 8 th Internat. Palynol. Congr. Abstr., 103, Aix-en-Provence, France, 1992.
9) 中野治房：植物生理及生態学実験法，546 p.，精萃房，1929．
10) 沼田大学：森林の変遷を知るに花粉分析法を用ふること．林学会誌，**10**(9)，55-58，1928．
11) 田井昭子：大阪市におけるボーリング（OD-1）コアの花粉分析（その1）．地球科学，**83**，25-33，1966．
12) Takahara, H. and Takeoka, M.: Vegetation history scince the last glacial period in the Mikata lowland, the sea of Japan, western Japan. *Ecological Res.*, **7**, 371-386, 1992.
13) 田崎忠良編著：環境植物学，270 p.，朝倉書店，1978．
14) von Post, L.: Om skogstradspollen i sydsvenska torfmosselagerfoljder (foredragsreferat). *Geol. For. Stock. Forh.*, **38**, 384-394, 1916.

12. 珪藻が語る湖の環境変遷
―― 珪藻分析による古環境の復元 ――

鹿島　薫

湖，われわれの母なる環境

　初めて湖を訪れたのはいつのときだろうか．幼児のときはわからないが，はっきりとした記憶は小学4年生のときの夏休み校外授業で，箱根の芦ノ湖に行ったときである．また，中学2年生のときに初めて新幹線に乗り，車中から浜名湖の広大な風景をみたことをよく覚えている．もちろんそのときは，自分が湖を調査するようになろうとは思いもしなかった．

　湖のそばには必ず多くの人間が集まる．これは現代に限ったことではない．湖のそばには多くの遺跡がみられることから，古代から共通した特性なのだろう．ある人はいう，「湖は母胎に似ている．だから人は湖に惹かれるのだ」と．これは単なる空想だろうか．それとも，遠い母胎での記憶がわれわれの脳裏に残り，湖にやすらぎを感じるのだろうか．

　なぜ，人々は湖に惹かれるのか．この謎は永遠に解けることはなかろう．しかし，多くの環境学者も，今，湖に惹かれ始めている．この謎は簡単に解くことができる．その理由はただ1つ，湖はこれまでの環境の変化を記録した，"古文書"であるからである．そして今，科学者は湖に隠された"古文書"を，ひもとき始めようとしている．

ロングタームモニタリング

　ロングタームモニタリング（long-term monitoring）．いきなり英語から始まり，当惑されたことと思う．この用語が今，環境学者の間で論じられることが多くなっている．直訳すると，「長期間にわたる観測」となるが，なぜこれが重要なのか，まず述べてみたい．

　気温の変化を調べる場合を考えてみよう．たとえば，ある小学生が夏休みの宿

題で自分の町の気温の変化を調べようとしたとする．夏休みの期間中ならば，自分で観測するか，新聞の気象欄を切り抜き，集めることですませることができる．熱心な子供の場合，近くの気象台まで行き，観測資料を書き移してくるかもしれない．そうすれば100年前ぐらいまでの気温変化を調べることができる．

　それでは，気象台ができるまでの気温はどのようにして調べればよいのだろうか．もし，古文書に造詣の深い方ならば，おおざっぱな気温変化を古文書から読み取ることができる．ある人が，日記中に書いた「暑い」という回数から，その夏の気温を復元することも可能である．しかし，日本において古文書が使える時代はせいぜい1500年前までである．では，1500年前よりも以前はどうしたらよいだろうか．

　このような長期にわたる環境変化の復元をロングタームモニタリングという．しかし，これは決して簡単なことではない．科学者たちは長い間，"古文書"を探し求めていた．これは紙に書かれたもの，文字に残されたものではない．紙ができる以前の，文字ができる以前の，環境変化を記録した"古文書"を探し求めていた．そして，ある研究者は太平洋の深海底から，またある研究者はグリーンランドの氷床の中からそれを発見した．しかし，われわれの身近にある湖にも，その"古文書"は隠されていたのであった．

　その"古文書"とは，湖の底に堆積した泥であった．

珪藻——生物と環境の深遠な関係——

　私は大学院の博士課程の学生のとき，湖の研究を始めた．湖の底から，泥をそのままの状態で採取すること．これは決してやさしいことではない．狭い船上で何回繰り返しても，どうやっても泥が採取できないことがある．手の届きそうなところまで引き上げてから，湖底に落としてしまうこともある．体中泥まみれになり，びしょびしょになりながら湖底の泥を採取できたときの喜び，これは何物にも代えられないものであった．

　しかし，研究はここから始まるのである．

　採取した泥（試料と呼ぶ）は，その日のうちに分析を始める．もし私がもう少し"科学的"な人間であれば，試料の物理的・化学的な分析を行っていたかもしれない．しかし，私は研究を始めた直後から，珪藻という0.01mm以下の大きさしかない，小さな生物に自分の興味を集中させてしまった．読者の皆様は珪藻と

いう生物をご存じだろうか．この無名の，顕微鏡でしかみえない生物の表面には，無数の細かな形態の模様が刻まれている．あるものは雪の結晶のようであり，またあるものは花びらのようである．顕微鏡の下に広がる自然の造形美に，私は引き込まれていったのである．

珪藻は，第1次生産者であり，多くの動物の餌となっている．また，光合成を通して，大気中の二酸化炭素の同化に寄与している．とても環境変化に敏感な生物であり，わずかな水質の変化に反応して，その群集構成を大きく変えてしまう．

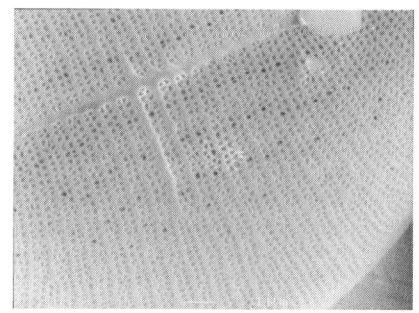

図 12.1 珪藻の走査型電子顕微鏡写真（著者撮影）
トルコ中部のベイシェヒル湖から得られた *Cocconeis* 属の珪藻．右図は左図の中央を拡大したものである．0.2 μm（1/5000 mm）程度の小さな穴が，珪藻の表面に無数に分布するのがわかる．

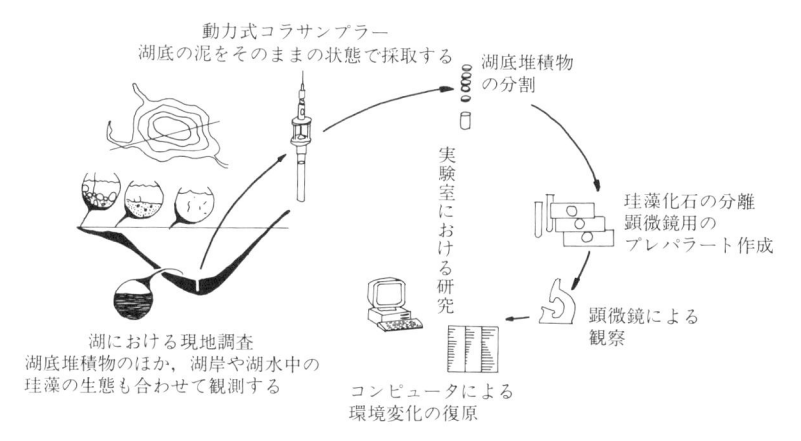

図 12.2 湖底から環境変化を読み取るためのフローチャート

さらに珪藻の殻は丈夫であり，湖底の泥の中で溶解せず，保存されやすい．

今の私ならば，珪藻を環境分析の手段として選択した理由を，このように滔々と述べることができる．しかし，まだ青年であった私が，この珪藻という生物の研究に，その一生を捧げようと決心したのは，もちろんこのような見通しがあったからではなかった．

生物と環境．両者の関係を解き明かすことはとてもむずかしい．珪藻のような単細胞生物であっても，環境変動に対する反応を，予測することは困難である．生物は，わずかな環境の変化に敏感に反応する．その一面，時には信じられないほどの適応力を，彼らは示すこともある．環境変化の手がかりとして生物を利用しようとしても，実際には逆に生物に振り回されてしまうことも少なくない．

現在，環境問題は大きな社会問題となっており，新聞やテレビなどで取り上げられない日はないといっても過言ではない．また，環境変動を重視し，環境が文明を，さらには人間生活の根本をも左右しているような発言をする人までいる．しかし，青年のときから珪藻という小さな生物を見つめ，そして生物体と環境との相互関係を調査してきた私としては，どうしてもこのような環境だけを重視する意見には，同調できないのである．

環境は生物を変える．しかし，同様に生物は環境を変えてきたのである．これは約46億年という地球史の中で，繰り返されてきた事実である．

珪藻——生物と環境の深遠な関係——．これこそが，湖上で揺れる小さなボートの上で，または実験室で顕微鏡をみながら，私が考え続けたことであり，これからも一生追い続け，しかも解けることのないだろうテーマである．

宍道湖，太古の湖そしてヤマトシジミ

学生時代，私は梅原猛の著作をむさぼるように読んだ．出雲の国，そこは柿本人麻呂，さらには神々の流罪地．そして海中に消えた島．科学的な好奇心をたきつけられるような感動を覚えたことを記憶している．その出雲の国に広がる広大な湖，宍道湖．まさに太古の湖という言葉にふさわしいものではないだろうか．

食べ物に詳しい読者ならば，宍道湖に対して違ったイメージをおもちになるかもしれない．ヤマトシジミの故郷．日本中に，食用として，さらには養殖用の稚貝として出荷されている．

さらに社会問題・環境問題に詳しい読者ならば，宍道湖が今直面している危機，

湖水の淡水化計画をご存じだと思う．

　宍道湖は，海水と淡水が微妙なバランスで混じり合っている．このような環境を汽水と呼ぶが，この汽水環境では，淡水とも海水とも違う生態系が発達する．もし仮に，湖水の淡水化計画に伴って，海水の湖内への流入を遮断してしまうとどうなるのだろうか．ヤマトシジミは死滅するだろう．そして，宍道湖内の動植物のほとんども，当然のごとく，滅んでしまうだろう．生物の大量死，生態系全体の死滅．この恐ろしい言葉が，宍道湖の現実となるところであった．しかし，この間，幸いなことに，淡水化計画は中断されている．

　私が宍道湖の調査を始めてから10年以上になる．調査は，湖水や湖泥の採取，水質測定など，地学・化学・生物と多岐にわたるものであり，当然私1人でできるものではない．以下述べることは，私も兼任している，島根大学汽水域研究センターの教官・学生諸君とともに行った研究の結果，明らかとなったものである．

　これまでの研究の成果から，宍道湖の生態系がどのように変化してきたのか，そのあらましをとらえることができた．

　湖底に堆積した泥を注意深く採取し，その中に含まれている珪藻を観察すると，

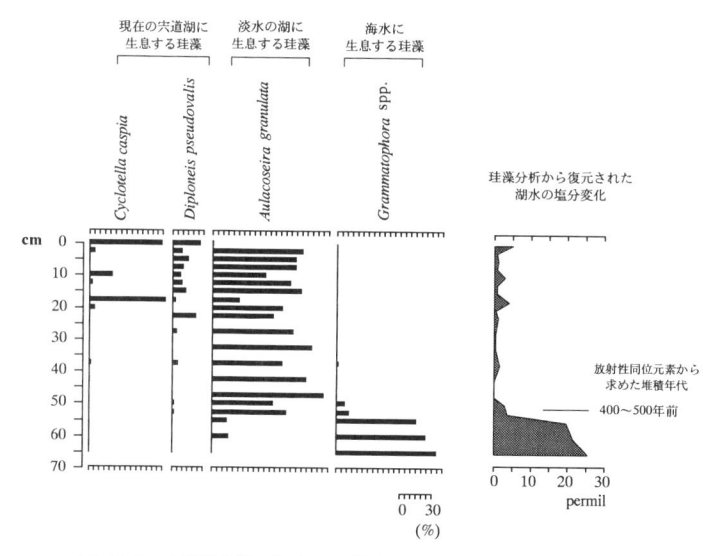

図 12.3　宍道湖東部の湖底から採取された泥中の珪藻化石群集とそれから復元された湖水の塩分変化
1989年に島根大学によって採取された試料 (SJ 8902) を用いた．

現在の宍道湖には生息していない，いくつかの珪藻を取り出すことができる．これは，宍道湖の水質，とくに塩分が大きく変化してきたことを示している．

　宍道湖の塩分は，今から400～500年前に急激に低下した．この時代は室町時代後期に当たる．

　それ以前の宍道湖は，海水の湖内への流入も多く，湖水の塩分も高かった．これは宍道湖に隣接する中海の現在の環境によく似ている．当時もヤマトシジミは生息できたとは思うが，その量は多くなかっただろう．これはヤマトシジミの餌となる珪藻の産出が少ないことからも裏付けられる．

　400～500年前の急激な塩分の低下の原因については，宍道湖に流れ込む河川の1つである斐伊川の河道が変わったことによるといわれているが，詳しいことはまだよくわからない．その後，室町時代後期から江戸時代を通して，宍道湖には海水がほとんど流入しなくなり，淡水湖となった．当然，当時はヤマトシジミは生息していなかった．

　再び，宍道湖の塩分が上昇し始めたのは100年ほど前からである．これについても宍道湖周囲の開発，海への水路の開削など，いろいろな原因が考えられている．しかし，まだ不明な点が多く残っている．この塩分上昇に伴って，宍道湖に汽水環境が形成された．そして，独自の汽水生態系が形づくられ，宍道湖はヤマトシジミの湖となっていった．

　このようにみていくと，宍道湖が現在のような汽水環境であった期間はむしろ短い．汽水環境はいかに不安定であり，うつろいやすいものなのだろうか．これは言い換えると，宍道湖における現在の汽水生態系はわずかな人為的な改変によって，容易に破壊されてしまう危険性をもっているということになるだろう．

　湖底の堆積物の珪藻分析の結果，明らかとなった塩分変動．これは，今後の宍道湖の水質保全にも，貴重な提言を残した．

三方湖，地震，消えては現れる湖

　三方湖．この京都の北方に位置する湖は，周辺の他の4つの湖と併わせて，三方五湖とも呼ばれている．この三方湖において，1991年，文部省科学研究費重点研究「文明と環境」の研究グループが，湖底堆積物の調査を行った．

　三方湖の湖岸に立つと，その東に巨大な崖が続いているのがみえる．この崖は専門的には活断層崖と呼ばれる．これは，地震のたびに地面が食い違っていって，

ついには数百mにも及ぶ巨大な崖を形づくってしまったのである．

　三方湖も，地震活動の結果，生じた湖である．地震活動が湖の環境を変えたことは，歴史記録にも残っている．江戸時代初期，1662年に近畿地方中〜北部に巨大地震が襲った．この地震は三方湖周辺にも大きな被害を与えた．そして地震後，三方湖の水位が上昇を始めた．この水位上昇を抑えるため，新たに水路を構築したことが記録されている．

　三方湖の湖底からも，多くの珪藻がみつかった．三方湖の調査を始めるに当たり，珪藻から三方湖の水深変化が推定できないだろうかと，私は考えてみた．いっしょに研究を行う「文明と環境」の研究グループの研究者は，化学的分析・堆積学的分析，そして花粉などの古生物学的分析によって，三方湖の成因に取り組もうとしていた．しかし，湖にすむ生物を直接とらえ，そこから環境変化を読み取ろうとしているのは，私の珪藻分析だけだと思えたからであった．

　水深変化を復元することは簡単ではない．何回も試行を重ねて，信頼に足るべき水深変化曲線をえがいていった．その結果，今から4万〜5万年前の地層から，古三方湖と呼べる湖沼が発見された．その後，この古三方湖の水位は低下し，2万年前ほどには，完全に干上がってしまう．ところが，1万5000年前から再び三方湖の形成が始まる．この新三方湖の水位はどんどん上昇していって，今から6000年ほど前に，最高水位期を迎えた．

　湖の水位は何によって決定されるのだろうか．具体的には流入する水量と，流出する水量との差，湖盆の沈降量（三方湖の場合は地震に伴う変動），湖への土砂の埋積速度などが関係する．それぞれは独立した要素であり，そしておたがいに複雑に関係している．

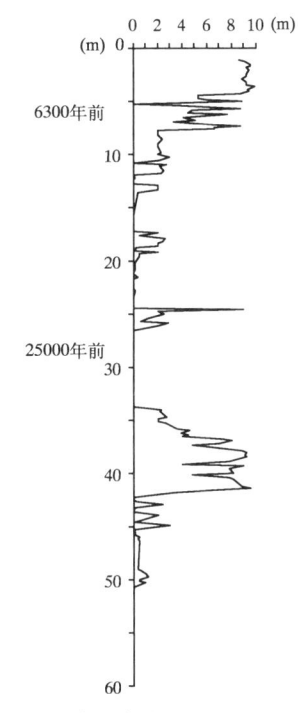

図 12.4 珪藻分析から復元された三方湖の水深変化

1991年国際日本文化研究センターの安田を中心とする研究グループによって採取された．年代は堆積物中の火山灰層から推定した．水深変化曲線は三方湖のこれまでの最大水深が10mであると仮定した場合のものである．

地震によって湖が現れ，そしてまた消えてゆく．当初は，そのようなミステリアスな想像をしていた．もちろんこれは正しくない．しかし，地震が頻発する時期には湖盆の沈下量が大きく，水位が上昇する．また逆に，地震が少ない時期には湖盆の沈下量が小さく，水位が低下する．このようなことはあるかもしれない．湖の出現と消失と地震活動の関係については，さらに検討する必要があるだろう．

湖の環境は変わりやすい．しかも，時には湖そのものが消え去ったり，再び現れたりすることがある．このようにうつろいやすいものであるから，人は湖に惹かれるのかもしれない．

トルコ，塩の湖

初めてトルコに着いた次の日の朝，町中を響くコーランの音に起こされた．トルコに来たんだ．イスラム．砂漠．半乾燥地域．これからの調査への期待と不安．いろいろな思いで，この音を聞いていた．

なぜ，湖の調査をするのにトルコまで行くのか．そう思われる方は，地図を広げてみてほしい．トルコ中部から東部には，日本の琵琶湖クラスの大きな湖がいくつも並んでいる．その中の1つ，トルコ第2の湖，トウズ (Tuz) 湖がわれわれの調査地域であった．

トウズ湖，その意味を日本語に訳すと，「塩の湖」となる．初めて現地に立ったとき，本当に感動した．一面に広がる真っ白な塩原．そこはまさに，塩の湖であった．このようすは，衛星写真でも確認され，乾期には水域は湖盆の何分の1にまで縮小してしまう．

塩原を歩き続けると，やっと水が残っている場所にたどりついた．さっそく，いつももち歩く簡易式塩分計で，塩分を測る．83ppt（パーミル）．海水

図 12.5 ランドサットによるトウズ湖周辺の衛星写真
乾期（1987年8月）に撮影したもの．トウズ湖の多くが干上がり，一面塩原となっている．右上の湖沼はクズウルマック川につくられたダム湖である．色の対象が顕著である．

の約2倍半だ．水深はやっと靴先が浸る程度．泳げないのが残念だった．

驚くべきことに，このような高塩分の環境下でも，珪藻は生きていた．当然，日本の湖沼とは種が異なるが，特殊な環境に適応した珪藻群集がみつかったのである．「やった」と飛び上がりたい気持ちだった．さっそく私と共同研究者の松原久（立命館大学大学院生，当時）は手分けをして，トルコ各地の湖沼の試料を集め始めた．幸いなことに，またたくまに80を越す試料を集めることができた．もち帰った試料中に含まれる珪藻の群集とその地点の水質データをコンピュータに入力し，計算させると，トルコ内陸塩湖を対象とした珪藻群集–塩分データベースが作成できたのである．

私の感動は，読者の皆様には理解できないかもしれない．なぜこのようなデータベースが，重要であるのか．もう少し，筆を進めて説明してみたい．

トウズ湖を取り巻く地域の地形図をみると，湖に流入する河川はあるが，トウズ湖から流れ出る河川がないことに気づく．こういう湖沼を専門的には，内陸湖沼という．内陸湖沼では，降水量が増えるか，または気温が低下して蒸発量が低

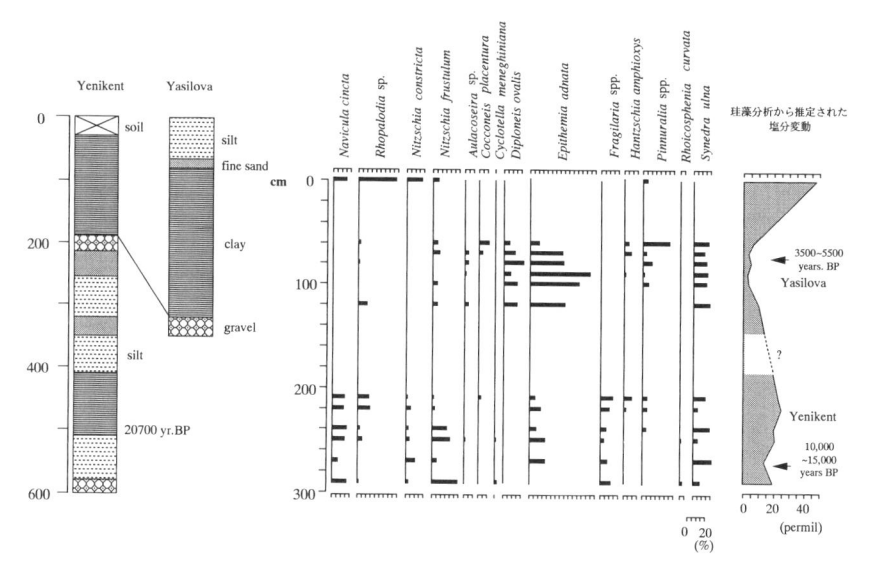

図 12.6 トルコ中部のトウズ湖湖岸から採取されたボーリング試料中の珪藻化石と復元されたトウズ湖の塩分変動

トウズ湖南西部の2地点（Yasilova, Yenikent）の分析結果を総合したものである．これは現在研究中のものであり，年代資料などについてはおおよその値を示している．

下すると，湖の水量が増加し湖面は高くなる．逆に，降水量が減るか，または気温が上昇して蒸発量が増えると，湖の水量は減り，湖面は低下する．このように，気候変化が湖面の変動に表現されていくのである．

　トウズ湖も湖面変動を繰り返してきたのだろう．その証拠に，トウズ湖の周囲を歩くと，現在の湖面よりも数十mも高い地点から，湖にすむ貝の化石がみつかることがある．さらに，波打ち際に特有の，砂礫の堆積形態がみられることもある．しかし，このような周囲の丘陵の調査だけでは，湖面変動の実体をとらえるのには不十分であり，どうしても湖底の堆積物からの情報が必要となる．

　先に述べた珪藻群集-塩分データベースを用いると，湖底堆積物の堆積当時の塩分を復元することができる．そこでさっそく，われわれはトウズ湖湖岸で採取された深度約1mの堆積物の塩分を，珪藻群集-塩分データベースから推定してみた．驚いたことに，その塩分はたいへん低く，ほとんど淡水湖といってもよいような環境であった．

　湖面変動に伴って，当然湖水の塩分も変化する．塩の湖という名をもつトウズ湖も，湖の水量がはるかに多いときには，淡水であったときがあったのだ．現在のトウズ湖からは想像できない一面をみることができる．

　トルコでの研究は，まだ始まったばかりである．文明の交差点といってもよいこのトルコの地において，今，環境の変化を記録した湖の堆積物という"古文書"を，珪藻分析という翻訳機を用いながら，1枚1枚読み進め始めたのである．

ま　と　め

　本稿では，珪藻分析という手法を用いて，湖底堆積物から環境変化を読み取る研究を紹介した．珪藻分析で何を明らかにしようとしているのか．なぜ，湖の底の泥にこだわるのか．少しでも理解していただいたら幸いである．

　今回示した研究はいずれも現在進行中のものであり，結果まで十分にいい切れないところが歯がゆい気持ちである．

コラム：湖底地形を探る

植 村 善 博

湖の多様性と湖底地形の特色

　　日本の美しい自然景観には湖沼と密接に関係したものが多い．約630あるという湖沼の成因には，1）カルデラ・火口などの凹地や噴出物の堰き止めにより湛水した火山性のもの，2）海・湖岸部の砂州・沿岸州によって外海と切り離されたラグーン，3）地殻変動によって形成された構造湖，などが代表的なものである．また，複数の要因が関与している場合も多く，堀江（1964）は30の成因に分けている．

　　湖沼は水・大気・生物・地学的環境から構成された小宇宙を形成している．それは自然科学的存在であるとともに，水産業従事者にとっては生業の場でもある．国土資源や水資源としての重要性が増すとともに，人工改変や水質の汚濁が進行し，開発と環境保全のあり方が社会問題となり，さらに水辺の重要性が注目されるようになった．

　　地図を眺めるとき，湖の平面形，すなわち湖岸線が最初に注目される．単調なもの，屈曲に富むものなど多様である．しかし，水面下の状態，すなわち湖底地形にも注意を向けてみたい．水を湛える凹地部の形態は湖盆と呼ばれ，平坦なもの，起伏に富むもの，水中島をもつもの，2つ以上の凹地に分かれているものなどもある．湖底地形は漁場の位置や漁法を規定しており，埋立や干拓，水資源開発などを進める際には正確な湖底情報が要求される．湖底地形は多様である．湖盆の原形が時代とともに浸食や堆積作用によって変化し，湖棚・湖棚崖・湖底平原・湖底段丘・湖底谷など特有の地形を発達させる．そして，堆積物によって埋め立てられ，ついには消滅していく．

　　小谷（1971）は湖底地形の発達段階を，沿岸帯と湖盆底の境界が未分化な第1段階，両者が明瞭に分化する第2段階，湖盆が浅くなり全

体が沿岸帯になる第3段階に区分した．そして，第2段階の琵琶湖を例に沿岸帯・亜沿岸帯・湖盆底地形の3群に分け，形成営力によってデルタ・湖底段丘・湖盆底平坦面などの地形群，それらを構成する頂置層・波食面などの単位地形，さらにその面上の微地形に区分していった．このような階層的な湖底地形分類はきわめてすぐれたもので，筆者も小谷の分類を改良したものを利用している（図2の凡例）．また，湖底地形が水位の低下によって陸化した湖成段丘や，陸上の地形が湖底に水没したものなどもあり，地形発達史的な考察が欠かせない．

湖底の調査法

1955年の小谷らによる琵琶湖の調査と湖底地形図の作成は音響測深機による近代的な湖底調査として最初期のものであろう．今日までに，国土地理院による地形・底質などの調査は，58の湖沼，2115 km^{2}について実施されており，114面の1/1万湖沼図が刊行されている（国土地理院，1993）．

70年代には海底資源調査用に開発された物理探査法が湖沼にも適用され出した．圧縮した空気を瞬間的に水中で発射し，その反射波を受信するエアガン法では数百mから数kmもの堆積物の性質や地質構造を明らかにできる（図1）．また，電気エネルギーを音波に変えて水中に発射するユニブームや磁気歪振動効果などを利用する小型の音波探査機では，湖底下数十mまでの状態を連続的に記録できるようになった．これらの物探記録はあくまでも間接的な資料であり，ボーリングな

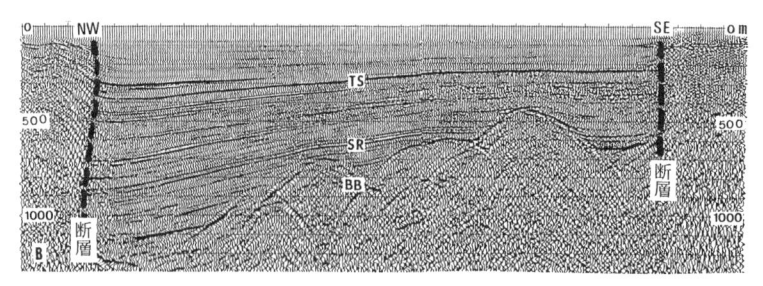

図1 琵琶湖，明神崎-沖島間約8 kmのエアガン記録（植村・太井子，1990）
連続性のよい反射面（TS，SR，BBの3面）が認められ，西へ傾斜している．

どにより地層を採取し，その性質や年代を検討することが必要で，それによって湖の形成過程や変遷史を明らかにすることが可能となる．

三方五湖の湖底地形

　三方五湖とは久々子，日向，菅，水月，三方の5つを指す．複雑に入り組んだ湖岸線，鏡のような湖面と山地急斜面との対照など興味深い自然景観をもち，若狭地方屈指の観光地として多くの人を集めている．

　湖沼図によると，それぞれが個性的な湖底地形をもつことがわかる．日向，水月は水深30mにも達し，急な湖底斜面の面積が広く，小谷の第2段階にある．久々子，三方は水深1～2mと浅く，平らな湖底平原が広く分布する．これは小谷の第3段階に達している．菅湖は水深10m程度で中間的な性質をもち，湖底段丘の発達がよい．このような湖底地形の特色は堆積物を供給する大きな河川が流入しているかどうかに支配されている．前2者では鰣川，宇波西川の沖積平野が湖岸付近に発達しているが，後者では低地の分布をほとんどみない．また，久々子湖のみが砂州により海と切り離された海跡湖である．残りの4者は淡水湖であったものが，江戸期の人工的な水路開削により海水が侵入し，汽水化したものである．

　五湖を含む三方低地の東縁は南北性の三方断層によって限られている．これは東側隆起の逆断層で，第四紀中期以降活発な活動を続ける活断層である．東側の雲谷山地塊は隆起し比高600mにも達する三方断層崖を形成するが，逆に三方低地は東高西低の傾動を伴いながら沈降してきた．このため，西から東に開いた谷が溺れ谷となり，その東縁部が湛水したもので，三方，水月-菅，日向-久々子の3系統の谷地形が認められる（岡田，1984）．

　三方五湖の地形やその変遷を明らかにする目的でSH-20（千本電機製）による音波探査を実施し，その結果から図2の湖底地形分類図を作成した．以下にその特徴的な点を要約してみよう．

1）湖盆底は平らな湖底平坦面とその周囲の緩斜面とに分けられる．
2）旧湖水位を示す湖底段丘が水深20，10，6～8，2～3mに分布している．これらはかつてのデルタ面が間歇的に沈降し，下古上新の関

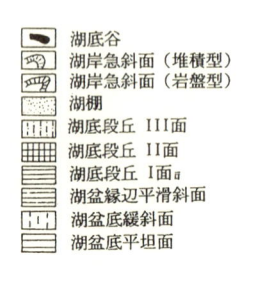

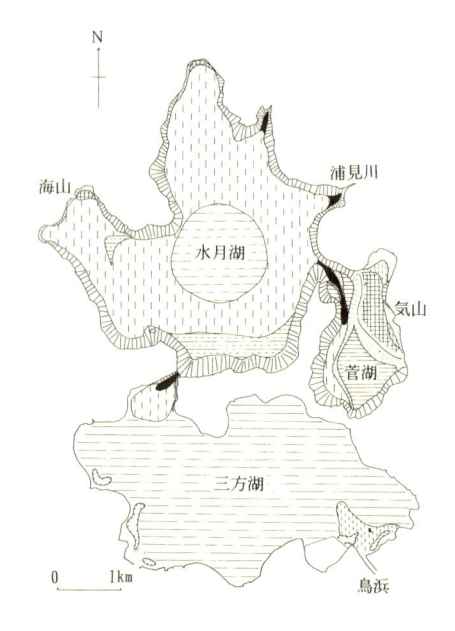

図2 三方湖, 水月湖, 菅湖の湖底地形分類図

凡例:
- 湖底谷
- 湖岸急斜面（堆積型）
- 湖岸急斜面（岩盤型）
- 湖棚
- 湖底段丘 III面
- 湖底段丘 II面
- 湖底段丘 I面ａ
- 湖盆縁辺平滑斜面
- 湖盆底緩斜面
- 湖盆底平坦面

係で後退的に重合したものといえる．菅湖に広く発達する湖底段丘は，かつて宇波西川がここへ流入していた当時の旧デルタ面である．こうした水位の間歇的な上昇は三方断層の活動と深くかかわっていると考えられる．

3) 有名な事実であるが，1662年の寛文地震の際に，三方断層沿いの気山や久々子湖では3～4.5mも隆起した（萩原，1982）．このため三方湖や水月湖からの水を久々子湖へ排水していた気山川の河床が隆起して，排水が不能になった．そして，湖水位が上昇し水田や集落が水没したため，急遽浦見川を掘削して排水した．一方，西方の海山では1mほど沈下し，地震時の地殻変動は東高西低の傾動を示した．これは陸上の地形から推定されるものとも調和的であり，数十万年間にわたって継続してきたといえる．

4) 日向湖の南東部に南北性の湖底活断層が2本認められた．いずれも西上がりで，小規模な断層凹地を形成しており，活動が完新世に繰り返されたことを示している．寛文地震時に活動したと推定される三方断層から分岐した湖底断層の一部である可能性が高い．

琵琶湖の形成と湖盆の変遷

　　　　約500万年の歴史をもつこの湖が現在の位置に発達したのは約200万年前ごろといわれている．1983年には堀江を中心として1400mの深層掘削が行われ，琵琶湖の変遷や第四紀の環境変化に関する多くの成果が得られた（堀江，1988）．また，エアガンやユニブームなどの湖底探査も実施され，これらの成果を組み合わせて湖盆の形成過程や変遷を明らかにすることができる．

　　図1の明神崎-沖島間の記録では，1) BB（基盤岩上面）はかなりの起伏をもちつつ，東から西へ約12％の勾配で傾動しており，西縁では1100mもの深度に達している．琵琶湖粘土層基底のTSも1.5％で西へ傾動しており，前者の約1/10程度となっている．2) 両端の乱れた部分には断層が存在しており，西岸，南岸湖底断層系と呼ばれている．とくに西岸のものは比良断層とともに大規模な地塊境界を形成するとともに，傾動運動を支配し，近江盆地の断層角盆地様式を決定するものとして重視される．

　　次に，エアガンとボーリング資料をもとに蓬萊山-沖島間の東西地質断面図を作成した．図3には，琵琶湖の堆積盆が波長約10kmの大規模な基盤褶曲の向斜部に位置していること，比良断層による基盤の変位量が2000mに達することなどが示されている．

　　現琵琶湖の形成は，南北にならんだ尾根と谷からなる陸域が，200万年前ごろに急激に沈降し堆積域に転換したときに始まる（図4(a)）．こ

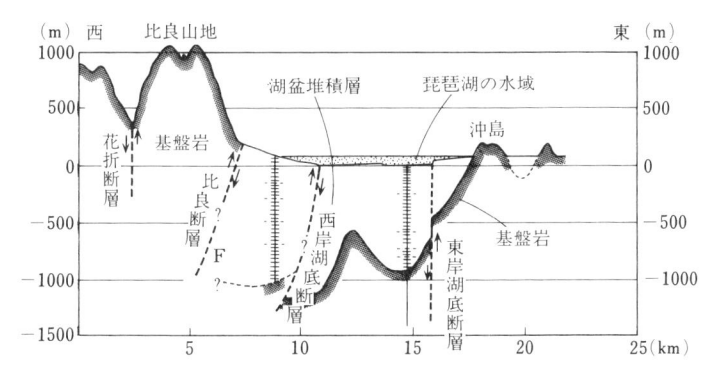

図3 蓬萊山-沖島間の地質断面図

れは曲隆様式の基盤褶曲が始まったことを意味する．その後，起伏を埋めるように古琵琶湖層群の堆積が続いたが，100万年以上にわたって水深数 m 程度の浅い水域や河川環境が継続してきた．約40万年前には，湖中央の突出部を除き基盤の起伏はほとんど埋積されてしまった（図4(b)）．

一方，50万年前ごろから比良山地など南北性の山地が急激に隆起を始め，粗粒な砂礫が低地に供給されるようになった．さらに，約30万年前から山地前面部に生じた分岐断層により隆起した部分が丘陵となった．同時に，湖底断層の活動が活発化し，現在みられる水深の大きい北および中湖盆が共役系をなす2つの逆断層地溝として発達するようになった．これが語源となった琵琶の形に似る主要因である．地溝内には，現在までに250mもの琵琶湖粘土層が堆積しており，急速な沈降を続けてきている．このような変化は，東西圧縮の応力が強化されてきたためと考えられる．

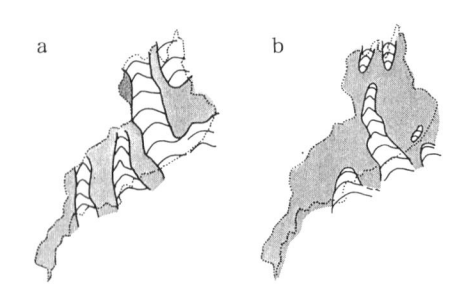

図4 琵琶湖の古地理図（植村・太井子，1990 を改変）
a：約200万年前（蒲生累層のころ）．南北性の山地と低地が並行して数列ならんでいた．
b：約40万年前（堅田累層のころ）．南北性の山地が埋め立てられ，湖が拡大した．海津大崎-沖の白石-樹山を連ねる山地によって西湖と東湖に分かれていた．

文　献

1) 萩原尊禮編著：古地震——歴史資料と活断層からさぐる，312 p., 東京大学出版会，1982.
2) 堀江正治：日本の湖　その自然と科学，226 p., 日本経済新聞社，1964.
3) 堀江正治編：琵琶湖底深層1400mに秘められた変遷の歴史，284 p., 同朋舎，1988.
4) 国土地理院監修：日本の湖沼アトラス，68 p., 日本地図センター，1993.
5) 小谷　昌：琵琶湖の湖底地形およびその環境．琵琶湖国定公園学術調査報告書，pp. 125-175, 滋賀県，1971.
6) 岡田篤正：三方五湖低地の形成過程と地殻運動．鳥浜貝塚——縄文前期を主とする低湿地遺跡の調査4——, pp. 9-42, 若狭歴史民族資料館，1984.
7) 植村善博・太井子宏和：琵琶湖湖底の活構造と湖盆の変遷．地理学評論，**63A**, 722-740, 1990.

V

同位体に記録された周期性

南極大陸

南極大陸には全表面に平均して 100 mm の降水が付け加わるが、それは、地球の気候や環境の状況を時々刻々と、さまざまなシグナルによって記録する過程でもある。
上：新雪の上を進む内陸調査隊、下：数十万年の積雪層を掘り抜く（コアリング）ため、沿岸から 1000 km 奥地、標高 3810 m のドーム頂上に設けられたドームふじ観測基地(1995年2月).

13. 氷の中の周期性

渡邉興亞・神山孝吉・藤井理行

氷床コアから解読された気候変動の記録

　1966年に，グリーンランド，キャンプセンチュリーで氷床掘削が行われ，1387m深の氷床基盤に達する雪氷コアが得られた．雪氷試料の酸素同位体組成（$\delta^{18}O$）は気温のよき指標であることが知られているが，その鉛直プロファイルには最新氷期（ウィスコンシン氷期）から後氷期の気温の変化が刻明に刻み込まれていた．最新の氷期，その前の間氷期を含む過去12万年間の気温変化の見事な復元は，当時衝撃的ともいえる感動を人々に与えたのである．グリーンランドでの成功の余勢を駆って，アメリカ隊は68年には西南極大陸バード基地で2164m深までの氷床全層の掘削に成功した．ここで地球上の両極域の対比が可能となったが，酸素同位体組成プロファイルは氷期スケールの気候変動の南北両極の同期性を明らかにした．人類が初めてグリーンランド氷床で取り出すことに成功した過去12万年の気温変動の記録とバード・コアとの南北両極比較が図13.1に示されている．アメリカ隊によるこの２つの企ての成功は氷床コア研究の本格的な幕開けとなった．

　氷床コアの掘削とは，特別に開発された熱式あるいは機械式掘削機（図13.2）を用いて，南極氷床やグリーンランド氷床の表面から深層に至る雪氷層を鉛直方向に円柱状コア（氷コア）として抜き取るのである．得られた氷コア中には，現

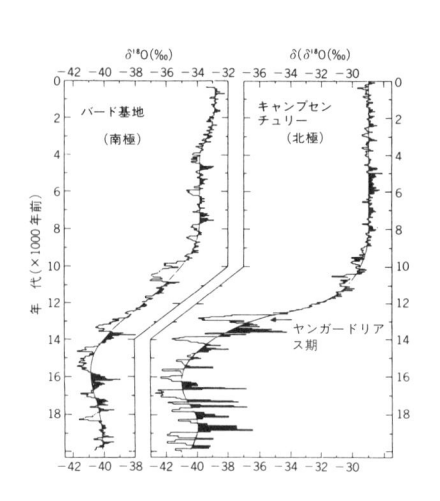

図 13.1　南北両極域の氷床コアにみられる気温変動の対比（Johnsen *et al.*, 1972）
$\delta^{18}O$：酸素同位体組成．

在から過去にさかのぼる時代の掘削地の地域的な，あるいは地球規模の気候や環境の変動が記録されている．氷河や氷床の雪氷層は，その大部分は固体としての降水の堆積であるが，その他にもさまざまな物質が混入・堆積している．大気中に浮遊しているエアロゾルは降雪結晶の生成核として，あるいは降水過程で捕捉され（washout），また降水過程とは別に重力沈降（dry fallout）によっても表面に堆積する．また大気そのものも積雪が氷になる過程で気泡として氷に取り込まれ，氷床氷の構成物質として保存される．

こうした物質の組成比や量およびそれらの諸性質の季節的あるいは経年的変化は氷床の中に古気候・古環境のデータセットとして記録されている．氷床表面に降り積もる積雪はそれ自体の重みで，しだいに圧密し，雪からフィルンに変化し，密度約 $0.83\,\mathrm{g/cm^3}$ で通気性を失って氷となる．氷化する深さはその場所の気温と降水量で決まるが，氷床内陸部ではほぼ 100 m 深付近である．積雪初期の大気の大部分は積雪層の圧密過程で，しだいに押し出されていく．しかし，大気の一部は氷化の深さに達すると氷床氷のほぼ 10 ％の体積を占める孤立した気泡として，氷の中に閉じ込められ，氷の変形過程でその形を変えつつも氷床氷の構成物質の1つとして保存される．氷コア中の気泡となった大気は地球上に存在する唯一の過去の大気の残存であり，その組成比や微量成分の量比はそれが閉じ込められた当時の大気成分を保存していると考えられている．ただし氷化の深さに至るまでの時間の遅れがあり，大気の年代が周囲の氷の年代とは異なっていることに注意する必要がある．氷期に形成され間氷期に消滅した氷床もあるが，両極域の南極およびグリーンランドの2つの氷床は数十万年間にわたっての積雪を積み重ね，流動しつつもその質量をほぼ一定に保ち，過去数十万年にわたる，こうした記録を保存しているのである．

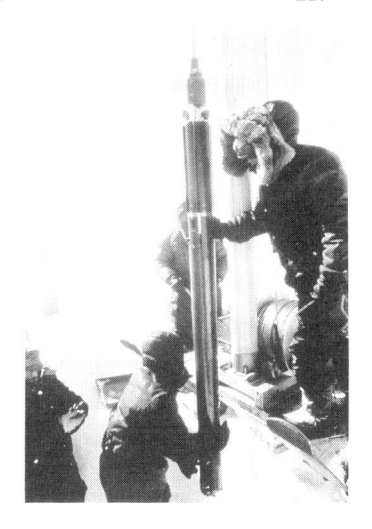

図 13.2 機械式氷コア掘削機（エレクトロメカニカルドリル）による掘削風景
南極氷床，内陸調査隊．

氷床雪氷層に保存される気候・環境シグナル

　大気大循環によって極域に輸送され，氷床上に降下・堆積した諸物質はその種類と量，堆積の形態などによって気候および環境の状態を指標するシグナルとなる．その時系列変化はそれぞれのシグナルの発生や輸送過程の季節変化や経年変化を反映する．こうしたシグナルは多種かつ多様な形で存在しているはずであるが，これまでに分析・解析の対象となったものはその一部にすぎない．

　現在，氷河や氷床コアの研究で分析・解析の対象となっているシグナルは，自然起源と人為起源に大別できる．自然起源のシグナルはエアロゾルと大気で，その発生源によって，海洋・生物・火山・砂漠および宇宙起源などに分類できる．また，自然起源のエアロゾルは，発生機構により1次エアロゾルと2次エアロゾルに分けられる．1次エアロゾルは，発生源から直接粒子として大気中に放出されるもので，海塩粒子，土壌・火山粒子，森林火災による無機性あるいは有機性粒子，宇宙塵，花粉，菌子・胞子を含む生物起源有機物などである．氷床コア中の1次エアロゾルは，発生源の諸状況や大気による物質輸送に関する情報を提供する．2次エアロゾルは，発生源から大気中に放出された後，輸送される過程で光化学反応などの化学的変質を受けた物質である．氷床コアの化学的諸性質は，したがって複合的な情報をもつことになる．

　近年，とくに産業革命以降に増加した人為起源のエアロゾルとしては，大気汚染や公害をもたらす化学合成物質・鉱工業生産物・化石燃料起源物質や核爆発実験による人工放射線核種などがある．また，氷床の本体の大部分を占める雪および氷はその起源の諸特性，たとえば季節や年間の降水量，降水の同位体組成，堆積の構造といった降水とその堆積にかかわる情報を示し，また雪および氷の力学的あるいは電気的性質，結晶の諸性質および氷層中の空気含有量などは氷床そのものの形成や流動にかかわる情報であり，氷床の状態を示すシグナルといえる．

　こうしたシグナルはそれが形成された当時の氷床を取り巻く気候の状況，それに伴う氷床の規模の変動，氷床と海洋との地理的・相対的関係などを反映している．これまでに気候，環境解析および氷床の状態解析に用いられてきた氷床コアシグナルを表13.1に示した．

　本章の主題である周期性とは，こうした氷コア中に含まれる各種のシグナルが，さまざまな時間スケールで変化する現象のうち"周期"をもつものを抽出し，その周期性の特性の解析から，その起源となった事象を解明し，それをもとに気候

および環境変動を復元することであろう．

氷床中に保存されるコアシグナルの形成機構には，シグナル発生の諸状態，大気大循環による低緯度側から極域への輸送過程，および地域的な極域循環に支配される降水堆積過程が深くかかわっている．そうした観点からすると，氷床に含まれる各種シグナルがもつ基本的な周期が気象や気候現象に由来することは容易に理解できよう．気象現象の中で基本的な周期は日変化・季節変化を繰り返す気温などの気象要素であり，積雪表層には自記シグナル記録装置に相当する仕組があり，その変化の記録は残される．しかし，この記録装置の分解能と記録の解析精度によって解析対象となる現象の時間スケールが決定される．すなわち，氷コア中のシグナル情報の抽出精度は堆積速度に依存する時間分解能と分析精度との兼ね合いによる．

氷コアのもつ時間分解能の検討には，堆積速度のほかに堆積の機構とその地域

表13.1 気候・環境状態を示す氷コアシグナル

気候・環境状態	主な対応シグナル
自然起源	
気温	$^{18}O/^{16}O$, $^{2}H/^{1}H$, 掘削孔内温度
夏期表面温度	氷板含有率
湿度	過剰重水素
涵養量	季節変動シグナルの周期, ^{3}H・火山シグナルなどの示準層, ^{210}Pb, ^{10}Be
氷床高度	空気含有量
堆積過程	層位構造
氷床流動	力学的性質, 掘削孔変形速度, 氷温分布
海氷域拡大	Cl^-, Na^+
火山活動	SO_4^{2-}, Cl^-, Zn, Cd, pH, 電気的性質, 固体微粒子
太陽活動	^{14}C, ^{10}Be, ^{36}Cl
地球外物質	Ni, Fe, Mg, Ir
砂漠化	固体微粒子, Al, Si, Ca, Fe
大気組成	気泡・クラスレート：N_2, O_2, CO_2, CH_4
生物の生産性	有機物, 花粉, CO_2, $^{13}C/^{12}C$
季節変動シグナル	$^{18}O/^{16}O$, Cl^-, Na^+, NO_3^-, SO_4^{2-}, Al, H_2O_2, 電気的性質, 固体微粒子, 層位構造
人為起源	
大気汚染・公鉱害	Cd, Cu, Hg, Ag, Pb, Zn, SO_x, NO_x, pH, 殺虫剤, PCB, フロン
核爆発	^{90}Sr, ^{137}Cs, ^{3}H, Pu・Am 同位体
温室効果ガス	気泡内空気：CO_2, CH_4, N_2O
化石燃料起源ガス	^{14}C, $^{13}C/^{12}C$
氷の年代	季節シグナルの周期, 放射性同位体, 火山活動シグナル, 流動モデル

図 13.3 東南極大陸, みずほ高原の実質涵養量分布
太線：平均値±標準偏差, 細線：最大値と最小値の幅.

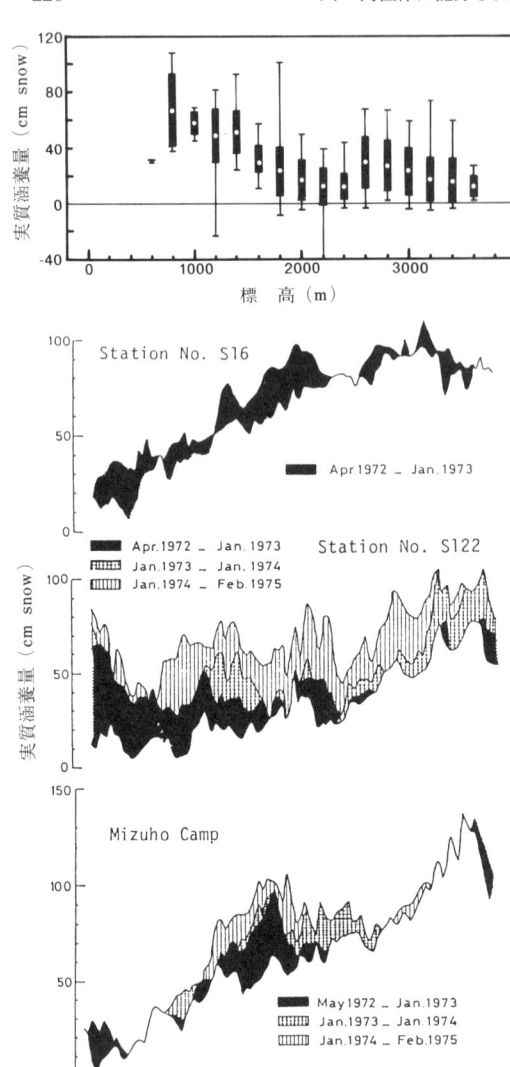

図 13.4 東南極大陸, みずほ高原における表面積雪層の年層の形成 (Okuhira and Narita, 1978)
S 16：海岸域, 標高553m, S 122：カタバ風斜面域, 1853m, みずほ基地：カタバ風斜面域中核帯, 2256m. それぞれの年層が同じ図柄で示されている.

特性についての検討も必要である. 氷床上の堆積過程はただ経時的に積み重なっていくといった単純な現象ではない. 降水とその堆積の諸過程の関係, 別の表現をすれば, 大気と氷床との相互作用は氷床の標高や大陸度によって大きく変化している. 全体としてみれば1つのシステムであるが, 生じる現象には地域特性がみられ, その特性から氷床をいくつかの気候区に分けることができる.

気候区分には, 気温・風速などの気候要素のほかに, 氷床特有の斜面下降風（カタバ風）の地域特性が, 堆積の機構および堆積層の続成作用を通じて大きくかかわっている. そのもっとも典型的な事象の1つはさまざまな時間スケールで発生する堆積の中断 (hiatus) 現象であろう. その例を東南極大陸, みずほ高原の沿岸から内陸にかけて

の地域の氷床表面層の形成過程で示そう。この地域の年間の平均的な堆積速度が図13.3に示されている。標高600m以下の地域が空白なのは冬期の積雪は夏期に融雪し、氷床の質量が消耗する地域だからである。消耗域と涵養域の境界（平衡線）より高く、しかも沿岸寄りの地域では年間70cm以上の深さの積雪が生じるが、沿岸から離れるに従って積雪量は減少し、標高2000m付近でいったん10cm程度に減じ、いく

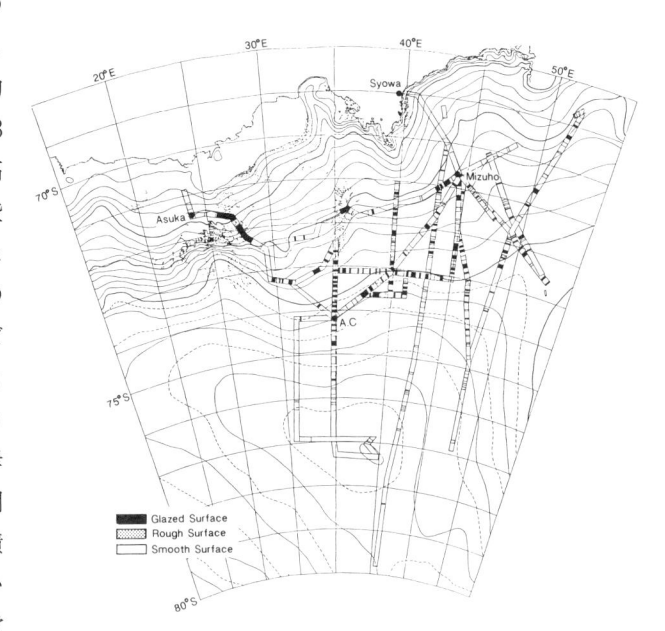

図13.5 みずほ高原における雪面形態の分布
glazed surface：光沢雪面の発達した地域、rough surface：サスツルギが発達し、起伏の大きい雪面、smooth surface：比較的平坦な雪面．

らか増加した後再び減じ、標高3000mを超すと年降水量100mm以下の寡降水域となる。こうした降水量分布の地域による違いを表面積雪層の堆積構造からみると、単に量的な違いだけではないことがよくわかる。沿岸から内陸奥地にかけてのいくつかの地点に設けられた格子状雪尺ネットワークの観測結果（図13.4）によれば、その堆積層断面から明らかなように、年々の堆積層（年層）の発生頻度とその空間規模は内陸奥地に向かって小さくなる。つまり鉛直方向での年層の形成ということでは、堆積の層序に中断（欠層の発生）が生じるのである。こうした現象を氷床表面の雪面形状からみると、カタバ風斜面域に分布する光沢雪面（glazed surface）がその堆積分布中断域の分布に相当する。図13.5に示されているように、南極大陸ではその分布は広範囲に及ぶ。

以上のように氷コア解析では、氷コアの採取地点の堆積過程の地域特性に関する情報も基礎情報として重要である。このほかにも、氷床の堆積環境の諸特性は積

雪の堆積，圧密・氷化の過程にさまざまな影響を及ぼし，積雪およびそれに混入したさまざまな物質の堆積層内の移動・混合や水の同位体の分別作用に関係する．このようにさまざまな起源のシグナルがもつ初期情報が変質・変換・消失している可能性もあるので，氷床コア解析研究では解析対象とする雪氷層についてその堆積から氷化の過程，さらに流動過程の履歴を十分に把握する必要がある．

氷コアシグナルの周期性の形成過程

氷コアが示す典型的なシグナルの周期性を図13.6に示した．これはグリーンランドのミルセント地点（北緯70°18′，西経44°35′）から得られた398mの深さまでの氷コア中の酸素同位体組成の鉛直プロファイルで，800年間（1177～1973年）の年々の積雪層である．この地点の年間堆積速度は氷の厚さで0.53mあり，表層のまだ氷化していない20mの深さまでは，1年層について16試料，氷の密度に近づくそれ以深の層に対しては8試料の分析データが年々の季節変化を示している．圧縮され，薄くなっていく年層の深さ方向の厚さ変化は，氷床流動の2次元モデル

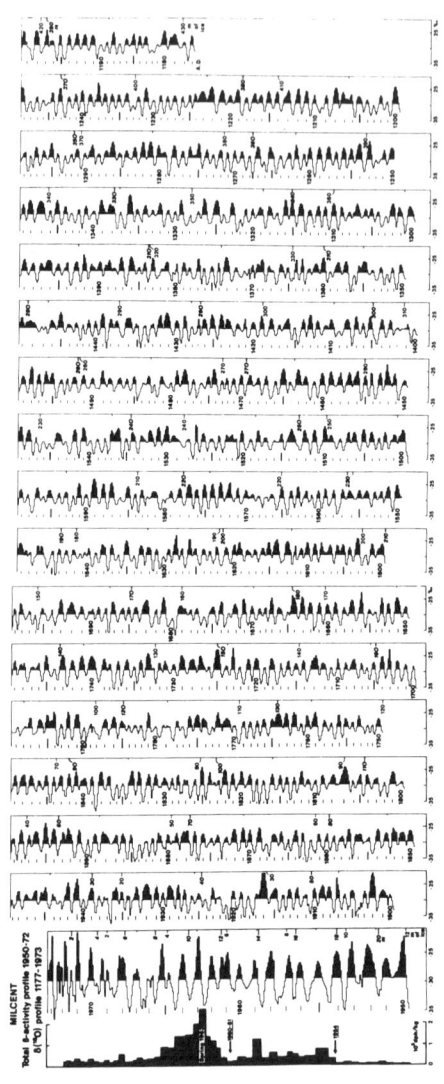

図13.6 グリーンランド，ミルセント・コアの酸素同位体組成（$\delta^{18}O$）プロファイルが示す800年間の年層（Hammer et al., 1978）．
最下図の黒抜きプロファイルは総β線量を示す．

から推定された．鉛直プロファイルの縦軸は酸素同位体組成の値で標準海水（SMOW）の組成からの偏差が負号付きの1000分率（‰）で示されている．負号の数字が大きくなる下側に寄るほど重い酸素（質量数18）の組成が小さく，軽い酸素（質量数16）の比率が高くなることを示している．つまりプロファイルの黒抜きの部分は重い雪が積もる夏の層で，白抜きの部分は反対に軽い雪の多い冬の層ということになり，その夏冬1対の組み合わせが年層に相当する．表層20mの最下図の黒抜きプロファイルは放射性核種が放出する総β線量で，大規模な核爆発実験が開始された1953年以降急激に増加し，とくに北極では63年層に含まれる量が顕著であることが知られている．この極大層の存在は出現年代に違いがあるものの，南北両極域いずれの氷床堆積層にもみられ，年代示準層として利用されている．ここでも環境放射能と酸素同位体比での年層識別を比較すると，ミルセント・コアの酸素同位体組成プロファイルによる年層識別の精度が高いことを示している．

　酸素や水素にはいくつかの安定同位体があり，それらの自然界での存在比は異なっている．天然水中の水分子の大部分（99.77％）は質量数16の酸素と質量数1の水素より成るが，わずかに質量数18の酸素を含む重い水分子を0.20％，質量数2の水素を含む水分子を0.03％含んでいる．その他にもいくつかの組み合わせがあるがその存在比率はきわめて小さい．降水過程での気温の指標となるのはこうした重い酸素や水素を含む割合を標準海水との比率からの偏差で表した降水の安定同位体組成（$\delta^{18}O$, δD）である．

　降水中の酸素同位体組成（$\delta^{18}O$）が変化するのは，蒸発や凝結などの相変化に伴って同位体分別が生じるためである．質量数16の酸素を含む水分子と重い酸素18を含むそれとでは，水蒸気圧に約10‰の差がある．平衡状態にある液相と気相の水では，液相の酸素同位体組成は常に10‰ほど気相のそれより大きい．水蒸気圧の両者の比を分別係数といい，その値は低温になるほど大きくなる．つまり，寒冷気候下では重い酸素を含む水分子は蒸発しにくく，凝結しやすい．自然界の水循環過程においても，同様の分別過程が生じ，海水から蒸発した水蒸気の$\delta^{18}O$は10‰ほど海水の組成より小さく，つまり軽い水分子を多く含んでいる．その水蒸気が凝結し雲粒子になると，その逆の分別が生じ，残った水蒸気の同位体組成は小さくなる．海面から蒸発し，つぎつぎに凝結して降水が生じると，たとえば氷床内陸部に向かう水蒸気塊ではしだいに同位体組成が小さくなり，また，

気温が低く，大気中の飽和水蒸気量が低い冬には凝結が起こりやすく，降雪の同位体組成は小さくなる．この過程は複雑で，先に述べた定性的説明では不十分であるが，観測結果としては夏の降水は冬のそれに比べて重い安定同位体組成であり，また氷床内陸部の降水の年平均の安定同位体組成は沿岸のそれに比べて軽い．同位体分別過程での安定同位体の振舞いはほぼ同じなので，重水素についても同様である．

南極大陸にある昭和基地の1988年における降水の$\delta^{18}O$の変化が図13.7に示されている．降水の$\delta^{18}O$の変化と平均気温の変化の傾向が一致していることは図から明瞭である．また南極大陸の沿岸から内陸部にかけての年平均気温と各地の表面積雪の平均的な酸素同位体組成の関係を図13.8に示す．この観測は東南極大陸，みずほ高原において20年近い観測結果をまとめたものである．南極大陸内部には気象観測所はないが，±1℃程度の精度でその地点の年平均気温が10mの深さの雪温から求められることが知られている．年平均気温（T）と酸素同位体組成比（$\delta^{18}O$）の関係(Satow and Watanabe, 1990)は，

$$\delta^{18}O(‰) = 0.83T - 8.7$$

同様の関係がグリーンランド氷床でも得られ，

$$\delta^{18}O(‰) = 0.67T - 13.7$$

で表されている（Johnsen et al., 1989）．いずれも相関係数はきわめて高い．しかし，みずほ高原とグリーンランドの

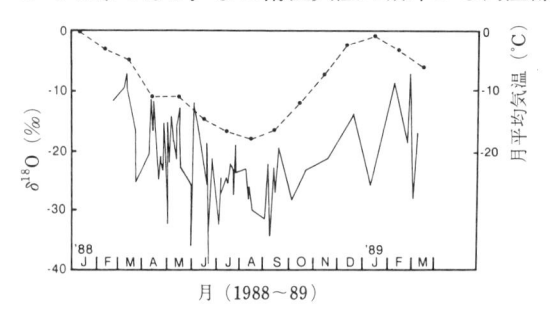

図 13.7 南極大陸，昭和基地における降雪の酸素同位体組成（$\delta^{18}O$値）と月平均気温の季節変化
破線：月平均気温．

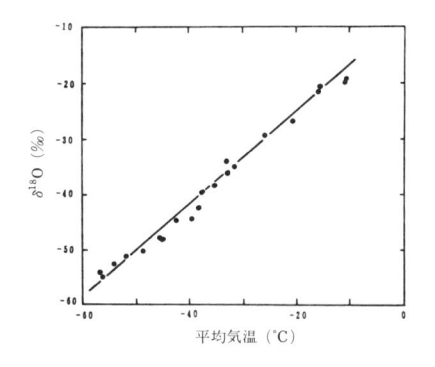

図 13.8 東南極大陸，みずほ高原各地における表面積雪層の酸素同位体組成の平均値と10m雪温が示す年平均気温の関係（Satow and Watanabe, 1990）

$\delta^{18}O$ と T の関係式の比例係数の値が異なるように，南極氷床でも地域によってそれらの係数が異なるといわれている．これはそれぞれの地域の降・積雪にかかわる気候特性の違いを反映しているからであろう．こうした気温と安定同位体組成の高い相関は，氷コアの安定同位体組成からの気温復元の信頼性を示す反面，同位体組成値からの気温復元ではこうした地域特性についても十分注意する必要があることを示す．

水の同位体組成による季節変化からの年層復元に限らず，積雪の性質，含まれる諸物質の量比，存在状態からの年層復元は，季節積雪層の形成が年間を通じて規則正しく生じていることがその必要条件である．しかし，南極氷床での表面積雪層の観測によれば，そうした規則的な堆積過程は沿岸域のような多降水地に限られる．とくにカタバ風斜面域では季節層の欠如や年層の欠層の発生はむしろ一般的である．また，年間積雪量の少ない地域では霜ざらめ層が発達し，とくに同位体組成に対しては2次的分別作用による初期組成の変化が生じる．また揮発性の化学成分についても同様の2次的変化が生じる可能性が大きい．ミルセント・プロファイルのような整然とした $\delta^{18}O$ の季節変化が生じるのは，経験的に 0.25 m（水換算）以上の年間積雪量が必要といわれている．

エアロゾル起源の物質が示すシグナルとその周期性

東南極大陸のドームCでは，フランス隊によって905mの深さまでの氷コアが得られた．現在から最新氷期中の3万年前にさかのぼる積雪中の主要イオンと不

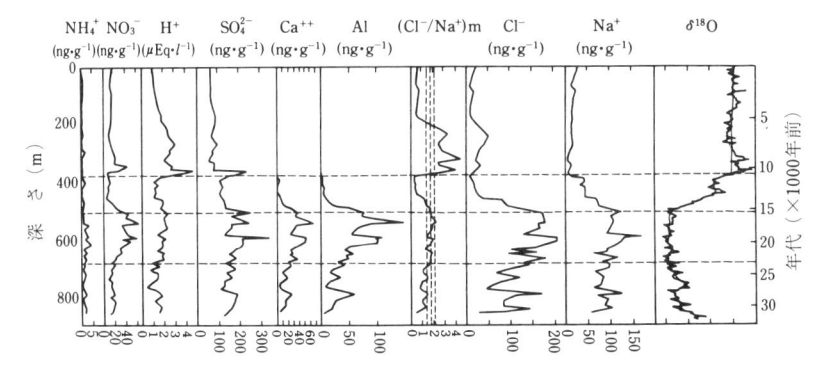

図 13.9 ドームC・コア中の酸素同位体組成および各種化学成分濃度プロファイル
(Delmas et al., 1989)

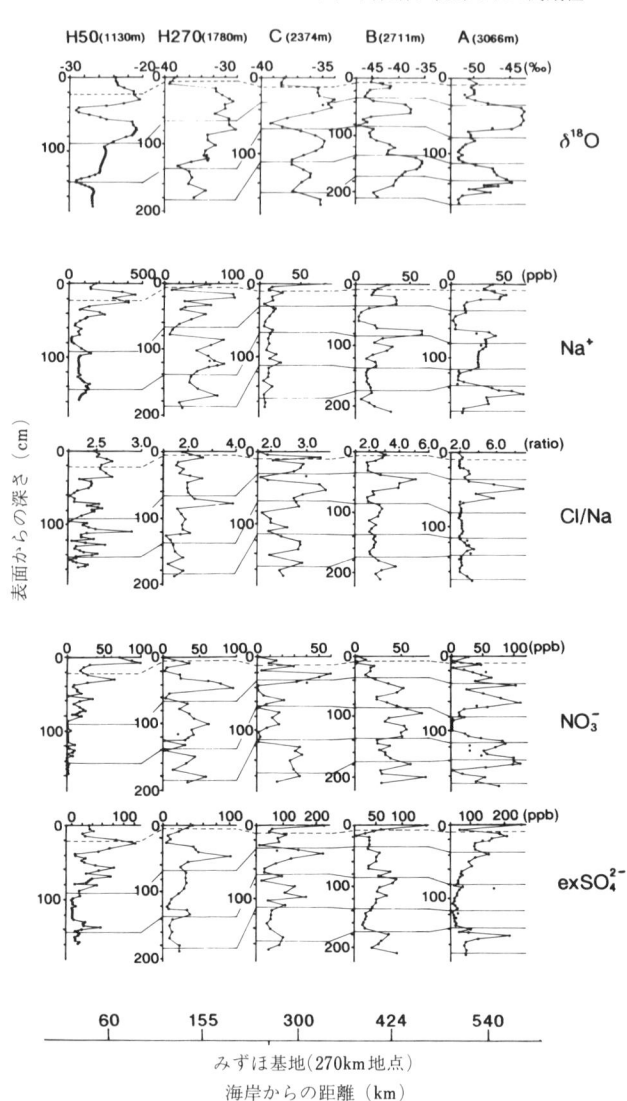

図 13.10 みずほ高原各地の積雪層中の酸素同位体組成および化学主成分濃度の対比（渡辺，1991 a）
実線で結んだ層は同一年代層（最上層：1988年層〜5番目の層：1984年層）．

純物のプロファイルが図13.9に示されている．全体的な傾向として氷期の雪氷層中の各種物質濃度は後氷期のそれに比べて著しい増大傾向にある．とくに固体粒子濃度は氷期には著しく高く，また地殻起源物質の指標でもあるアルミニウム（Al）の増加傾向と一致している．こうした諸物質の発生地の特性とその極域への輸送過程を考えると，大陸棚の露出，乾燥傾向の拡大と大気大循環の強まった氷期の地球環境が推定される．

ドームC・コアにみられる各種物質濃度の氷期-間氷期を通じての変動は，南北両極域でほぼ同様の傾向を示している．またグリーンランドのダイスリー・コアからは，氷期において，急激な気温変動が繰り返し起きていたことが明らかとな

った．この気温変動は500〜2000年と短期間で，比較的温暖な期間（亜間氷期と考えられている）であるが，その始まりと終わりは短期間に生じている．またその気温変化と，固体粒子濃度や各種エアロゾル起源物質の濃度の変動が同期して生じたことが明らかとなった．さまざまな発生源からのしかも輸送経路の異なるエアロゾルが同じ変動傾向を示す理由は十分には解明されていない．しかし，氷期の極域をめぐる地球環境システムの構造とその状態を知るうえで重要な情報であることはまちがいない．

　それでは現在の気候下で，降・積雪に含まれるさまざまな物質の氷床への堆積はどのような過程で生じているのであろうか．南極大陸，みずほ高原の沿岸から内陸500 kmの奥地にかけての表面積雪層の各種化学成分濃度の鉛直分布を図13.10に示した．図にはそれぞれの物質成分濃度の年層内での変動とその地域対比が示されている．積雪の化学成分濃度の鉛直変動は，それぞれの地点の降雪の化学組成の時間変動であり，その全体としての傾向は堆積の履歴が同一であれば，大気中の物質循環の状況を反映しているといえる．つまり，沿岸から内陸にかけての氷床上の循環過程に従って物質が大気中を輸送され，氷床上へと降下・堆積していく状況を示すのである．同一地点での諸物質の堆積の時間変動の例として，降雪の化学成分変化

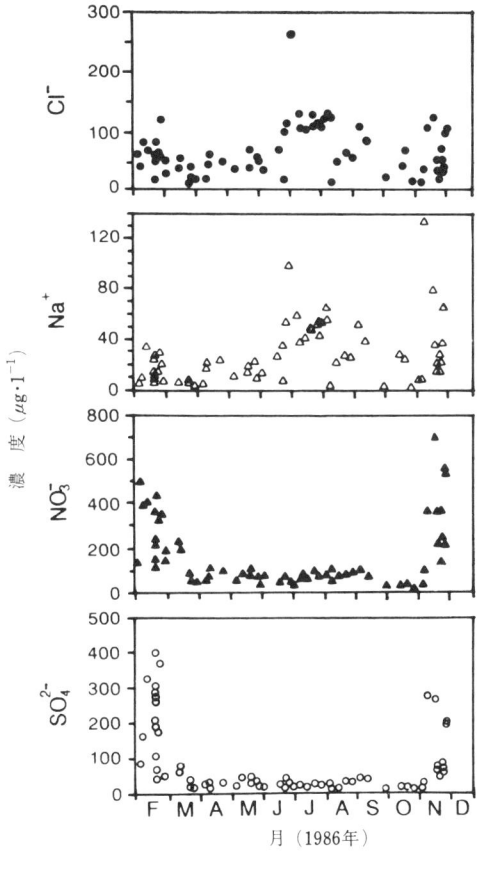

図13.11 みずほ基地における1980年（2〜12月）の降雪の化学主成分濃度の季節変化（Osada and Higuchi, 1990）

の観測例を図13.11に示した.海岸から約270 km 内陸部に位置するみずほ基地(南緯70°42′,東経44°18′,標高2230 m)における海塩起源物質の年間を通じての変化が示されている.Cl^-,Na^+,NO_3^-,SO_4^{2-} などのイオンは夏季に増加するが,冬季には Cl^- と Na^+ のみが増加する.これは,みずほ基地周辺の物質循環が夏季と冬季では異なることを反映している.

また降雪の化学成分濃度が海からの距離によって変化する例として,図13.12に沿岸から内陸600 km の奥地にかけて採集した表面積雪の化学成分を示した.これらの積雪はほぼ同一の低気圧擾乱によってもたらされた降水試料を対象とした結果である.Na^+,Cl^- ともに海岸から離れるに従って急激に減少するが,内陸部には Cl^- に比較して高濃度の Na^+ が出現する傾向がみられ,Cl^- が分

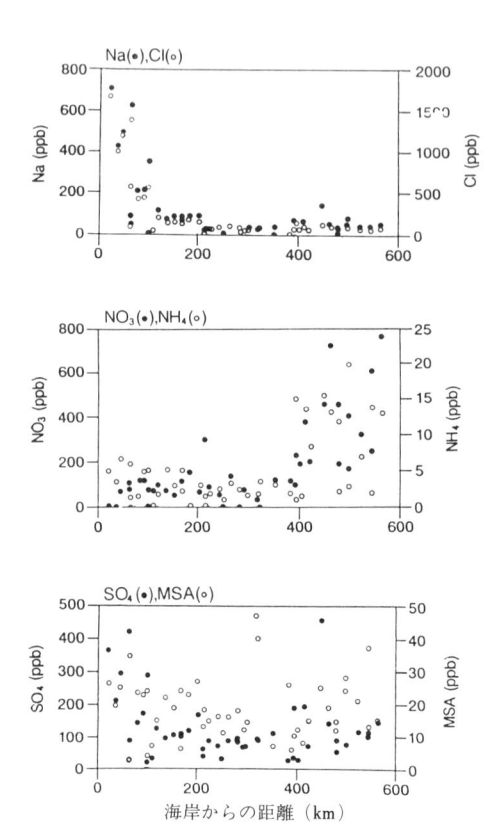

図13.12 みずほ高原における同時期降雪中の化学主成分濃度の地域変化(渡辺,1991b)

離される化学反応過程の存在を示唆する.また NO_3^- や NH_4^+ は内陸部で高濃度になる.つまり夏季の南極大陸では NO_3^- と NH_4^+,Na^+ と Cl^- では明らかに異なった物質循環場を形成していることを示している.また SO_4^{2-} の挙動に注目すると,全体的には沿岸と内陸の中間部で減少(この傾向は若干であるが他の成分でも検出される)しているが,SO_4^{2-} のうち海塩起源でない部分($nssSO_4^{2-}$)は内陸部で増加する傾向を示す.またこの比率が一定になる地点と,すでに述べたようにすべての化学成分濃度が減少する中間域が地理的に一致していることは,同地点が海からの影響と内陸からの影響の境界地点であることを示唆している.

このように氷床上空の大気の極域循環に起因する物質堆積の地理的な変化とそ

の季節的変化の状況は，氷床表面積雪層の化学像として保存されているのである．氷コアシグナルが示す，さまざまな"周期性"形成の背景には，単に気候の変化のみならず，こうした地理的な堆積環境の特性や大気中の化学過程が反映することに注意を払う必要がある．

気候特性が氷コアシグナルに強く反映する例としてみずほ高原のやや沿岸寄りの地点

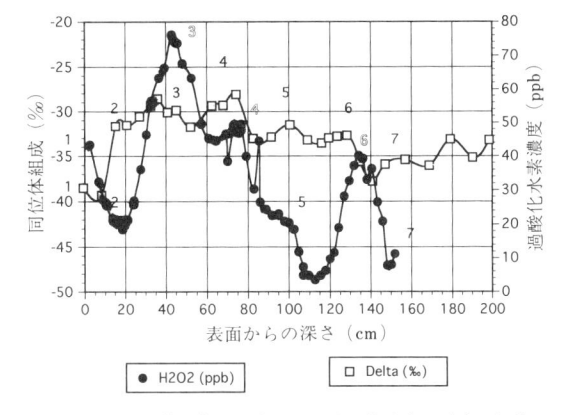

図 13.13 みずほ高原沿岸域における積雪中の酸素同位体組成と過酸化水素濃度のプロファイル (Kamiyama et al., 1992)

(H 270) で観測された酸素同位体組成 ($\delta^{18}O$) と過酸化水素 (H_2O_2) 濃度の関係を図 13.13 に示した．$\delta^{18}O$ は降雪結晶の生成時の気温に依存し，H_2O_2 は紫外線量に依存しているため，夏期の極大値の出現は H_2O_2 のほうが早いと考えられている．大気中の H_2O_2 は，紫外線が水蒸気を活性化することによって形成されるが，大気中では不安定なため，太陽からの紫外線放射の高い日中には高濃度が維持されるが，夜間には紫外線の減少とともにたちまち減っていく．こうした生成のメカニズムのため中緯度地方の降水では H_2O_2 濃度に大きな日変動が観測される．しかし極域では 1 日中太陽の出ている夏（白夜）と太陽の出ない冬（極夜）が存在するため，H_2O_2 濃度の日変動は少なく，逆に季節変動が卓越する．分析した試料は同一地点の積雪断面から採集し，ほぼ同一堆積期の濃度を比較している．H_2O_2 濃度が極大値を示した後に $\delta^{18}O$ の極大が現れるなどの傾向がわかる．また夏期の極大値に注目すると，他の観測例では内陸部ほど高い H_2O_2 濃度が出現している．すなわち一般的には内陸部ではより高濃度の H_2O_2 を含んだ降水が供給されることを意味する．また，これまでに得られた深層掘削コアからの情報では，H_2O_2 濃度は氷期には減少していることが知られている．一方氷期には土壌粒子を起源とするカルシウム濃度の増加が報告されている．このような金属イオンの増加は H_2O_2 分解の触媒となり，大気中の H_2O_2 を減少させているとの仮定も成立する．同様なプロセスが大気中のすべての酸化過程に作用したとも考えられ，氷期

中の大気中に多量に存在したアルカリ金属により，大気中の還元物質の増加が生じていたという推定もあるいは可能かもしれない．氷期-間氷期を通じての氷コアシグナルの変動にはこうした大気中の諸過程の変動も大きく影響している．

氷床に記録された地球環境と気候の変動

これまでの節で，氷コアシグナルの周期性がどのようなプロセスで形成されてきたかについて，いくつかの視点から検討してきた．しかし，何といっても氷コアシグナルのもつダイナミックな周期は氷期-間氷期スケールの変動であろう．

これまでに南極氷床やグリーンランド氷床でいくつかの氷床コア掘削が行われ，大きな成果が得られている．1970年代を通じてグリーンランド氷床で実施された，アメリカ，デンマーク，スイスの協同観測研究（GISP 1計画）は，81年ダイスリーでの2035mの全層掘削の成功で完了し，豊富でしかも多様な気候・環境情報をもたらした．南極大陸では，バード・コア以降，77年後半から，フランス隊によるドームC・コア（905m，77～78年），日本隊によるみずほコア（700m，83～84年），ソ連隊によるボストーク・コア（2546m，86～92年）などがある．このほかにも100～200mの浅層掘削が2つの氷床の各地で行われている．また90～93年にはヨーロッパ隊（GRIP）とアメリカ隊（GISP 2）がほぼ同時期にグリーンランド氷床の頂上で3000mを超す全層掘削に成功し，つぎつぎに新たな地球科学上の知見をもたらしつつある．また95年春には日本隊は南極大陸内陸高原の高まりの1つドームふじ（F）（標高3810m）で深層掘削に挑戦しようとしている．新しい氷床コア研究の時代が再び明けつつあるのである．

氷床コア研究からもたらされた地球の気候や環境の変動についての情報は，これまでにいくつかの解説があり，詳しく述べられているのでここでは氷床コアシグナルの周期性に関連した，最近の2，3の話題について述べよう．

グリーンランド氷床の4地点から得られた氷床コアを同一の時間スケールで比較したものが図13.14に示されている．右端の$\delta^{18}O$プロファイルは92年にグリーンランド氷床頂上の地点での3029mの深さの基盤に達したGRIPコアから得られたものである．基盤に近い氷は，2番目に古い間氷期（Holstein）を超えた25万年前の堆積層に達している．これらいずれの$\delta^{18}O$プロファイルにも後氷期のそれとは異なり，そのプロファイルには急激で，しかも比較的規模の大きい気温振幅変動がみられ，その中の比較的温暖な時期は亜間氷期（interstadial）と見なさ

れている.GRIPのサミット・コアでみると,後氷期の$\delta^{18}O$の平均は-35.3‰,氷期中の寒冷期の平均は-41.9‰,温暖期の平均は-37.7‰で最新氷期中の寒・暖両相間の振幅は4‰(気温換算で5℃以上)を超えている.こうした氷期中の亜間氷期は500〜2000年間続くが,その寒相あるいは暖相の気候への移行にはたかだか数十年しかかかっていない.最新氷期の終了時の1万700年前のヤンガードリアスと呼ばれる"寒のもどり"の終焉には,たかだか50年しか要せず,またダスト濃度は20年間で現在のレベルに減少したといわれている.一方,こう

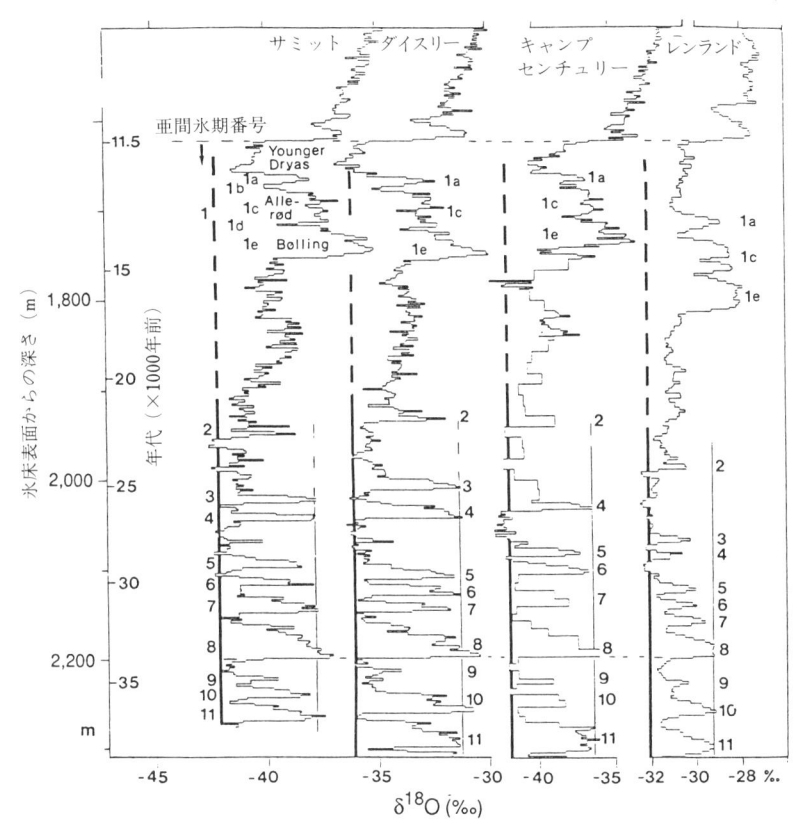

図13.14 グリーンランド各地より得られた氷床コアおよび氷河コアの酸素同位体組成プロファイルの対比(Johnsen *et al.*, 1992)

1〜11の数字:亜間氷期の識別番号,サミット:北緯78°58′,西経37°64′,3029.8m深コア,ダイスリー:北緯65°11′,西経43°49′,2037m深コア,キャンプセンチュリー:北緯77°10′,西経61°08′,1387m深コア,レンランド:北緯71°18′,西経26°44′,325m深コア.

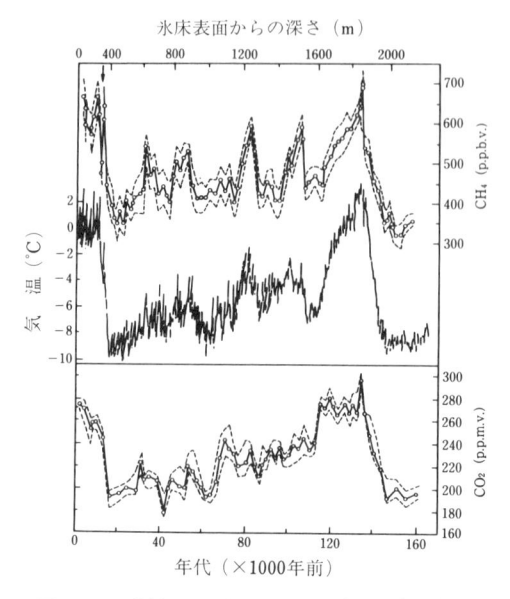

図 13.15 南極,ボストーク・コア中の水素同位体組成から推定される気温変動と炭酸ガスおよびメタン濃度変動(Chappellaz et al., 1990)

した氷期における激しい気候の変動とは対照的に現在の間氷期の安定した気候推移は"例外的"ともいえるのである.こうした,とくに北大西洋周辺域にみられる氷期の気候の不安定な変動を起こした原因については,おそらく北大西洋の海洋循環の構造やその方向の変化,それに伴う海氷域面積と深層水の形成とその循環の変化が関連していると予想されているが,十二分には解明されていない.しかし,気候変動に海洋システムの変動が深くかかわっていることは確かであろう.

氷コア中の温室効果ガスが示すシグナル情報は,氷期-間氷期スケールの気候変動の背景にある全球規模の気候システムの解明にとってきわめて重要な役割を果たしつつある.氷中ガスの抽出技術の発達とともに,南北両極域の氷床コアから炭酸ガス(CO_2),メタン(CH_4)の濃度変動プロファイルが得られている.図13.15にボストーク・コアのCO_2, CH_4の氷期-間氷期プロファイルが示されている.いずれのガス成分にも氷期中の著しい濃度低下がみられ,また気温の変動との相関も強い.しかし,CO_2とCH_4の変動傾向を詳細にみると,その両者に違いがある.たとえばCO_2濃度の変化は気温変動に対し100年程度の遅れがあるが,CH_4の気温追従性は高い.一方,最新氷期の終わりに生じたヤンガードリアス現象は,グリーンランド氷床コアの$\delta^{18}O$プロファイルにみられる気候変化の顕著なイベントの1つであるが,南極氷床から得られた氷コアの$\delta^{18}O$プロファイルには北極域のコアほど明瞭には現れない.しかしボストーク・コアのCH_4プロファイルには,このイベントに対応した明瞭な濃度低下が現れ,ヤンガードリアス現象が全球規模の影響を及ぼしていることを示している.しかし,同じ大気成分であるCO_2プロファイルにはその影響はほとんど生じていない.このこと

は，非水溶性ガスであり大気成分の窒素ともよく混合するCH_4が地球規模の気候変動の絶対指標として期待される理由である．一方，大気中のCO_2の濃度変化はさらに複雑なCO_2循環のシステムによって制御されている．その仕組は十分には解明されていないが，海洋の生物活動の状態と地上の植生状態がその主要な制御因子であることはまちがいない．気温低下で冷やされた海洋へのCO_2の吸収は増加するが，それが持続したシステムとしてはたらくためには，海洋生物の基礎生産の増加，栄養塩の補給という点から陸域や海洋起源物質の循環の強化あるいはその両者が正のフィードバックとして機能した可能性が考えられる．コア中の各種ガス成分シグナル変動の背景にはこうした地球の気候システムと環境の相互作用のダイナミズムが秘められているのである．

氷コアを構成する水分子の性質やさまざまな物質の成分とその濃度変化が示すシグナルには，さまざまな"周期"がみられる．周期の時間スケールやその発現の様式も多様である．しかし一方，これまでに分析・解析されたシグナルには非周期性のものも多く含まれている．そうした氷コアが示すシグナル系の全体的な把握にはまだ多くの解明すべき課題が残されている．

文　　献

1) Chappellaz, J., Barnola, J. M., Raynand, D., Korotkevich, Y. S. and Lonus, C.: Ice-core record of atmospheric methane over the past 160,000 years. *Nature*, **345**, 127-131, 1990.
2) Delmas, R. J. and Legrand, M.: Long-term changes in the concentrations of major chemical compounds (soluble and insoluble) along deep ice cores. In: The Environmental Record in Glaciers and Ice Sheets, pp. 319-341, John Wiley & Sons, New York, 1989.
3) 藤井理行：氷コアと古環境．地学雑誌, **98**(5), 5-31, 1989.
4) Hammer, C. U., Clausen H. B., Dansgaad, W., Gundestrup, N., Johnsen, S. J. and Reeh, N.: Dating of Greenland ice cores by flow models, isotopes, volcanic debris, and continental dust. *J. Glaciol.*, **20**(82), 3-26, 1978.
5) Johnsen, S. J., Dansgaad, W., Clausen, H. B. and Langway, C. C., Jr.: Oxygen isotope profiles through the Antarctic and Greenland ice sheets. *Nature*, **235**, 429-434, 1972.
6) Johnsen, S. J., Dansgaard, W. and White, J. W. C.: The origin of Arctic precipitation under persent and glacier conditions. *Tellus*, **41B**, 452-468, 1989.
7) Johnsen, S. J., Clausen, H. B., Dansgaad, W., Fuhrer, K., Gundestrup, N., Hammer, C. U., Iversen, P., Jouzel, J., Stauffer, B. and Steffensen, J. P.: Irregular glacial interstadials recorded in a new Greenland ice core. *Nature*, **359**, 311-313, 1992.

8) Kamiyama, K., Watanabe, O. and Nakayama, E.: Atmospheric conditions reflected in chemical components in snow over Queen Maud Land, Antarctica. *Proc. NIPR Symp. Polar Meteorol. Glaciol.*, **6**, 88-09, 1992.
9) Lorius, C. J.: Polar ice cores and climate. In: Climate and Geoscience (Berger, A. *et al.* (Eds.)), 7, Kluwer Academic Publisher, pp. 77-103, 1989.
10) Okuhira, F. and Narita, H.: A study of formation of a surface snow layer. *Memoires of Natl. Inst. of Polar Res. Special Issue*, **7**, 140-153, 1978.
11) Osada, K. and Higuchi, K.: Transport rates of Na^+, Cl^-, NO_3^-, and SO_4^{2-} by drifting snow at Mizuho Station, Antarctica. *Proc. NIPR Symp. Polar Mereorol, Glaciol.*, **3**, 43-50, 1990.
12) Satow, K. and Watanabe, O.: Seasonal variation of oxygen isotopic composition of firn cover in the Antarctic ice sheet. *Ann. Glaciol.*, **14**, 256-260, 1990.
13) 庄子 仁: 氷床コア解析. 雪氷, **52** (2), 99-112, 1990.
14) 庄子 仁: 気候変動と氷床過程. 地球環境変動とミランコヴィッチ・サイクル, 古今書院, pp. 25-52, 1992.
15) 渡辺興亜: 氷床コアにみる気候変動. 科学, **61** (10), 635-639, 1991 a.
16) 渡辺興亜: 氷コア中の気候・環境シグナルはどのように形成されるか. 地学雑誌, **100**(6), 988-1006, 1991 b.
17) 渡辺興亜: 南極氷床に地球の気候変動を探る. 科学, **64** (1), 52-60, 1994.

14. 年輪に刻まれた太陽活動の周期性

北 川 浩 之

はじめに

　太陽活動が時間とともに刻々と変化している事実は，太陽の光球面上に出現する小さな斑点，つまり太陽黒点や太陽黒点群が刻々と時間の経過とともに変化していくことからうかがえる．この黒点が太陽の光球面上に出現する事実は，古くから知られ，すでに中国では紀元前から知られていた．太陽黒点が多くの人々に知られたのは，望遠鏡が天文観測の手段として利用された1610年前後のことである．ところが，17世紀半ばごろになると，多くの観測者の努力にもかかわらず，太陽黒点は太陽光球面にみつけることができなくなったのである．このような太陽の無黒点時代は18世紀の初めまで続き，1710年をすぎたころから太陽黒点は再び太陽の光球面上に出現し始めた．

　太陽黒点の出現頻度が約11年の規則正しい周期で増減を繰り返すことは，今から100年以上前にすでに発見されていた．ドイツのルドルフ・ウォルフによって考案された，太陽黒点の出現頻度を半定量的に表現する方法であるウォルフ数あるいは相対黒点数と呼ばれる方法を用いると（Wolf, 1856），この太陽活

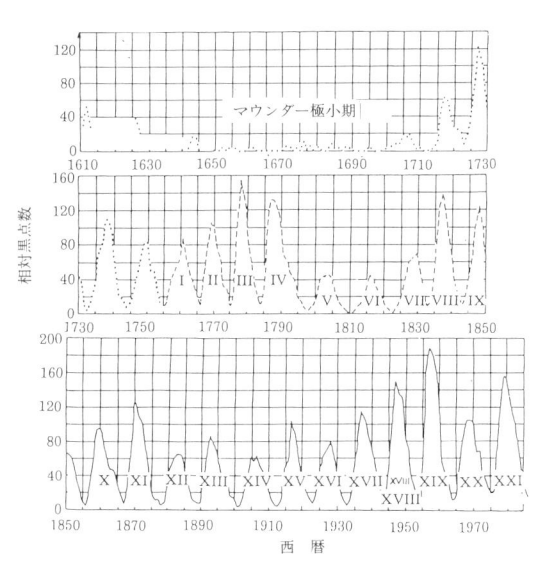

図 14.1　マウンダー極小期とそれ以降の太陽活動の11年周期

動の11年周期がじつにきれいに表せる(図14.1)．この周期変動は，18世紀初頭から現在に至るまで，規則正しく繰り返され，17世紀半ばごろから18世紀の初頭に至るまでみられた無黒点時代は，それ以後現在に至るまで再現されていない．

このように，太陽活動には周期的な変動だけでなく非周期的変動をしていることは明らかである．イギリスのウォルター・マウンダー(Maunder, W.)は，すでに19世紀の終わりごろに，太陽活動の非周期的な変動の存在に注目していた．この非周期的な変動を多くの人々に広めたのはアメリカのジャック・エディである(Eddy, 1976)．彼は，いろいろな歴史資料とともに，太陽活動の1つの指標である木の年輪の放射性炭素同位体(^{14}C)の存在量の分析データを示し，17世紀半ばごろから18世紀の初めに至るまでみられた無黒点時代が確かに存在したことを示した．彼はこの時代をマウンダー極小期と命名し，さらに時代をさかのぼると，マウンダー極小期と類似の太陽黒点の無黒点時代が存在し，逆に中世には太陽活動が非常に活発である期間が存在した事実をも明らかにした．彼はこのマウンダー極小期の時代は，人間の生活や社会に大きな混乱が引き起こされた地球上の気候寒冷化の時期と一致することを示し，太陽活動と地球の気候との間に因果関係があることを示唆した．太陽活動と地球の気候との間の因果関係の有無については，今も議論され続けている興味深い研究テーマの1つである．

太陽活動の歴史的時間変動を探る有力な武器であるのは，木の年輪の^{14}C(放射性炭素)分析である．現在においても過去の太陽変動を探る大きな役割を果たしている．ここでは，木の年輪の高精度の^{14}C分析結果をもとに，太陽活動の周期変動・非周期変動を探ることにする．また，最近の研究の一端を紹介しながら，太陽活動と気候変動との因果関係について考えてみることにする．

木の年輪の ^{14}C と太陽活動度

エディが注目したのは，太陽活動の活発さと地球上に降り注ぐ宇宙線の到来フラックスの間に逆相関がある事実である．この宇宙線フラックスに大きく影響される大気中の^{14}Cと18世紀以後の太陽活動の記録を比較することで，彼は太陽活動の歴史変動を明らかにしたのである．

地球上に存在する^{14}Cの大部分は大気の上層において中性子による^{14}N (n, p) ^{14}C核反応で生成されている．生成された^{14}Cは，瞬時に酸化され炭酸ガスとして地球上の大気圏・水圏・生物圏の隅々まで拡散していく．一方，^{14}Cは，時間とと

もに崩壊する放射性同位体で，5570年の半減期でもとの ^{14}N に崩壊していくのである．

したがって，^{14}C の生成速度は宇宙線の到来フラックス強度に依存し，大気中の ^{14}C の存在量は，その当時の宇宙線の到来フラックスと親密な関係がある．太陽活動が活発な（太陽黒点が多数出現する）ときには，宇宙線の一部は太陽風によって偏光され減少する．その結果，地球に到来するフラックス量の減少が引き起こされ，その結果として，^{14}C の生成率が減少する．一方，太陽活動が衰退している時代（太陽黒点の出現頻度が小さい，あるいは無黒点時代）には，逆に，相対的に大量の宇宙線が地球上に到来して，^{14}C の生成速度が増加する傾向がある．したがって，^{14}C の変化を過去にさかのぼって調べることで，太陽活動の歴史変動を復元できることになる．しかし，実際には，地球に到達する宇宙線フラックスは太陽活動の変動だけでなく，地球磁気の強度変化により変化し，さらに，海洋循環などの変化などの地球規模の炭素循環の変化（Siegenthaler *et al.*, 1980）によっても変化することが明らかにされている（たとえば，Eddy, 1988）．したがって，

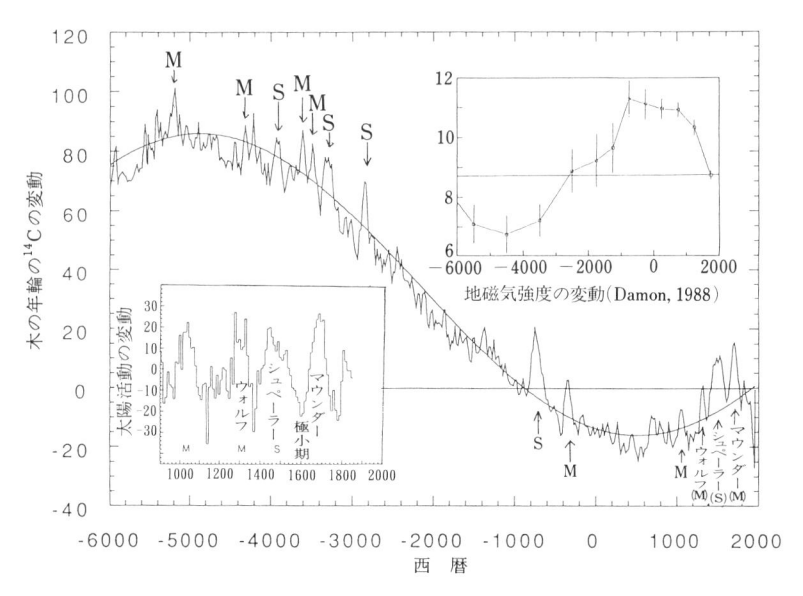

図 14.2　木の年輪の ^{14}C 変化と太陽活動の変動（Stuiver and Braziunas, 1988）
太陽活動の衰退期にはマウンダー・タイプ（M）とシュペーラー・タイプ（S）がある．右下の太陽活動の変動曲線は木の年輪の ^{14}C を基に補正を施し求められている．

成長した時代のわかっている木の年輪を外側から1年分ずつはぎとっていき，おのおのの年輪の^{14}C分析を行い，その結果に^{14}Cの放射壊変・地磁気強度・炭素循環変化に伴う^{14}Cの変動を補正することで，太陽活動の歴史変動を間接的ながら復元できるわけである．

エディにより導入された太陽活動の歴史変動を探る方法は，数多くの研究者により受け継がれ，木の年輪の^{14}C分析が精力的に実施され（Stuiver and Reimer, 1993），その歴史的変動からほとんど過去1万年の太陽活動の変動について明らかにされている（Stuiver et al., 1993）．このような方法を用いて得られた，太陽活動の歴史的変動を図14.2に示す．太陽活動には数百年の時間スケールの変動がかなり頻繁に起こっていることが認められる．太陽活動の歴史的変動には，マウンダー極小期にみられた太陽活動の減少期と同様な現象が幾度か認めることができ，現代に近いほうから，シュペーラー極小期(1420～1530年)，ウォルフ極小期(1280～1340年)と命名されている．この過去の太陽活動の減少期は現代から8000年前の間に13回見出すことができる．

アメリカ，ワシントン大学のスタイバー教授らのグループの研究によると，太陽活動の減退期は2つのタイプに分類できる（Stuiver and Braziunas, 1988）．太陽活動は，およそ200年程度の比較的に期間が短い太陽活動の減退期（マウンダー・タイプ）と，シュペーラー極小期にみられるように280年にもわたる比較的に長期間の太陽活動の減退期（シュペーラー・タイプ）に分類することができる．この太陽活動の2つのタイプが非周期的な変動を引き起こす要因については，現在まだ明らかにされていないが，太陽活動の変動を理解するうえで重要な意味をもつと考えられている．

太陽活動の周期性

太陽活動には，黒点の出現頻度に顕著にみられるようなおよそ11年の規則正しい周期性があることは，すでに述べてきたとおりである．この太陽活動の11年周期は，太陽黒点数の出現頻度の増減だけでなく，極地域に出現するオーロラの出現頻度にも確認されている（Silverman, 1992）．このような太陽活動の周期変動を明らかにできれば，太陽活動の変動の将来予測が可能となる．さらに，太陽活動に関係するいまだ未解決な現象に関して新たな知見を得ることが可能である．ここでは，木の年輪の^{14}C分析による太陽活動の歴史的変動曲線を用いて，11年

周期より長周期の太陽活動の周期性について考えてみることにする.

木の年輪の ^{14}C 分析から得られる太陽活動の歴史的変動の時系列は,黒点周期の記録がほんの 300 年間しか記録されていないのと対照的に,1 万年にも及んで復元されている.したがって,太陽活動の長周期の変動を調べるには格好の材料である.時系列変動の周期性を調べる 1 つの方法は,その時系列データのスペクトル解析を行い,パワースペクトル密度(あるいは単にスペクトル)を計算してみる方法がある.スペクトル解析は,時系列変動の周波数的な表現で,その変動に隠された周期性を調べるのに有力な方法の 1 つである.図 14.3 は木の年輪の ^{14}C 分析から得られた過去 1 万年間の太陽活動の変動のスペクトル解析の 1 例を示した.太陽活動の歴史的変動は一見ランダムであるかのようにみえるが,特徴的な周期的変動が隠されていることが明らかである.

木の年輪の ^{14}C 分析から得られる太陽活動の時系列のスペクトル解析にみられる,およそ太陽活動の 80〜90 年周期変動はヨーロッパやアジアの極地域でみることができるオーロラの出現頻度の増減の記録にもみることができる(Feynmam and Fougera, 1984).グライスバーク周期(Gleissberg cycle)として知られている.さらに,太陽活動の歴史変動には,およそ 140 年,200 年や 100 年オーダー

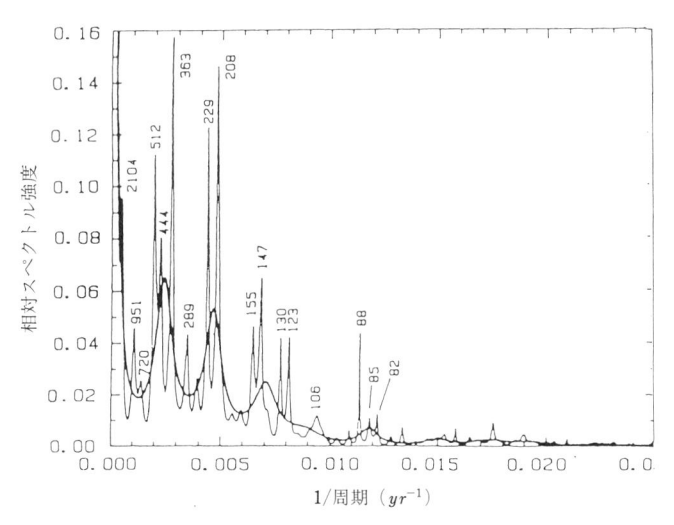

図 14.3 木の年輪の ^{14}C 分析から得られた太陽活動変動の最大エントロピー法(MEM)を用いて計算された時系列スペクトル例(Stuiver and Braziunas, 1988)約 80 年(グライスバーク周期),140,200,440,2100 年周期性変動が示されている.

の周期変動が存在することが明らかである．これらのおよそ 80, 140, 200 年周期をもつ変動は，グリーンランドの氷床コアに含まれる，^{14}C と同様に宇宙線により核反応で生成される，^{10}Be の濃度変動（Beer et al., 1988 a, b.）にも見出され，太陽活動の基本的な周期変動であると考えられている．

　ホードとユリコウィッチ（Hood and Jirikowic, 1990）は，現在知られている中ではもっとも長い周期変動であるおよそ 2100～2400 年周期変動が太陽活動の変動による証拠を見つけ出した．彼らは，中国，ヨーロッパで記録されていたオーロラの出現頻度および黒点出現頻度の増減を再度詳細に研究して，西暦 1150 年を中心に太陽活動の衰退期があり，その 2100～2400 年の長周期変動に重なって，マウンダー極小期，シュペーラー極小期やウォルフ極小期などの 100 年オーダーの変動が存在していることを推定している．

　これらの太陽活動の周期的変動は，気候変動に伴い変化する海洋堆積物の炭酸塩含有量の変化（Cini Castagnoli et al., 1990）や酸素同位体比（Pestiaux et al., 1988），木の年輪の成長量変化（Sonett and Suess, 1984）や同位体比変動（Kitagawa and Matsumoto, 印刷中）のスペクトル解析の結果にも見出すことができ，地球の気候変動と大きくかかわり合い，過去の気候・環境変動解析や将来の気候変動に重要な影響を与える可能性がある．

　太陽活動は，さまざまな時間スケールの時間変動が複雑に重なり合って変動していることがわかる．またこれらの周期的な太陽活動の変化は，地球環境変化に大きな影響を与える可能性がある．今後，これらの周期変動と地球環境変動との因果関係について研究を進めていくことは重要かつ，たいへん興味深いものであると考えられる．

太陽活動と気候変動

　太陽活動が，時代をさかのぼると周期的・非周期的に変動していることは今まで述べてきたことから明らかである．最近，太陽活動の変動に伴ってわれわれが生活している地球環境の変動が検証されつつある．さらに歴史的な事実と親密な関係があるのではないかとも考えられ始めている．

　最近の地球の長期気候変動に関する研究によると，太陽活動の衰退期であるマウンダー極小期は歴史時代の顕著な寒冷化の時代，小氷期（little ice age）の最盛期の時代と奇妙な一致がある．14 世紀の初頭から寒冷化が始まり 19 世紀半ば

ごろまで続いた小氷期の時代には，ヨーロッパ各地では穀物の農業生産力の極端な低下，食料不足に伴う飢餓や栄養不足などの理由によるペストの流行などわれわれの生活に大きな影響を与えた歴史事実が数多く記録されている．また，すでに述べたように，太陽活動の周期的変動が，地球の気候・環境変動に見出せる事実が多数報告されている．

最近，氷河の進退，湖沼の水位変動，木の年輪の成長量変化や気候観測のデータと木の年輪の ^{14}C 分析結果を比較することから，小氷期にみられたような太陽活動の変化と気候変動の因果関係，つまり太陽活動の衰退期に気候の寒冷化が引き起こされるという命題を実証しようとする研究が進められている．図 14.4 は，世界各地の氷河進退記録をまとめることで得られた北半球および地球の平均の過去 1 万年の気候変動復元カーブ（Röthlisberger, 1986）と木の年輪の ^{14}C 分析から推定された太陽活動の変動の比較である（Wigley and Kelly, 1990）．太陽活動と気候変動の時系列を比較すると，マウンダー極小期にみられたような太陽活動の衰退期と気候寒冷期の時代の一致をはっきりと見出すことはできないが，気候変動の年代におよそ 100 年の幅を認めると，太陽活動の衰退期を示す ^{14}C のピークは気候の寒冷化した時代に対応しているようにもみえる．これが偶然の一致であるかどうか結論を得ることは困難であるが，太陽活動の変化と気候変動には何かしらの因果関係があるのではないかと考えさせられるデータである．

ウィリーとケリー（Wigley and Kelly, 1993）は，太陽放射エネルギー収支に関する数値モデルを用い，過去 10000 年間に起こった氷河の進退を説明するのには 0.4 から 0.6 ℃ 程度の気温変化が必要であることを結論している．地球の平均気温の 0.4 から 0.6 ℃ の低下をすべて太陽活動の変化によると仮定すると，太陽活動が 200 年間にわたって 0.22～0.55 ％ 減少したことになる．しかし，人工衛

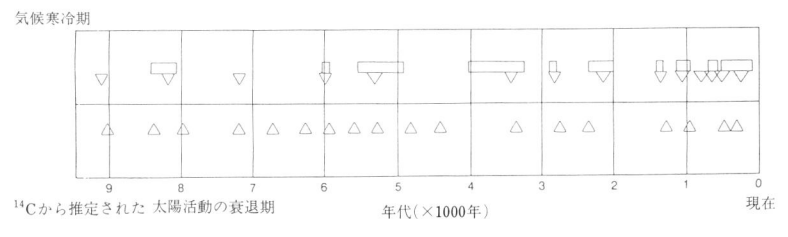

図 14.4 太陽活動の衰退期と気候の寒冷期の比較（Wigley and Kelly, 1990）気候の寒冷期は氷河の進退記録（Röthlisberger, 1986）から推定されている．

星を用いた太陽放射の観測によると，太陽黒点の出現頻度が増減する11年周期内には，太陽放射が0.1％程度しか変化しないことが明らかにされている．したがって，0.22〜0.55％の太陽放射の減少がマウンダー極小期に引き起こされたとは考えがたい．マウンダー極小期と同じ時代に引き起こされた小氷期に対して，太陽活動が根元的な役割を果したかどうかについて現段階では断言できないが，太陽活動の変動によって地球に流入してくる太陽エネルギーフラックスに変化が生じる事態が起きれば地球環境の状態は必然的に変化することは明らかである．今後，太陽活動と地球の気候の因果関係についての研究を発展させ，多くの知識を蓄えていく必要があると思われる．

21世紀の地球環境

太陽観測のために打ち上げられた人工衛星ニンバス7号の観測によると，図14.5に示されるように，太陽黒点の11年周期の出現頻度の増減と並行して，太陽の明るさが変化していることが明らかである．この事実は黒点の出現頻度に特徴づけられる太陽活動の変動が，地球に到達する太陽エネルギーの増減に影響を与えることを示している．

太陽の明るさは，黒点出現数が極小となった1986年の前半にもっとも小さくなり，それ以後に増加していることが図からわかる．80年から86年にかけて，約0.1％の太陽放射の増加が認められ，最近のエネルギー収支に関しての数値モデルを使った推定によると，その影響による気温の上昇効果は0.2℃であると推定されている（Hansen and Lacis, 1990）．この0.2℃の地球温暖化は，同一期間における温室効果ガスの増加に伴う地球の温暖化とほぼ等しい値である．

では，太陽活動が21世紀の地球の気候について重要であるか考えてみる．最近の大気大循環モデルを用い計算された結果によると，温室効果ガスである炭酸ガスが2倍になったときの地球気温の上昇率は，太陽活動が約2％も活発になった場合と等しいと推定されている．もし，太陽黒点の11年周期の期間に引き起こされる太陽活動の変化，0.1％が，太陽活動の変化の限界だと考えると，地球の気温変化に及ぼす太陽活動の変動の影響はほとんど無視できる程度であると考えられる．リーンら（Lean et al., 1992）は人工衛星の太陽放射の観測結果から，人間社会にも大きな影響を与えた可能性があるマウンダー極小期には太陽放射がほんの0.24％だけ減少していたと推定している．大気大循環モデルを使った数値

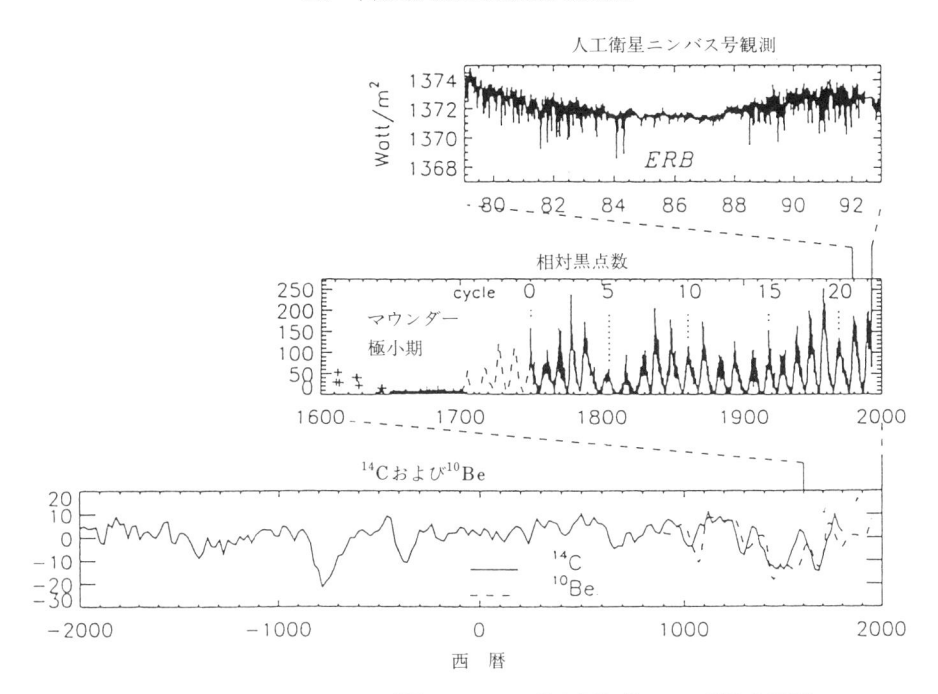

14. 年輪に刻まれた太陽活動の周期性 　　　　243

図 14.5 太陽活動のさまざまな時間スケールにおける変動（Lean and Rind 1994）

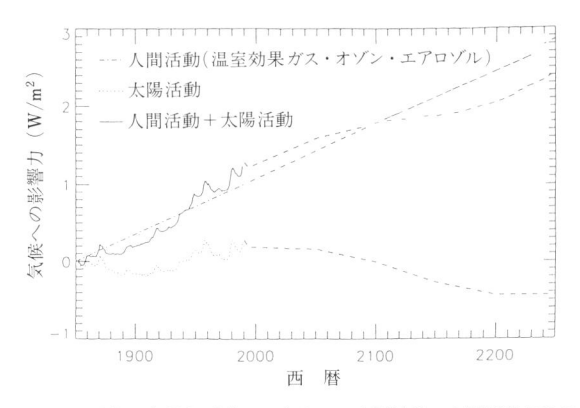

図 14.6 21 世紀の気候温暖化のシナリオ：人間活動・太陽活動が及ぼす気候への影響力（Lean and Rind, 1994）
2000 年以降にマウンダー極小期と同じ規模の太陽活動の衰退期が引き起こされると仮定している．

解析の結果によると，0.24％の太陽放射減少によるマウンダー極小期の時代の全地球の平均気温減率は 0.46℃ であると計算されている（Rind and Overpeck, 1993）．一方，近代産業革命以後の化石燃料の大量消費や森林破壊による土壌有機物の酸化による大気中の炭酸ガスの増加により地球の気温上昇は約 1℃ と考えられている．この産業革命以後 150 年の温室効果ガスの増加による地球温暖化の約半分は，人間活動によるオゾン層の破壊や大気中のエアロゾルや雲の変化の影響によって緩和され，正味のこの期間の温暖化は，エネルギー換算では $1.1\,W/m^2$ とたいへん大きな推進力によって引き起こされている（Hansen et al., 1993）．図 14.6 に 21 世紀の地球温暖化のシナリオの 1 例を示した（Lean and Rind, 1994）．この気候温暖化のシナリオは，人間活動による地球環境へのインパクトが産業革命以後今日までと同じ速度で増加し続け，21 世紀の開始とともにマウンダー極小期と同様の太陽活動の衰退が引き起こされるという仮定のもとで計算されている．この地球温暖化のシナリオによると，太陽活動による地球環境に及ぼす影響は人間の社会活動によるものと比較してたいへん小さいが，確実にわれわれの地球環境に影響を与える．この太陽活動変動がどの程度 21 世紀に引き起こされるかによって地球環境は変化することは明らかである．また現在われわれが地球環境に与えるインパクトは過去に引き起こされた自然の変化に比べて著しく大きなものであることを思いとどめておく必要がある．

おわりに

　太陽活動の周期変動・非周期変動についての情報が蓄えられつつある．また，太陽活動が 11 年といった比較的短い時間スケールで変動しているだけでなく，100 年，1000 年といった長い時間スケールで変動していることの十分に信頼できるデータを木の ^{14}C 変動の記録から手に入れることができる．太陽黒点が長期にわたって消失した太陽活動の衰退期であるマウンダー極小期のような時代が，近い将来に引き起こされるかについては，現在の太陽活動についてのわれわれの現在の知識では，残念ながら答えることができない．しかし，人工衛星を用いた太陽活動変動の長期観測，また太陽活動の歴史事実の収集を行いあらゆる角度から考えてみることで，太陽活動の将来予測や気候変動へのインパクトについての手がかりを得ることが可能である．

　人間活動による石油や石炭などの化石燃料の大量消費による地球温暖化は，太

陽活動の変動による気候変動と比較し巨大なものである．したがって，太陽活動の変動は心配する必要がないと考える人もいるかもしれないが，現在，地球環境は明らかにその自然のバランスが破壊されつつある状況で，太陽活動の変動が直接的に地球に大きな影響を与えないという保証は，できない．21世紀の地球は，われわれのみずからの手で明らかに温暖化に導き，さらに太陽はその温暖化に過去にみられなかった力で多大な影響を与える可能性があることを覚えておく必要があるのではないだろうか．

文　献

1) Beer, J., Siegenthaler, U., Bonani, G., Finkel, R. C., Oeschger, H., Suter, M. Wölfli, W.: Information on the past solar activity and geomagnetism from ^{10}Be in the Camp Century Ice Core. *Nature*, **331**, 675-680, 1988 a.
2) Beer, J., Siegenthaler, U. and Blinov, A.: In temporal ^{10}Be variations in ice: Information on solar activity and geomagnetic field intensity. In: Secular Solar and Geomagnetic Variations in the Last 10,000 Years (Stephenson, F. R. and Wolfendale, A. W. (Eds.)), pp. 297-313, Kluwer, Pordrecht, 1988 b.
3) Cini Castagnoli, G., Bonino, G., Capirigolio, F., Provenzale, A., Serio, M. and Bhandari, N.: The $CaCO_3$ profile in a recent Ionian Sea core and the tree ring radiocarbon over the last two millennia. *Geophys. Res. Lett.*, **17**, 1545-1548, 1990.
4) Damon, P. E.: Production and decay of radiocarbon and its modulation by geomagnetic field-solar activity changes with possible implications for global. In: Secular Solar and Geomagnetic Variations in the Last 10,000 Years (Stephenson, F. R. and Wolfendala, A. W. (Eds.)), pp. 267-285, Kluwer, Pordrecht, 1988.
5) Eddy, J. A.: The Maunder minimum. *Science*, **192**, 1189-1202, 1976.
6) Eddy, J. A.: Variability of the present and ancient sun: A test of solar uniformitarianism. In: Secular Solar and Geomagnetic Variations in the Last 10,000 Years (Stephenson, F. R. and Wolfendala, A. W. (Eds.)), pp. 1-23, Kluwer, Pordrecht, 1988.
7) Feynmam, J. and Fougera, P. F. J.: Eighty-eight year periodicity in solar-terrestrial phenomena confirmed. *J. Geophys. Res.*, **89**, 3023-3027, 1984.
8) Hansen, J. E. and Lacis, A. A.: Sun and dust versus greenhouse gases: An assessment of their relative roles in global climate change. *Nature*, **346**, 713-718, 1990.
9) Hansen, J. A. Lacis, A. A., Ruedy, R., Sato, M. and Wilson, H.: How sensitive is the world's climate? *Natl. Geogr. Res. Explor.*, **9**, 142-153, 1993.
10) Hood, L. L. and Jirikowic, J. L.: Recurring variations of probable solar origin in the atmospheric δ^{14}C time record. *Geophys. Res. Lett.*, **17** (1) 85-88, 1990.
11) Kitagawa, H. and Matsumoto, E.: Climatic implications of δ^{13}C variations in a Japanese cedar (*Cryptomeria japonica*) during the last two millennia. (in press)
12) Lean, J., Skumanaich, A. and White, O.: Estimating the Sun's radiative output during

the Maunder minimum. *Geophys. Res. Lett.*, **19**, 1591-1594, 1992.
13) Lean J. and Rind, D.: Solar variability: Implications for global changes. *EOS, Transactions, American Geophysical Union*, **75** (1), 1-4, 1994.
14) Pestiaux, P., van der Mersch, I., Berger, A. and Duplessy, J. C.: Paleoclimatic variability at frequencies ranging from 1 cycle per 10000 years to 1 cycle per 1000 years: Evidence for nonlinear behavior of the climatic system. *Climatic Change*, **12** (1), 9-37, 1988.
15) Rind, D. and Overpeck, J.: Hypothesized causes of decadal-to-century climate variability: Climate model results. *Quaternary Sci. Rev.*, **12**, 357-374, 1993.
16) Röthlisberger, F., Hass, P., Holzhauser, H., Keller, W., Bircher, W. and Renner, F.: Holocene climatic fluctuations—Radiocarbon dating of fossil soil and woods from marines and glaciers in the Alps. *Geographica Helvetica*, **35**, 25-52, 1986.
17) Silverman, S. M.: Secular variation of the aurora for the past 500 years. *Rev. Geophys.*, **40** (4), 333-351, 1992.
18) Siegenthaler, U., Heimann, M. and Oeschger, H.: ^{14}C variations caused by changes in the global carbon cycles. *Radiocarbon*, **22** (2), 177-191, 1980.
19) Sonett, C. P. and Suess, H. E.: Correlation of the bristecone pine ring width with atmospheric carbon-14 variations: A climate-Sun relation. *Nature*, **307**, 141-143, 1984.
20) Stuiver, M. and Braziunas, T. F.: The solar component of the atmospheric ^{14}C record. In: Secular Solar and Geomagnetic Variations in the Last 10,000 years (Stephenson, F. R. and Wolfendala, A. W. (Eds.)), pp. 245-266, Kluwer, Pordrecht, 1988.
21) Stuiver, M., Braziunas, T. F., Becker, B. and Kromer, B.: Climatic, solar, oceanic and geomagnetic on Late-Glacial and Holocene atmospheric $^{14}C/^{12}C$ change. *Quaternary Res.*, **35**, 1-24, 1991.
22) Stuiver, M. and Reimer, P. J.: Radiocarbon calibration program 1993. *Radiocarbon*, **35**, 215-230, 1993.
23) Wigley, T. M. L. and Kelly, P. M.: Holocene climatic change, ^{14}C wiggle and variations in solar irradiance. *Philosophical Transaction of the Royal Society of London*, A, **330**, 547-560, 1993.
24) Wolf, R.: Die Sonnenflecken. *Astrom. Mitt. Zurich*, **61**, 1856.

VI
文明興亡の周期性

クフ王のピラミッド
5000年前の世界の最先端のエジプト文明のシンボル，ピラミッドと，人口爆発と貧困にあえぐ現代のカイロ市街．

15. 地球のリズムと文明の周期性

安 田 喜 憲

気候脈動説

　かつてハンチントン（Huntington, 1915）の気候脈動説が，非科学的な環境決定論の代表として血祭りにあげられたことがある．それは第2次世界大戦の敗戦という異常な状況の中で引き起こされた．気候脈動説とは気候が脈動的に変化することによって，文明の盛衰や歴史にも脈動的な変動が現れるという説である．

　日本でもこの気候脈動説を提示する研究者が現れた．1人は慶應大学文学部教授だった西岡秀雄（1949）であり，2人目は文明評論家の村山節（1975），そして3人目は京都大学名誉教授の岸根卓郎（1990）である．そして3人とも文明の盛衰には700～800年の周期があり，その背景には気候変動などの自然・宇宙の周期的変動が深くかかわっていると指摘する．

　確かに近年の古気候学の研究成果は，気候がどうやら脈動的に周期性をもって変動しているらしいことを明らかにしつつある．たとえば氷期と間氷期のサイクルは約10万年の周期性をもっていること，本書第4章の小泉論文では対馬暖流の挙動に約2000年の周期性を報告している．さらに，太陽活動に2400～2100年の周期性が存在することが指摘されている（本書第14章参照）．歴史時代の気候変動についても『気候変動の周期性と地域性』（河村，1986）と題した何人かの気候学者による専門書まで出版されるようになった．

　ところが気候に700～800年の周期性があり，それが文明の盛衰に大きな影響を与えたというと，とたんに多くの研究者はうさんくさい顔をして眉をしかめる．とりわけ人類の歴史は階級闘争によって直線的に発展することを信奉していた歴史学者からの批判は痛烈をきわめた．さらに気候と文明の研究にもっとも理解を示していたはずの地理学者からは，環境決定論という烙印を押しつけられた．

　それは戦後日本の歴史学が，マルクスの唯物的発展史観に異常なまでに傾倒し，戦後日本の地理学者が侵略戦争の先兵となった環境決定論者に辟易していたため

だけではない．これまでの理論では気候変動に700〜800年の周期性があることを実証する証拠がとぼしかった．この不十分な気候の脈動的証拠を，文明の盛衰と短絡的に（どちらかというとかなりこじつけ的に）結び合わせていた点が批判されたのである．

しかし，この気候が脈動的に変化し，それに伴って人類の文明も脈動的に変化するのではないかという説は，21世紀の人類の未来を支えるきわめて重要な歴史観たりうると思われる．これまで，人類は階級闘争によって輝かしい未来に向かって直線的に発展すると信じられていた．しかしその発展史観の結末に待っていたものは，人類の破滅だった．この歴史観のもと，人類が行き着いたのは破滅と崩壊だった．それを実証したのが1989年に始まる東ヨーロッパ諸国の激動であり旧ソビエト連邦の破綻にほかならない．その結果残されたものは激しい地球環境の破壊だけだった．

これに対し，気候が宇宙の摂理のもと，永劫循環的に周期性を繰り返し，人類の文明もまた宇宙の摂理のもとに気候とともに永劫循環的に周期性をもつという歴史観のほうが，よほど人類とこの地球環境の危機の現代を救済する歴史観としてはふさわしいと思われる．具体的事実（たとえば気候変動に700〜800年の周期があるかどうか）の検証すべき課題はまだまだ残されているが，少なくともその視点は継承・発展されるべき価値が十分にあると思われる．

危機に進歩した歴史

人類の歴史がかぎりない未来に向かって直線的に発展するという発展史観のもとでは，歴史を発展させる原動力は生産力の向上と階級闘争だった．生産力が向上し，人々の生活が豊かになることが，人類史の新時代を切り開く．このことは暗黙の内に了承された歴史学の常識だった．

しかし，気候と人類史のかかわりをみたとき，この歴史発展の常識はまったく合てはまらないことがわかってきた．人類が新しい文明を誕生させ，新時代を切り開くときは，いずれも気候変動期に相当していることが明らかになってきたからである．

1万3000〜1万2500年前は，長かった氷河時代が終わり新たな後氷期の温暖期に移り変わる移行期に相当する．日本では縄文土器がつくられ，後氷期の新たな生態系に適応した生業の胎動がみられた．晩氷期の気候の温暖化と湿潤化は，旧

石器時代の人類の主要食料であったマンモスやバイソンなどの大型哺乳動物の生息に適した草原を縮小させた．ヨーロッパでは，マンモスは1万3000年前に絶滅した．さらに旧石器時代の人口の増加と人類のオーバーキリングも大型哺乳動物の絶滅に拍車をかけた．旧石器時代末期のヤンガードリアス期の気候の悪化は，人類に食糧危機となって襲いかかった．このとき人類は，大型哺乳動物に代わる新たな食糧として植物栽培を開始したのである．農耕の開始は氷期から後氷期への気候の激動の中で引き起こされた食糧危機に直面して，人類がやむにやまれず選択した技術革新だったのである（詳しくは本講座第3巻『農耕と文明』参照）．

それから2500～2000年後の1万500～1万年前，地球は後氷期と呼ばれる間氷期に突入した．海面は急上昇し，日本列島では縄文人たちが貝塚を残すようになり，森の文化とともに海の文化が発展を開始した．

氷河時代の環境の死とともに，旧石器時代人の宗教も死んだ．旧石器時代の人々が残した洞窟の動物壁画はえがかれなくなり，代わって大地母神の女神像がつくられるようになる．

地球は約10万年の周期で寒冷な氷河時代と温暖な間氷期を交互に繰り返すことが明らかになっている．筆者らの福井県三方湖の花粉分析の結果は，間氷期と呼ばれる温暖期は，わずか1万5000～2万年の長さしかないことを明らかにした．私たちは今，温暖な間氷期の終末期に生きているのである．

間氷期の温暖化が始まってから2500～2000年後の8000～7500年前ごろは完新世レジームの確立期だった．1万3000年前に始まり5000年の間継続した激動の時代は終わり，気候は急速に温暖化して安定した後氷期の気候が訪れた．この時代西アジアでは灌漑による大規模な農耕村落が出現し，神殿が建築される．神殿を核とする農耕社会の宗教体系が誕生する時代である．東アジアでは揚子江下流域の河姆渡（かぼと）遺跡，中流域の彭頭山（ほうとうざん）遺跡などで稲作が始まり，農耕を生産の基盤においた後氷期の文明の骨格が確立したのもこの時代である．日本列島では，8000年前は対馬暖流が本格的に流入し海洋的な日本の風土が確立した時代に相当する．その時代は縄文時代早期後半に相当し，縄文時代の生業に必要な狩猟・漁撈・採集の道具がすべて出そろい，日本の海洋的な風土に適応した生活の体系が確立した時代である．この時代をもって本格的な縄文時代の成立期と見なす研究者（西田，1992）もいるほどである．

それから2500～2000年後の5500～5000年前，人類は都市文明を誕生させる．

チグリス-ユーフラテス川やナイル川それにインダス川の下流域では,都市文明が誕生した.都市文明誕生の契機もやはり,気候変動であった(安田,1990).気候最適期と呼ばれる高温期が終わり,気候は寒冷期に突入する.この5500〜5000年前ごろに始まる気候の寒冷化は大河の下流域を乾燥させ,これが人々を大河のほとりに集中させた.気候の乾燥化で砂漠化が起こり,ステップ地帯で牧畜を主体に生活していた人々が水を求めて大河のほとりに集中した.大河のほとりにはもともと農耕を主体に生活していた人々がいたから,この気候の乾燥化を契機とする大河のほとりへの人口の集中は,牧畜民の農耕民への侵略・混合をもたらした.大河のほとりが気候の乾燥化を契機として異文化の接触センターになったとき,都市という人類培養器は誕生しているのである.大河のほとりへの人口の集中と牧畜民と農耕民の混合が,新たな都市文明誕生の契機だった.牧畜民と農耕民の宗教的混合の中で,王と神殿を頂点とする巨大な宗教体系が確立されていった.

　エジプト文明・メソポタミア文明・インダス文明は,5500〜5000年前に誕生した.しかし,黄河文明については3500年前と,他の三大文明に比べて1500年以上も誕生の時代が遅れている.このため気候の変動が古代文明を誕生させる契機となったのならば,なぜ中国だけが遅れたかの説明を,これまでたびたび求めら

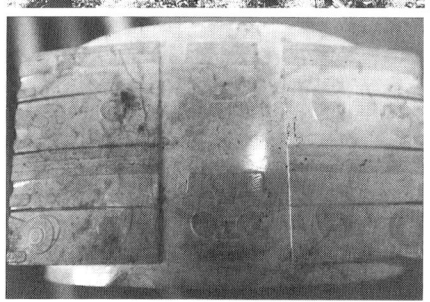

図 15.1　瑤山遺跡
中国浙江省瑤山遺跡(左上写真の中央の石垣の部分)から大量の玉器が出土した.玉器にはすばらしく緻密な模様が彫られている.

れ，筆者自身苦慮していた．ところが近年，揚子江中・下流域の稲作地帯を中心として，5500～5000年前にすでに都市文明の段階に匹敵する文明が存在したことが明らかとなってきた．その1つが浙江省を中心として分布する良渚文化である．良渚文化を代表する浙江省大莫角山遺跡からは巨大な人工的な版築の基壇と，巨大な柱穴をもつ都市遺跡が発見された．また反山遺跡や瑤山遺跡などの墓地からは，きわめて精巧な玉器が大量にみつかった(図15.1)．中国文明の源流は黄河ではなく，じつは揚子江中・下流の稲作地帯にあったのである．しかも1500年以上も古い時代から文明が存在したのである．この良渚文化の発見によって，5500～5000年前の気候の寒冷・乾燥化が，ユーラシア大陸の四大文明の誕生に，きわめて大きな影響をもっていたことが，あらためて裏づけられることになった．

　それから2500～2000年がたった3000～2500年前ごろは，現代文明につながる思想的骨格をつくった巨大宗教の誕生期である．ヤスパースのいう枢軸時代の開始期に相当する．釈迦や孔子がそしてソクラテスが，人倫と道徳そして人間の幸福を考える宗教を説いた．

　その時代の地球の環境はいったいどのような状況だったのであろうか．地球の気候は3000年前ごろから再び著しく寒冷化していた．2500年前ごろはその寒冷期の最末期に相当する時代であった．

　この気候の寒冷化は，ミケーネ文明やヒッタイト帝国を崩壊させ，地中海世界をはじめユーラシア大陸は民族移動の嵐に飲み込まれた(安田，1993)．ヒッタイト帝国の崩壊により鉄器の製造技術が拡散し，新しい鉄器時代が開幕した．この鉄器の使用によって，人類の自然に対する干渉力は飛躍的に増大した．

　この時代はまた鉄器時代の形成・確立期である．鈴木(1992)はこの時代を"鉄器時代初期の寒期"と呼んだ．人間による自然の支配は強まり，人間は自然に圧倒されていた時代を脱却し，人間の幸福を中心においた時代をようやく築くことができるようになった．

　ソクラテスが人間の理性を，孔子が人間の道徳を説くことができるようになったのは，人間が自然からの自由を獲得できたためである．自然からの自由を獲得した人々は，人間の幸福を考えるゆとりが生まれたのである．

　紀元前539年，ペルシアのキュロス2世が新バビロニア王国を滅ぼした．このためバビロンに捕囚されていたイスラエル人は解放され，エルサレムに唯一神ヤハウェの神殿を再建し，ユダヤ教を確立した．

同じころ，インドではバラモン教の中から，マハーヴィーラがジャイナ教を，釈迦が仏教を誕生させた．このころ，北インドではアーリア人の部族連合体が都市国家を形成し，インダス川からガンジス川流域へと開拓が急速に広まった時代である．土地の個人所有も普及し，個人の意識が高揚した．

だが同時に，その時代はまた気候寒冷期に相当していた．気候悪化の中で飢餓や疫病が多発し，民衆は苦難にあえいでいた．個人の幸福について考えることに目覚め始めた時代に引き起こされた気候の悪化は，民衆を飢餓と生活苦に陥れていた．そうしたとき，慈悲と博愛に裏づけられた巨大宗教が誕生したのである．それゆえ，そのとき誕生した巨大宗教は人間の幸福に最大の価値をおいたのである．

3000年前ごろから始まる鉄器時代の開幕は，自然の支配からの自由，個人の自我の確立を醸成していった．そうした社会が気候寒冷期に，飢餓や疫病に見舞われた．その危機が慈悲や博愛に裏づけられた人間の幸福に最大の価値をおく巨大宗教を誕生させるきっかけだった．

こうした事例は何も諸外国にかぎったわけではない．稲作は本来南方系の作物であり，日本列島に伝播するのは，当然気候の温暖期に相当するだろうと多くの人々が想像してきた．だが予想に反して稲作は日本列島が過去1万年の中でもっとも寒冷気候に見舞われた時代に伝播しているのである．過去1万年の後氷期の中で，3000～2500年前は寒冷期だった．日本列島へ稲作が伝播したのはまさにこの時代なのである．このことは，気候の寒冷化によって大陸で政変や社会的動乱が引き起こされ，そのために大量の気候難民としてのボートピープル（安田，1992）が海上に押し出した．その一派が日本列島に到着して稲作をもたらした可能性が高いのである．

それから2500～2000年がたった西暦1500～2000年もまた，人類文明史における大転換期だった．地理上の発見を契機として近代ヨーロッパ文明の地球支配が始まった．ルネサンスと宗教改革によって人間中心主義が確立された．マクニール（McNeill, 1971）はこの西暦1500年を近代と近代以前を分かつ分水嶺と考えた．マクニールは人類史を大きく3時代に区分して論述した．それは紀元前500年前までの世界，紀元前500～紀元1500年まで，そして紀元1500年以降の時代である．類似した時代区分は上原（1960）にも認められる．

この紀元1500年以降，近代ヨーロッパ文明は地球を支配し，17世紀の科学革命

によってこの地上に人間のみの王国をつくることに成功した．1つの文明が地球を支配するということは，これまでの人類史には1度もなかったことである．紀元1500年はそうした人類文明史における近代ヨーロッパ文明の開始を告げる記念すべき年である．そしてその時代はまた，中世温暖期が終了し，小氷期の気候寒冷化が本格的に始まる時代に相当している．地球は小氷期と呼ばれる紀元1500年から紀元1800年までの長い寒冷期に突入した．

現代は紀元1500年に始まった人類文明史の大転換期・激動の時代の末期に位置していることになる．もし人類の文明にも2500～2000年の周期性が存在するとするならば，紀元1500～2000の500年間は大きな人類文明史の転換期・激動期であり，紀元2000年以降の2000年間はむしろ変動の少ない時代に入ることになる．地球のリズム，取り分け気候変動のもつ2500～2000年の周期性に歩調を合わすかのように，たいへんおおざっぱにみれば人類の文明史もまた，大きな変動を繰り返しているようにみえる．言葉を変えれば，2500～2000年ごとに周期的にやってくる気候の悪化が人類に危機をもたらし，その危機を克服する人類の叡知が，新たな文明を生み出したといえるかもしれない．

人類が周期的に訪れる気候変動によって引き起こされた不可避的な危機に直面したとき，その叡知が新たな技術革新や社会システムや思想などを誕生させ，危機を乗り切った．この危機を乗り切った技術革新や社会システムや思想が，次代の新文明の血液となるのではないか．しかし，この文明史における2500～2000年の周期性と地球の周期性とを決定的に結びつけるためには，まだまだデータが不足している．現時点ではやはり1つの可能性の域を出るものではない．地球のリズムと文明の周期性の間に何らかの関連がある可能性が大であるという程度にとどめておきたい．

現代という時代の位置づけ

それでは地球のリズムと文明の周期性がもしあるとするならば，このわれわれの生きる現代という時代はいったいどうなるのだろうか．

もう一度その周期性をおさらいしてみよう．

地球はおよそ90万年前以降10万年の周期で氷期と間氷期を交互に繰り返し，間氷期は1万5000～2万年の長さしかなかった．その氷期から間氷期への移行は1万3000～1万2500年前に始まった．地球のスイッチはこの時代に氷期から間氷

期へと大きく移行を始めたが，まだ不安定で，時にはヤンガードリアス期のような寒のもどりがあった．

1万500〜1万年前の500年間に，地球のスイッチは完全に間氷期のレジームに入れ替わった．8000〜7500年前にその間氷期のレジームに対応した生態系が確立した．5500〜5000年前はヒプシサーマルの高温期が終了し，間氷期の後半へと気候が移行を始める激動期だった．このとき，人類は都市文明を手にし，この都市文明は現代まで続いている．3000〜2500年前の移行期は過去1万年の中のもっとも著しい寒冷期であり，この激動期に鉄器時代が確立し，巨大宗教が誕生した．

このようなマクロな単位で歴史の時間をとらえるならば，紀元1500〜2000年の500年間は，まさに1万3000年前以降2500〜2000年の周期で訪れる激動の移行期であったことになる．現代はその激動の移行期の末期に相当した．この激動の移行期500年間は，次代の新しい文明を醸成するための激動期であった．5500〜5000年前に都市文明が誕生し，人類史の方向を大きく転換させ，現代に至るまでの都市文明の時代を創造し，3000〜2500年前に鉄器が普及し巨大宗教が誕生して現代に至る鉄器時代が誕生したように，紀元1500〜2000年の500年間は，近代ヨーロッパ文明による地球の一元的支配と近代科学技術文明による技術革新によって新しい文明の時代を創造するための激動の500年であったのかもしれない．ひょっとすると紀元2000年以降の2000年間は，われわれ人類が過去500年間に体験した激動の時代を基礎として，比較的安定した時代が長く続くのではないかという期待が横切る．

500年という時間をひとまとめにするなどということは，現代の歴史学の常識ではまったく常軌を逸した考えと厳しい批判を受けるだろう．しかし，長い地球史という時間スケールでみるならば，紀元1500〜2000年の500年間は，周期的に訪れる激動期であり新たな文明を胎動させる移行期であったということができるかもしれない．

確かにこの紀元1500〜2000年の500年ほど大戦争が起こり，大量殺戮が引き起こされた時代はかつてなかったし，この時代ほどアメリカ大陸やオーストラリアへの移民にみられるような大民族移動が引き起こされた時代は，かつてなかった．ヨーロッパというユーラシア大陸の片隅において誕生した1つの文明に地球の全員が憑かれた時代もかつてなかった．この激動の移行期を経て，紀元2000年以降は，近代科学技術文明に立脚した真の意味での新しい文明の時代が訪れるのだろ

うか．そうあってほしいものである．だが現実はそううまくは進行しないかもしれない．

発展の中に衰亡の兆

いかなる文明もかならず衰亡する．これは生物種としての人類が背負わなければならない宿命である．そしてその文明の衰亡の兆は，すでにその発展期に現れている．もう少しつきつめれば，文明を発展させた原動力は，実は文明衰亡の原動力にもなるということである．

近代工業技術文明を推進させる原動力は，デカルトの機械論的自然観やベーコンの自然支配の思想にみられる自然の上に人間の王国を樹立する思想だった．そして，人類は自然の支配に成功した．人類は人間のみの王国をこの地球上につくったのである．

だがその結果はどうであろう．人類のあくなき欲望は熱帯林を破壊し，海洋や大気を汚染し，人間のみの王国の中で，地球は痛々しいまでに疲弊した．そしてその地球環境の破壊はこんどは温室効果やオゾンホールとして，人類の生存そのものをおびやかし始めた．かつて自然を支配し人間の王国をつくろうという思想は，近代工業技術文明発展の原動力だった．だが20世紀後半の現代，この自然支配の思想には明らかにかげりがみえ始めてきた．地球環境問題の出現である．近代工業技術文明は，自然との共存という点において行きづまった．自然支配の思想ではもはや次代の文明を切り開くことはできなくなった．自然支配の思想ゆえに，近代工業技術文明は行きづまり，衰亡への道をたどらなければならないのかもしれない．かつて近代工業技術文明を繁栄に導いた思想は，今その文明のアキレス腱になったのである．

しかし，もしこのアキレス腱を克服することさえできれば，近代科学技術に立脚した新しい文明の本格的な到来の時代がやって来る可能性が高いのである．なぜならもし地球と文明に周期性があるのなら，過去500年の激動の時代は間もなく終わろうとしているからである．

そのためには自然との共存を目指した近代科学技術に立脚した新たな文明を創造しなければならない．なぜならその文明の創造に成功したとき，人類にはあと2000年の安定した繁栄の時代が保証されている（ただしこの本稿での周期性の仮説が正しいとした場合に限って）からなのである．

もし地球がこれまでと同じ周期性を取る限りあと2000年は保証されている繁栄期を手にするために人類は今，自然と共存可能な新たな文明の潮流の創造に向かって，あらゆる叡知を結集しなければならない．生業の技術革新，社会システムの再編成そして人類と自然を救済できる思想に至るまで，人類はその叡知を結集しなければならないのである．なぜなら，もしこの危機を乗り越えることに失敗したら，その行く手に待っているものは人類の破滅への道でしかないからである．

文　　献

1) Huntington, E : Civilization and Climate. 453 p., Yale Univ. Press, 1915.
2) 河村　武編：気候変動の周期性と地域性，304 p., 古今書院，1986.
3) 岸根卓郎：文明論――文明興亡の法則――，234 p., 東洋経済新報社，1990.
4) 小泉　格：海底から蘇る過去1万年の気候．科学朝日，11月号，27-29，1994.
5) 西田正規：縄文の生態史観，UP考古学選書13，128 p., 東京大学出版会，1992.
6) 西岡秀雄：寒暖の歴史――気候700年周期説――．好学社，1949.
7) マクニール，W. H. (増田ら訳)：世界史．新潮社，1985．（McNeill, W. H. : Plagues and Peoples. Anchor Press, Doubleday, 1976)
8) 村山　節：文明の研究――歴史の法則と未来予測――，400 p., 光村推古書院，1975.
9) 鈴木秀夫：気候の変化が言葉をかえた――言語年代学によるアプローチ――，NHKブックス607，216 p., 日本放送協会出版，1992.
10) 上原専禄編：日本国民の世界史，373 p., 岩波書店，1960.
11) 安田喜憲：人類破滅の選択，294 p., 学習研究社，1990.
12) 安田喜憲：日本文化の風土，211 p., 朝倉書店，1992.
13) 安田喜憲：気候が文明を変える，岩波科学ライブラリー7，128 p., 岩波書店，1993.

コラム：人類文明に秘められた宇宙の法則

岸　根　卓　郎

文明の周期交代は宇宙法則による——文明時計説——

　　西洋科学では，理性で納得できること以外，それゆえ理性の外へは踏み込んではならないとされている．すなわち，見えない世界へは踏み込んではならないというのが西洋科学の鉄則である．その証拠に，従来の文明論では，西洋科学史観にたって，人類文明は見える世界の人為によって興亡するとの，いわば文明興亡の人為説をとってきた．これに対し，筆者は人類文明は，見えない世界の宇宙法則によって興亡するとの文明興亡の宇宙法則説をとる（岸根，1990 a）．

　　かつて，ニュートンが「光そのものに色がついているわけではない」といったように，光は電磁波という無色の波動であるから通常は人間の目には見えない．しかし，その電磁波の波長が小さくなると赤外線になり，それよりも小さくなると物に反射して人間の目にも見える色のついた電磁波，すなわち可視光線となり，さらに小さくなると紫外線となって再び人間の目には見えなくなる．このように，色はまさしく電磁波の一部であり波動そのものであるから，人間が見ている世界は色のついた波動の世界，それゆえ物質世界に限られることになる．そうであれば，物質世界の位置するところもまた，宇宙全体を構成する波動の世界のほんの一部にすぎないことになる．つまり，人間にとっては，ほとんどが見えない世界であるということである．

　　この意味するところは，人間は物質に姿を変えた波動の世界のみを見ており，物質の姿をとらない波動の世界はまったく見ていないということである．ゆえに，そのように限られた可視の物質世界のみを研究対象とする現代科学もまた，宇宙全体のほんの一部しか見ていないということになる．とすれば，そのような管見を通じての西洋科学史

コラム：人類文明に秘められた宇宙の法則　　　259

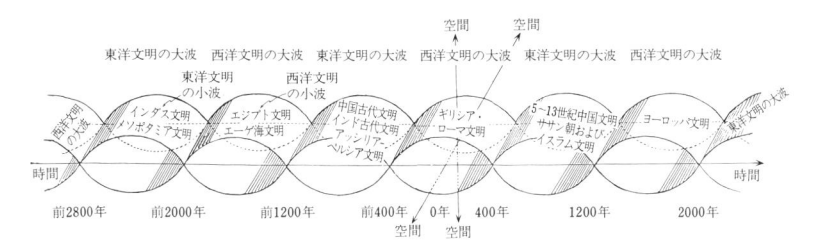

図 1　東西文明の周期交代：文明は栄枯盛衰を繰り返す（岸根，1990 a；村山，1984 を参考に作図）
大波が東西文明波，その上の小波が地域文明波である．

観に立つ従来の文明論（ちなみに文明興亡の人為説）もまた，可視の世界の限られた知見にすぎないということになろう（岸根，1993 b）．

ところが，図1にみるように，村山によって，人類文明は有史以来，東西両文明に分かれ，これまでに 800 年の周期で 7 回も正確に交代し，今回が 8 回目の周期交代期に当たることが，文明の法則として史実によって見事に立証された（村山，1984；岸根，1990 a）．筆者は，それこそが不可視の世界の宇宙法則によると考える．なぜなら，そのようなこと（文明の 800 年の周期交代）が，人為によって起こるはずがないからである．

では，なぜ東西文明は，宇宙法則によって，そのように正確に 800 年の周期で興亡を繰り返すのか？　それは，筆者のいう 2 極対立・周期交代の宇宙法則によるからである．はじめに，このうちの 2 極対立の宇宙法則から説明すると，この法則は簡単にいえば「この世のすべては，対立する存在があって，はじめて存在する」という法則である．ちなみに，陽と陰，男と女，東と西，生と死，有と無，物と心，などにみられる 2 極対立がそれである．事実，人類は男女の 2 極対立があってはじめて存在でき，そのいずれか一方になればただちに消滅する．同様に，文明もまた，東西文明の 2 極対立があってはじめて存在でき，そのいずれか一方になればただちに消滅するということである（岸根，1990 b）．

次いで，周期交代の宇宙法則とは，エネルギー移動の法則とエネルギー不変の法則およびエントロピー増大の法則の総合作用を指してい

う.このうち,エネルギー移動の法則とは,宇宙エネルギーは元は同じエネルギーでありながら,つぎつぎと姿を変えて移動するという法則であり,エネルギー不変の法則とは,エネルギーはどのように姿を変えても,そのエネルギー量は不変であるとの法則である.また,エントロピー増大の法則とは,自然界ではエネルギーは拡散化の方向に進み低レベル化するという法則である.そのため,エントロピーが最大になった状態では,エネルギーは完全に拡散し低レベルになるから物質の運動は何も起こらないことになる.そのような状態こそが,停止の世界ないしは衰退の世界である.

ゆえに,ここで改めて筆者のいう2極対立周期交代の宇宙法則と人類文明の周期交代の関係について説明すれば,「人類文明は2極対立周期交代の宇宙法則によって,東西文明の2極に分かれ,そのいずれか一方の文明が,エントロピー増大の法則によってエネルギーを拡散し衰退すると,その衰退した文明のエネルギーが,エネルギー移動の法則とエネルギー不変の法則によって,そのまま他の文明に移動するから,その繰り返しによって東西文明は時計仕掛けのように正確に周期交代し,永続できる」ということである.

つまり「2極対立する一方の文明が,エントロピー増大の法則によってエネルギーを使い果たして衰退するとき,そのエネルギーがエネルギー移動の法則とエネルギー不変の法則によって,そのまま他文明に移動し,その周期的な繰り返しによって文明が正確に興亡する」というのが,筆者のいう人類文明に秘められた2極対立周期交代の宇宙法則,それゆえ"文明興亡の宇宙法則説"である(岸根,1990a,1993b).筆者は,そのような

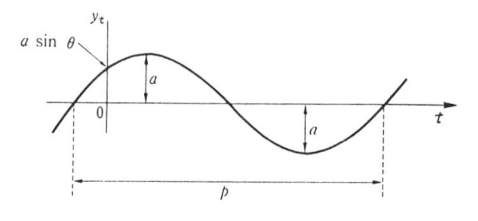

図2 文明興亡の理論式:宇宙の法則は美しい

$$y_1 = A_0 + A_1\cos\frac{2\pi}{p}t + A_2\cos 2\frac{2\pi}{p}t + \cdots + A_m\cos m\frac{2\pi}{p}t + B_1\sin\frac{2\pi}{p}t + B_2\sin 2\frac{2\pi}{p}t + \cdots + B_m\sin m\frac{2\pi}{p}t$$

ここで,$A = a\sin\theta$,$B = a\cos\theta$,a:振幅,θ:位相角,p:周期,t:時間.

文明興亡の宇宙法則（文明興亡の理論式）を図2のように考えている（岸根，1986，1990a）．

つまり，筆者のいわんとするところの終局は「2極対立周期交代の宇宙法則が，たまたま生体の生命リズムに姿を変えたのがバイオリズムすなわち生体時計であり，人類文明の興亡リズムに姿を変えたのがカルチュアリズムすなわち文明時計である」ということである．それゆえ，東西文明は，この文明時計に従い，昼と夜が間違いなく交代するように，かくも正確に時を刻んで交代する．これが筆者のいう"文明時計説"である．とすれば，人類文明の周期交代は，人為をはるかに超えた宇宙の法則すなわち宇宙の意思によるということになろう．それゆえ，筆者は「文明論とは，人類文明に秘められた宇宙の法則（宇宙の意思）の発見の史学である」と定義する（岸根，1990a）．

文明にも遺伝子がある——文明遺伝子説——

このようなニューパラダイムに立てば，物質が原子の種類によって違い，その原子が原子核を回る電子の数や軌道とエネルギーの大きさによって違うように，文明もまた人種によって違い，その人種も地域を取り巻く環境の違い（気象条件や資源の有無や国土の広さなどの自然環境の差，および宗教や政治や経済などの社会環境の差）と，人口の大きさ（エネルギーの大きさ）によって違うことになり，それが文明遺伝子となって，生物の系統遺伝と同様な形で社会遺伝し，その結果，各文明に個性の違いが生じ，それぞれ異なった文明を形成することになる．これが，筆者のいう"文明遺伝子説"である（岸根，1990a）．

いま，そのような文明遺伝子の違いを，東西文明遺伝子について説明すると，2極対立の宇宙法則が，地球の自然環境をしてヒマラヤ山脈を境に，森の東洋と草原の西洋に2極対立させ，さらにそのような自然環境の違いが，人類の調節遺伝子に作用して，人類をして森の民の東洋人と草原の民の西洋人に2極対立させ，その結果，安田によって解明されたように，東洋からは森の文明が，西洋からは草原の文明がそれぞれ生まれ，それらがやがて東洋文明と西洋文明へと発展していったということである（安田，1988，岸根，1990a）．つまり，2極対

立の宇宙法則が，表1にみるように，人類文明をして東洋の自然随順型自然共生型文明と，西洋の自然対決型自然支配型文明に2極対立させたということである（岸根，1990a）．しかも重要なことは，この2極対立によって，東西文明にエネルギー交換が起こり「人類文明に周期性」が生じたということである．

表1 東西文明遺伝子の相違——文明にも遺伝子がある——

自然対決型自然支配型西洋文明		自然随順型自然共生型東洋文明	
1. 父性文明	9. 直線の文明	1. 母性文明	9. 円の文明
2. 陽の文明	10. 厳密文明	2. 陰の文明	10. 曖昧文明
3. 外向文明	11. 整然文明	3. 内向文明	11. 混沌文明
4. 足算文明	12. 完結文明	4. 引算文明	12. 未完文明
5. 稠密文明	13. 不変の文明	5. 間の文明	13. 変幻の文明
6. 具象文明	14. 華美の文明	6. 抽象文明	14. わび・さびの文明
7. 左脳文明	15. 多弁の文明	7. 右脳文明	15. 寡黙・沈黙の文明
8. 理性文明	16. 動の文明	8. 感性文明	16. 静の文明

文明にも耐用年数がある——文明寿命説——

　　筆者は，文明が宇宙エネルギーを使い果たす期間が文明の寿命であると考えるが，今そのことを自動車を例にとって比喩すれば，自動車は運転者の自由意志によっていろいろに走ることができる．たとえば，速く走って早くガソリン（エネルギー）を使い切れば短くしか走れないことになるし，ゆっくり走って上手にガソリンを使えば長く走れることになる．それが，地域文明の寿命に相当する．もちろん，その場合といえども，ガソリンタンクの容量には各車ともそれほど大きな違いはないから，長短があるとしてもそれは程度の差である．

　　しかし一方では，どの自動車にも，運転者の自由意志によってはどうしようもない耐用年数という一定の寿命があるから，その耐用年数がくれば，他の新しい自動車に乗り換えなければならない．同様に，東西文明にも自動車の耐用年数に相当する一定の寿命，すなわち文明耐用年数としての寿命があるから，その寿命（800年）が尽きれば，たがいに他の文明と交代しなければならない．これが，筆者のいう"文明寿命説"であり，それによって人類文明に800年の周期性が生じることになる（岸根，1990a）．しかも，その周期は宇宙の呼吸ともいう

べき宇宙の基本エネルギーリズムの800年周期とも完全に一致する．

いまや，西洋文明の大波が満ち潮から引き潮に転じつつあることはだれの目にも明らかであろう．それは，これまでの800年間活動してきた西洋文明のエネルギーが，エネルギー移動の法則によってしだいに東洋文明へと移行し，東西文明の周期交代が今まさに起ころうとしているということである．ただし，ここに誤解なきようとくに記しておきたいことは，東西文明の交代は上記のようにエネルギーの交換によるものであり，東西文明の不等価性（優劣）によるものでは決してないということである．

今や，西の空は夕日で茜色に美しく染まり，やがて東の空からは朝日が燦然と輝くことであろう．それは，「人類文明に秘められた宇宙法則」そのものである．

文明の周期交代こそが地球を救う──環境問題は文明問題──

私は人間の「幸福度」を次式のように定義している．

　　幸福度＝所得/欲望＝物/心

人間が幸福度を高く維持するためには，所得（＝物）の増加ばかりを考えるのではなく，欲望（＝心）を抑えること，さらには自然破壊型の西洋物質文明と自然共生型の東洋精神文明のバランスを図らなければならない．とすれば，「この度，巡り来った東西文明の周期交代こそは，地球再生のための宇宙の意思であり，それによって初めて地球は救われる」ことになろう．それこそが，本書の課題とする「文明と環境」の意味であると私は考える．

文　献

1) 岸根卓郎：統計学，600 p., 養賢堂，1986.
2) 岸根卓郎：文明論──文明興亡の法則──，234 p., 東洋経済新報社，1990 a.
3) 岸根卓郎：宇宙の意思，584 p., 東洋経済新報社，1993 b.
4) 村山　節：文明の研究──歴史の法則と未来予測──，398 p., 光林推古書院，1984.
5) 安田喜憲：森林の荒廃と文明の盛衰──ユーラシア大陸東西のフィールドから──，277 p., 思索社，1988.

あ と が き

　文明は人間の叡智の産物であり，歴史は人間がつくるものだ．だから太陽がちょっと変化したぐらいで大きな影響を受けるはずがない．人間の歴史はバラ色の未来に向かって一直線に発展し続けるのだ．
　こうした歴史観と世界観が一昔前まで，いや現代においても何の疑いもなく信奉されている．だがここ10年間の歴史地球科学の長足の進歩は，この直線的な発展史観に根本的な見直しをせまっている．それは本著の各章で明らかにされているように太陽活動や火山・地震活動さらには海洋環境や気候変動，それらの影響を受けた生物相の変遷には周期性が存在することが明らかになってきたからである．そして，それらは個々バラバラにではなく，相互に有機的に深く連関しながら1つのシステムとして周期的に変動していることも明らかとなってきた．
　地球の自転や公転の周期性，太陽活動の周期性，それらの影響を受けた気候変動の周期性は，地球上の生命体の周期的変化を引き起こし，生物リズムとして生物の進化をもたらした可能性が大きくなってきた．
　人間もまた生物の1種である以上，この宇宙的・地球的リズムの影響から自由であるはずがない．1995年1月17日早朝に起こった阪神大震災によって，われわれは地震の周期性にいかに無力であるかを身をもって体験した．人間は技術と叡智の力でもってその周期性の支配を脱脚してきたとこれまでの多くの歴史家や文明史家は考えてきた．しかし，分析技術の進歩によって，高精度の周期性が明らかになればなるほど，人間の歴史や文明の盛衰は，宇宙的・地球的リズムと密接にかかわってきた可能性がますます大きくなってきたのである．
　人間の歴史は技術と叡智の力によって，バラ色の未来に向かって限りなく直線的に発展するという歴史観と，人間の歴史は宇宙や地球の周期性に支配され周期的に変動するという歴史観は，根本的に異なった世界観を生む．前者の歴史観のもとに醸成された世界観は，人間中心主義を生み，人間を自然支配へと駆り立て，自然破壊を加速化した．その結果，直線的な発展史観の先に待っていたものは，バラ色の未来どころか，環境破壊の中での破滅と崩壊だった．

あ と が き

　人間が地球環境の危機に直面した現在，求められている新たな歴史観とは，宇宙も地球も周期的に変動するように，広大な宇宙空間の中の1個の生命体としての人間がつくり出した歴史や文明もまた周期的に変動するという歴史観なのではないだろうか．そして人間という1個の生命体とそれがつくり出した文明は，地球を支配し，宇宙をも支配できるような巨大な存在ではなく，しょせん宇宙的・地球的リズムに支配され続ける1つのちっぽけなものにすぎないのだという世界観が必要なのではなかろうか．おのれの小ささを認識することによって，初めて全体とその相互の有機的連関がみえ，自然との共生の大切さが認識されうるのである．

　本著は歴史地球科学の最先端の成果の結集であるが，同時に人文・社会科学の研究者には新たな歴史観や世界観を生み出す多くの示唆を内包している．第1線の研究者たちが寄稿してくださり，自然科学と人文・社会科学の学際的研究を目指す講座「文明と環境」の第1巻としてふさわしい内容になったことを，編集者としてうれしく思うしだいである．

　末筆ながら本巻の編集を担当された朝倉書店編集部に厚くお礼申し上げる．

1995年5月

　　　　　　　　　　　　　　　　　　　　　　　安　田　喜　憲
　　　　　　　　　　　　　　　　　　　　　　　小　泉　　　格

索　引

▶あ行

姶良火山灰　190
アカマツ二次林　189
亜間氷期　188, 231
阿蘇-4　82
阿多火山灰　190
アナトリア高原　151
有馬-高槻構造線　131, 132
暗度(堆積物の)　85

ESR　155
糸魚川-静岡構造線　131
稲　作　253
イライト　97, 99
インダス文明　151

ウィスコンシン氷期　186
ウォルフ　235
ウォルフ極小期　6, 34, 238, 240
ウォルフ数　5, 235
宇宙線　33, 236, 237
宇宙の意思　261
宇宙の歴史　14
宇宙法側(2極対立・周期交代の)　259
宇宙法則説(文明興亡の)　258
海　16
ウルム氷期　186

エアガン法　210
エアロゾル　7, 217, 218
　　火山──　119, 125
液状化　136, 137
エディ　34, 236
$1/f$ スペクトル　68
$1/f^3$ スペクトル　70
エネルギー散逸過程　15

エミリアニ　54
エリアシング　5
エルニーニョ　8, 125
縁海　78
遠洋性石灰質軟泥　97

黄鉄鉱化度　87
大型哺乳動物　249, 250
オゾン層　27, 30
ODP　57
オマーン沖　57
オールドドリアス期　125
温室効果ガス　232, 242

▶か行

海塩起源物質　228
海水準変動　56, 66, 82
海跡湖　211
海面変化　122, 124
海面変動(氷河性)　123
海洋環境　62, 73
　　──の周期性　67
海洋環境変動　79
　　日本海の──　82
海洋酸素同位体比　124
科　学　14
科学革命　10
夏季モンスーン　57
火山エアロゾル　119, 125
過酸化水素濃度　229
火山活動(爆発的)　116
火山灰　8
火山爆発指数　7, 119
荷重変化　124
化石花粉　183
カタバ風斜面域　220, 221
活断層　129, 132
　　海底──　212

花粉　182
　　化石──　183
　　現生──　183
　　動物媒──　182
　　風媒──　182
花粉帯　186
花粉分析　170, 174, 177, 178, 184
花粉分布図　186
河姆渡遺跡　250
ガリレイ　33
カルサイト　149, 150
カルデラ　121
環境革命　11
環境決定論　248
環境磁気学　47
環境変動　79
　　海洋──　79
環境要因　182
完新世　5, 250
乾燥度(中央アジアの)　91
間氷期　54, 62, 180, 191, 250
　　最終──　120, 122
寒冷化　74, 241
寒冷期　65

鬼界-アカホヤ火山灰層　65
気候-環境シグナル　218
気候歳差　54
気候変化　122, 123, 125
気候変動　62, 93, 149, 248
気候変動曲線　54
気候変動周期　54
気候脈動説　248
気候要因　182
技　術　14
技術革新　254
北大西洋深層水　95

索　引　　　*267*

軌道要素　54
基盤褶曲　213
逆断層地溝　214
キャンプセンチュリー　216
旧石器時代　249
QBO　30
極　相　185
巨大噴火　120
銀河系　22
銀河系・宇宙システム　24
近畿3角地帯　131
均質化　25
近代工業技術文明　256
近代ヨーロッパ文明　254, 255

グライスパーク周期　6, 9, 239
CLIMAP 計画　54
ぐらつき　4
グリーンランド氷床　224
群集解析　58

珪　藻　84, 200
珪藻温度指数　64
珪藻分析　199
慶長地震　141
慶長東海地震　141
経年変化　5
ケステル湖　168
原子核反応　20
現生花粉　183
元素合成　22
顕熱加熱　57
元禄地震　135

広域テフラ　82
高温期　65
黄河文明　251
光合成生物　18, 21
黄　砂　145
　　──フラックス　91
孔　子　252
更新世　5
降水量　177, 178, 179, 180
　　──の変化　174
光沢雪面　221

黄　土　42, 48, 147
　　中国──　148
黄土地帯　152
後氷期　5, 63, 122, 188, 249
高分子脂肪酸　165, 170, 173-178
古環境　199
古気候学　248
国際深海掘削計画　57
黒点(群)　235, 237
古地震学　133
湖水域の歴史的変化　167
古生態学　184
湖成段丘　210
古代文明　150
古地磁気学　39, 40, 47
湖底活断層　212
湖底段丘　210
湖底地形　209
　　──分類図　211
湖　盆　209

▶さ　行
歳差運動　53, 122
採　集　18
最終間氷期　120, 122
最終氷期　123, 173, 186
　　──極相期　89
砕屑物　84
　　日本列島起源の──　92
細粒堆積物　79, 80
サクセッション　185
朔望点(月・地球・太陽の)　73
砂漠レス　146
サミット・コア　231
サルスベリ属　191
産業革命　10
酸　素　23
酸素同位体　41, 44, 48, 54
酸素同位体層序　83
酸素同位体組成　216, 223
酸素同位体比　83, 97, 98, 99
　　──ステージ　55
サントリーニ火山　7

GISP　230
GRIP　230
時間予測モデル　106
磁気層位学　42
脂質化合物　163
地震イベント　106
地震履歴　106
自然支配の思想　256
自然随順型自然共生型文明　262
自然対決型自然支配型文明　262
湿原期　170
湿原期層　168
湿原状態　166
湿潤-乾燥サイクル　93
自転軸傾斜　54
脂肪酸　164, 165
　　──極小域　174, 175, 176
　　高分子──　165, 170, 173-178
縞状堆積物　80
下末吉層　192
シャイナー　33
釈　迦　252
ジャワ島　97
周　期
　　深層水循環の──　73
　　太陽活動の──　73
周期解析　55
周期性　190, 248, 254, 255
　　海洋環境の──　67
周期的変動　4
宗　教　14, 252, 253
手動採泥器　184
シュペーラー極小期　6, 34, 238, 240
狩　猟　18
準2年周期振動　30
上昇流　57
小氷(河)期　32, 33, 125, 126, 240, 254
縄文海進　67
縄文土器　249
常緑広葉樹　185

昭和基地　224
植生の変化　174, 175
植物性残存物　167
植物相　182
食料　24
シロッコ　145
人為説（文明興亡の）　258
進化（星の）　20
深海底堆積物　117
人口　24
穴道湖　202
侵食　17
深層掘削　185
深層水　86
　　北大西洋――　95
深層水循環の周期　73
振動　4
神保忠男　184
針葉樹　185
森林植生　172, 173
森林の盛衰　174
人類革命　48

水塊　63
枢軸時代　252
ストレス変化　123, 124
スペクトル　239
スポロポレニン　182
スンダ弧　97

星間雲　22
精神革命　10
生物圏の誕生　18
生物生産性　87
世界システム　24
赤色巨星　20, 21
積雪の化学成分濃度　227
石灰岩　17
遷移　185
潜熱加熱　57

走磁性バクテリア　49
相対黒点数　5, 235
ソクラテス　252
測器観測時代　5

▶た　行
第三紀　185
帯磁率　47, 48
帯磁率測定　109
滞水期　170
滞水期層　168
滞水状態　165
ダイスリー・コア　226
堆積の中断　220
堆積物　199
　　――コア　139
　　――の暗度　85
　　――の色　85
　　細粒――　79, 80
　　縞状――　80
　　深海底――　117
　　乱泥流――　97
大地母神　250
大莫角山遺跡　251
タイムマシン　157
太陽宇宙線　30
太陽エネルギー　25, 35
太陽活動　26, 31, 36, 125, 235
　　――の周期　73
太陽活動サイクル　28, 30
太陽光度　19
太陽黒点数　5
太陽大周期　6
太陽定数　54
太陽風　25
太陽輻射量　54
太陽フレア　29, 30
太陽放射　26
太陽放射強度　26
第四紀　5, 117, 118, 119, 185
第四紀テフロクロノロジー　116
大陸　17
大陸氷床　82
タービダイト　139
タール砂漠　151
炭酸ガス　232
ダンスガード-エッシャー周期　9

断層運動　105
断層角盆地　213
炭素同位体比　57
タンボラ大噴火　120

チェルノーゼム　147, 151, 152
地球　15
地球温暖化　244
地球環境　23
地球環境問題　255
地球軌道要素　62, 74
地球史　17
地球システム　15
地球リズム　1
地磁気逆転　40, 41, 43, 45, 46, 49
地磁気極性年代表　40, 42, 45
地磁気経年変化　39, 42
知識体系　15
知性のレベル　14
中国黄土　148
中世温暖期　254
中世の大活動期　34
沖積層　73
超新星爆発　21
対馬海峡　84
対馬海流〔暖流〕　66, 67, 84, 172, 173, 179, 248, 250
敦賀湾-伊勢湾構造線　131

TL　155
TOC/N　100, 101, 102
底生有孔虫　57
底層水環境　86
泥炭地　184
T_d値　64
鉄器　252
鉄器時代　252
テフラ（広域）　82
テフラ層　117
テフロクロノロジー　124
　　第四紀――　116
テラ島　119
テラロッサ　145

索　引

電子スピン共鳴年代測定法
　　155
天正地震　141

東西文明遺伝子　261
トウズ湖　206
東南海地震　133
動物媒花粉　182
動力掘削機　185
都市革命　10
都市文明　25, 251, 255
トバ火山　123
ドームC・コア　226, 230
トルコ　206

▶な 行
内陸湖沼　207
内陸地震　106
ナノ化石　58
南海道地震　133
南海トラフ　133, 138, 142
南極氷床　225
南西モンスーン　170, 172, 173,
　　176
難民　24
2極対立・周期交代の宇宙法則
　　259
二酸化炭素　17
西岡秀雄　248
日射量変化　123
日本海　78
　　──の海洋環境変動　82
日本海固有水　86
ニューフロンティア　24
人間圏　19
　　──の分化　15, 19
　　──の未来　23
人間中心主義　253

猫又-境峠ブロック境界　131
熱塩ベルトコンベア　95
熱ルミネッセンス年代測定法
　　155
年層　86

年層復元　225
年輪　236

農耕　18, 250
農耕社会　250
濃度変動プロファイル　232
濃尾地震　141

▶は 行
バイセル氷河　182, 186
バイブロコアラー　111
ハインリッヒ周期　9
白色雑音スペクトル　70
白色矮星　21
爆発的火山活動　116
爆発的噴火　119
バード・コア　216
花折-金剛断層線　131, 132
パワースペクトル密度　239
反山遺跡　251
ハンチントン　248
ハンドボーラ　184
晩氷期　188, 249
氾濫原期　170
氾濫原期層　168
氾濫原状態　166

東シナ海沿岸水　88
ピストンコアラー　106
非双極子磁場の西方移動　8
ビッグバン　14, 22
ヒッタイト帝国　252
ヒプシサーマル　65, 255
氷河性海面変動　123
氷河の消長　116
氷河レス　146
氷　期　54, 123, 180
　　最終──　123, 173, 186
氷期-間氷期サイクル　43, 44,
　　83, 95, 97, 122, 248
氷期-間氷期ステージ　98
兵庫県南部地震　132
氷床コア　216, 240
　　グリーンランドの──　93
氷床コアシグナル　218, 219

氷床量　56
琵琶湖　190
琵琶湖粘土層　214
貧酸素弱還元環境　88

VEI　7, 119
フィードバック機構（負の）　20
風　化　17
風成塵　145
　　──堆積量　148
風媒花粉　182
フォン・ポスト　184
福井-根尾谷ブロック境界　131
物質圏の分化　16
物質循環　15
物理探査法　210
浮遊性有孔虫　57, 97
プリニアン噴火　121
ブリュックナー周期　8
ブルネ正磁極期　55
プレート運動　118
プレートテクトニクス　129
プレボレアル期　125
プレーリー土　147
ブロックモデル　128, 130, 131
文安地震　140
分　化　17
　　環境の──　23
　　生命の──　23
　　人間圏の──　15, 19
　　物質圏の──　16
噴火（爆発的）　119
噴火規模　118, 122
噴火周期　122
噴火年代範囲　122
噴火頻度　118
分化論　24
分子化石　163, 167
文　明　24
文明遺伝子説　261
文明寿命説　262
文明耐用年数　262
文明時計　261
文明論　261

平行葉理　86
閉鎖型寒冷海況　172, 176, 179
ヘヴェリウス　33
ベーリング-アレレート期　125
ヘール周期　5
ベンガル海底扇状地　58
変遷　185

宝永地震　133, 141
宝永噴火　135
放射性炭素　33
放射性炭素同位体　236
放射性炭素分析　236
放射性炭素法　126
彭頭山遺跡　250
牧畜　18
ボストーク・コア　230, 232
ポテトチップス法(法医学の)　157

▶ま　行
マウンダー　236
マウンダー極小期　6, 32, 34, 36, 236, 238, 240, 241, 242, 244
マクニール　253
マグネタイト　47-50
マグマの海　17
マツヤマ逆磁極期　55

三方湖(三方五湖)　138, 139, 162, 163, 204, 211, 250
ミケーネ文明　252
湖　199

水収支バランス　90
みずほ基地　228
みずほ高原　220
みそすり運動　7
ミノア噴火　119
御母衣-阿寺ブロック境界　131
ミランコビッチ　6, 53
ミランコビッチ・サイクル　44, 45, 46, 48, 92, 102, 125
ミランコビッチ時計　54
ミルセント・コア　223
民族移動　212, 255

無黒点時代　235, 237
無酸素強還元環境　88
村山節　248

メタン　232

モンスーン　48
　夏季——　57
　南西——　170, 172, 173, 176
モンスーン地域　57

▶や　行
ヤマトシジミ　202
ヤンガードリアス期　125, 148, 149, 231, 232, 250

有機炭素/全窒素比率　100
有機炭素量　97
有機物　85
有機物含有量　85
有機分子　163

ユニブーム　210

瑤山遺跡　252
揚子江　250
溶存酸素量　87
吉井義次　184
予測解析　74

▶ら　行
落葉広葉樹　185
ラーゲルハイム　184
ランダース地震　129
乱泥流堆積物　97

離心率　53
離心率変動　123
リズム　4
隆起段丘　137
粒度組成　167, 169, 170
良渚文化　252
緑泥石　97, 99

ルー・ライズ　97, 100

歴史時代　5
レス　42, 145
　砂漠——　146
　氷河——　146
レス質土壌　147

ロングタームモニタリング　199

編者略歴

小泉　格（こいずみ　いたる）

1937年　秋田県に生まれる
1968年　東北大学大学院理学研究科博士課程修了
現　在　北海道大学大学院理学研究科教授
　　　　理学博士

安田喜憲（やすだ　よしのり）

1946年　三重県に生まれる
1974年　東北大学大学院理学研究科博士課程退学
現　在　国際日本文化研究センター教授
　　　　理学博士

講座［文明と環境］1
地球と文明の周期（新装版）　　　定価はカバーに表示

1995年6月20日　初　版第1刷
1998年9月20日　　　　第2刷
2008年8月20日　新装版第1刷

編　者　小　泉　　　格
　　　　安　田　喜　憲
発行者　朝　倉　邦　造
発行所　株式会社　朝　倉　書　店
　　　　東京都新宿区新小川町6-29
　　　　郵便番号　162-8707
　　　　電　話　03(3260)0141
　　　　FAX　03(3260)0180
　　　　http://www.asakura.co.jp

〈検印省略〉

Ⓒ 1995〈無断複写・転載を禁ず〉　　中央印刷・渡辺製本

ISBN 978-4-254-10651-0　C 3340　　Printed in Japan

講座［文明と環境］ 全15巻
【新装版】

梅原　猛・伊東俊太郎・安田喜憲　総編集

- 第1巻　**地球と文明の周期**　　小泉　格・安田喜憲 編
  宇宙の周期性／深海底に記録された周期性／火山・地震活動・風成塵の周期性／湖沼に記録された周期性　ほか

- 第2巻　**地球と文明の画期**　　伊東俊太郎・安田喜憲 編
  地球環境の画期／文明の興亡と画期／地球と文明の画期

- 第3巻　**農耕と文明**　　梅原　猛・安田喜憲 編
  地球が激動した晩氷期／人と動物の大移動／農耕の期限と展開／農耕文化の再検討

- 第4巻　**都市と文明**　　金関　恕・川西宏幸 編
  古代都市の成立／古代都市民の生活／古代都市に学ぶ

- 第5巻　**文明の危機**　　安田喜憲・林　俊雄 編
  西ユーラシア／モンスーンアジア／東アジア／日本

- 第6巻　**歴史と気候**　　吉野正敏・安田喜憲 編
  歴史時代の気候復元／古墳寒冷期の気候と歴史／中世温暖期の気候と歴史／小氷期の気候と歴史／気候と現代文明

- 第7巻　**人口・疫病・災害**　　速水　融・町田　洋 編
  自然の猛威と文明／疫病と文明／近現代の人口変動／日本人口史

- 第8巻　**動物と文明**　　河合雅雄・埴原和郎 編
  動物と日本人／動物観の変遷／動物と人間／人間と人間の共存

- 第9巻　**森と文明**　　安田喜憲・菅原　聰 編
  森と日本文化／森林の荒廃と文明の盛衰／みなおすべき日本の里山

- 第10巻　**海と文明**　　小泉　格・田中耕司 編
  海の環境変動／海の文明交流／海域世界と文明

- 第11巻　**環境危機と現代文明**　　石　弘之・沼田　眞 編
  近代文明と環境／現代文明と環境／地球環境の危機と人類の生存

- 第12巻　**文化遺産の保存と環境**　　石澤良昭 編
  危機に瀕する文化遺産／文化遺産の保存とハイテク　ほか

- 第13巻　**宗教と文明**　　山折哲雄・中西　進 編
  古代文明と宗教／東西文明と宗教／風土と宗教／現代文明と宗教

- 第14巻　**環境倫理と環境教育**　　伊東俊太郎 編
  環境思想の潮流／近代科学と環境問題　ほか

- 第15巻　**新たな文明の創造**　　梅原　猛 編
  文化史の観点／近代性の批判／新しい地平—さまざまな試論